AF501827

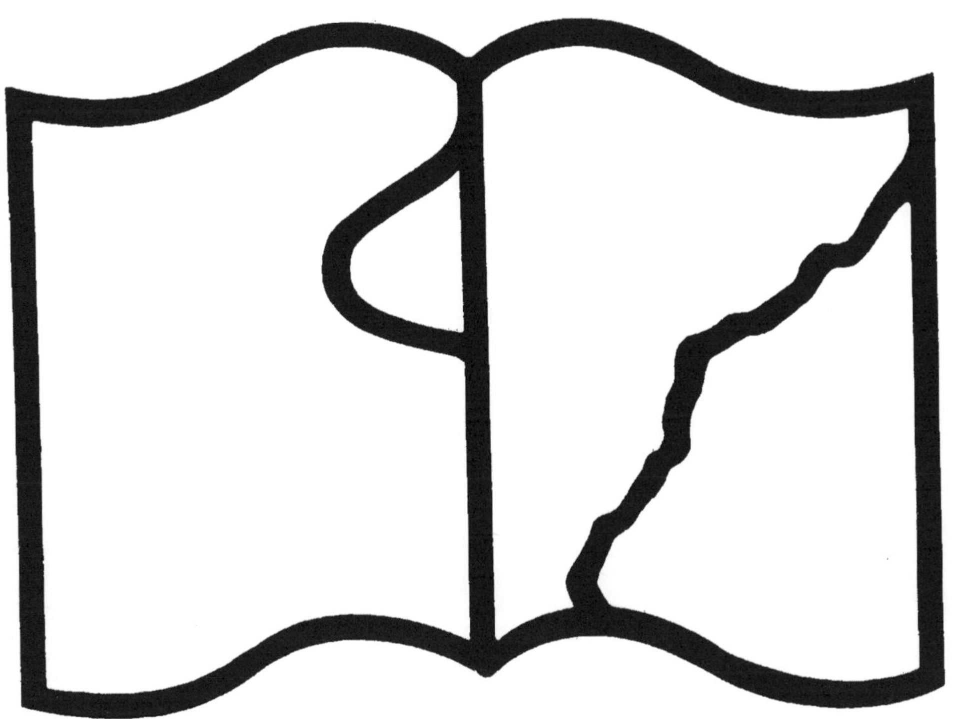

BIBLIOTHÈQUE DES ÉCOLES ET DES FAMILLES

LOUIS FIGUIER

Les Grandes Inventions

modernes

PARIS
LIBRAIRIE HACHETTE ET CIE
79, BOULEVARD SAINT-GERMAIN, 79

LES

GRANDES INVENTIONS

MODERNES

DANS LES SCIENCES, L'INDUSTRIE ET LES ARTS

LE COMTE DE LAMBERT PASSANT EN AÉROPLANE AU-DESSUS DE LA TOUR EIFFEL

BIBLIOTHÈQUE DES ÉCOLES ET DES FAMILLES

LOUIS FIGUIER

LES GRANDES INVENTIONS MODERNES DANS LES SCIENCES, L'INDUSTRIE ET LES ARTS

NOUVELLE ÉDITION COMPLÈTEMENT REFONDUE

PAR

DANIEL BELLET

ILLUSTRÉE DE 279 GRAVURES SUR BOIS

PARIS
LIBRAIRIE HACHETTE ET Cie
79, BOULEVARD SAINT-GERMAIN, 79

1912

LES

GRANDES INVENTIONS

MODERNES

DANS LES SCIENCES, L'INDUSTRIE ET LES ARTS

I

LES MACHINES A VAPEUR

Principe général de l'action mécanique de la vapeur ; fonctionnement avec ou sans condensation. — Histoire de la découverte de la machine à vapeur. — Denis Papin. — Newcomen et Cawley. — James Watt, ses travaux. — Découverte de la machine à vapeur à double effet. — Découverte des machines à haute pression par Olivier Evans. — Perfectionnements de la machine à vapeur depuis Watt. — Description des machines à vapeur fixes. — Machines à condenseur, et machines sans condenseur. — Machine Corliss. — Machine Sulzer. — Les turbines à vapeur : turbines Parsons, De Laval, etc. Leurs avantages. — Machines *compound*, à triple et quadruple expansion. — Les chaudières. — Chaudières à bouilleurs. — Chaudières ignitubulaires. — Chaudières aquatubulaires. — La chaudière à vaporisation instantanée. — L'adoption des très hautes pressions. — Les locomobiles ; leur emploi. — Les machines demi-fixes. — Moutons à vapeur. — Grues, dragues, excavateurs à vapeur. — Pompes à incendie à vapeur. — Les rouleaux compresseurs. — La locomotive routière. — Les voitures à vapeur.

La machine à vapeur est devenue comme l'âme de l'industrie moderne.

L'emploi de la vapeur d'eau comme force mécanique repose sur un principe simple et facile à comprendre. Les gaz et les vapeurs, quand on les tient resserrés dans un espace clos, pressent très fortement contre les parois de l'enceinte qui les renferme, et la vapeur d'eau, en particulier, ainsi maintenue, jouit d'une énorme force de pression. Si l'on fait bouillir de l'eau dans une marmite fermée par son couvercle, au bout de quelques minutes d'ébullition, la vapeur d'eau soulèvera le poids de ce couvercle. Si l'on introduit une petite quantité d'eau dans une bombe métallique creuse qu'on ferme exactement à l'aide d'un bouchon à vis métallique, et qu'on la place au milieu d'un feu ardent, la vapeur, ne trouvant aucune issue, brise violemment l'enveloppe métallique, et en projette au loin les éclats.

Il a fallu des combinaisons spéciales pour tirer parti, dans les machines *à vapeur,* de la force de la vapeur.

Si l'on adapte à une chaudière pleine d'eau, que l'on peut porter à l'ébullition à l'aide d'un fourneau F (fig. 1), un tube T, qui dirige la vapeur de la chaudière dans un cylindre métallique creux, C, parcouru par un piston glissant à frottement dans son intérieur, il est évident que la vapeur arrivant, par le tube TR, à la partie inférieure du cylindre, c'est-à-dire au-dessous du piston ; forcera, par sa pression, le piston à s'élever jusqu'au haut du cylindre. Si l'on interrompt alors l'arrivée de la vapeur au-dessous du piston, et que, ouvrant le robinet E′, on permette à la vapeur qui remplit cet espace de s'échapper au dehors, et qu'en même temps, en ouvrant un second tube R′, on fasse arriver de nouvelle vapeur *au-dessus* du piston, la pression de cette vapeur, s'exerçant de haut en bas, précipitera le piston jusqu'au bas de sa course, puisqu'il n'existera plus, au-dessous de lui, de résistance capable de contrarier l'effort de la vapeur. Si l'on renouvelle continuellement cette arrivée alternative de la vapeur au-dessous et au-dessus du piston, en ouvrant successivement les robinets E et E′, pour rejeter à chaque fois dans l'air la vapeur contenue dans la partie opposée du cylindre, le piston, ainsi alternativement pressé sur ses deux faces, exécutera un mouvement continuel d'élévation et d'abaissement dans l'intérieur du cylindre, pendant que la vapeur, après avoir exercé son effort mécanique, sera évacuée au dehors.

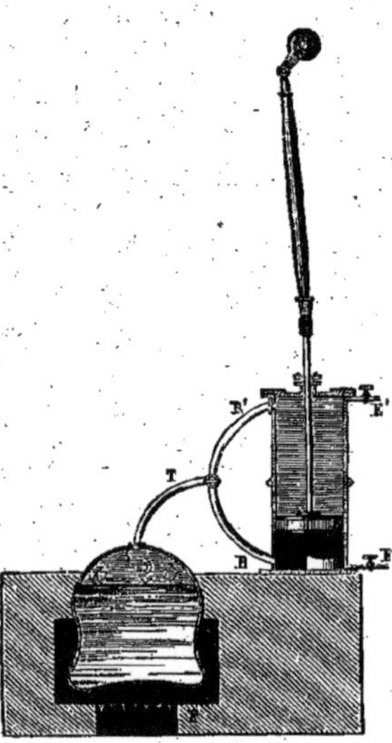

Fig. 1. — Principe général de la machine à vapeur.

Et si le levier P, attaché à l'extrémité supérieure de la tige du piston, est fixé à la manivelle A d'un arbre, l'action continue de la vapeur aura pour résultat d'imprimer à l'arbre A un mouvement continuel de rotation. Ce mouvement pourra, à l'aide de courroies et de poulies, être transmis aux nombreuses machines ou outils distribués dans une usine.

Beaucoup de machines à vapeur sont construites sur ce principe général. Elles sont sans condensation.

Mais si on conduit la vapeur, quand elle a produit son effet, au moyen d'un tube, dans un espace continuellement refroidi par un courant d'eau, en y arrivant elle se condensera et repassera à l'état liquide. Par suite, le vide se fera à l'intérieur du cylindre, et le piston, n'éprouvant plus de résistance au-dessous de lui, obéira facilement à la pression que la vapeur exerce sur sa face supérieure, pour descendre au bas du cylindre. On s'arrange pour faire se répéter continuellement ce jeu alternatif : arrivée de la vapeur sous le piston — condensation dans un vase isolé — arrivée de nouvelle vapeur au-dessus du piston — condensation de cette vapeur, — ainsi de suite.

Ces machines sont dites *à condenseur* ou condensation.

Mais si l'on considère les machines à vapeur suivant leur emploi, on voit qu'elles se divisent en : machines fixes, à l'usage des ateliers et des usines ; locomobiles et machines semi-fixes ; machines de navigation, ou machines à vapeur marines ; locomotives.

Nous avons parlé de vapeur arrivant pour soulever le piston ou au contraire pour l'abaisser suivant qu'elle arrive au-dessous ou au-dessus. Mais il pourrait suffire d'introduire la vapeur en dessous, le poids de l'air extérieur servant ensuite à abaisser le piston quand la vapeur s'est refroidie et condensée. C'est ainsi qu'était conçue la première machine à vapeur qui ait été imaginée, construite, en 1690, par Denis Papin. Pour amener la condensation de la vapeur, il fallait éteindre le feu allumé sous le cylindre. C'était un humble début. Cependant, en 1707, Papin avait exécuté une machine à vapeur conçue sur un principe un peu différent, et il l'avait installée sur un bateau muni de roues. Il s'était embarqué à Cassel, sur la Fulda, et était arrivé à Münden, ville du Hanovre, pour passer de là, avec son bateau, dans les eaux du Weser, et se rendre enfin en Angleterre, où il aurait expérimenté et fait connaître sa machine à vapeur. Mais les bateliers du Weser lui refusèrent l'entrée de ce fleuve, et mirent en pièces son bateau (fig. 2). A partir de ce moment, le malheureux Papin, sans ressources et, sans asile, traîna une vie de privations et d'amertume. Il languit dans la misère et l'abandon, retiré à Londres.

Cette machine atmosphérique, comme on la nommait, fut construite dans des conditions pratiques et livrée à l'industrie par deux artisans de Darmouth, en Angleterre, Newcomen et Cawley. En 1698, Thomas Savery, ancien ouvrier de mines, avait bien réussi à exécuter une machine de son invention qui avait pour principe la pression de la vapeur d'eau, et pouvait élever de l'eau ; mais la machine à vapeur de Newcomen et Cawley se montra rapidement bien supérieure. Vers le milieu du XVIIIe siècle, la machine à vapeur de Newcomen était déjà très répandue en Angleterre. Une très puissante machine de ce genre servait à la distribution des eaux dans la ville de Londres, et beaucoup d'autres fonctionnaient, dans les mines de houille de la Grande-Bretagne, pour l'épuisement des eaux.

La figure 3 représente les éléments essentiels de la machine de Newcomen. P est le cylindre dans lequel le piston H s'élève par la pression de la vapeur envoyée par la chaudière A. Quand le piston est parvenu au sommet de sa course, on fait couler, au moyen du tube D, un courant d'eau froide, tombant d'un réservoir, qui vient condenser la vapeur à l'intérieur du cylindre, et produire le vide, en condensant la vapeur. Dès lors, le piston H, sous le poids de l'air extérieur, redescend.

Fig. 2. — Les bateliers du Weser mettent en pièces le bateau à vapeur de Papin.

Au moyen de la chaîne S, attachée à la partie supérieure de ce piston, et du contrepoids E, on peut élever des fardeaux, mettre en action des pompes, etc.

La machine à vapeur de Newcomen resta en usage en Angleterre, sans modifications notables, jusqu'à la fin du xviiie siècle. A cette époque, le célèbre constructeur James Watt lui fit subir les plus heureuses transformations. James Watt n'était qu'un pauvre ouvrier mécanicien de Greenock, en Écosse.

Par une invention capitale, James Watt réalisa dans sa machine une économie des trois quarts du combustible employé dans celle de Newcomen. Au lieu de condenser la vapeur dans l'intérieur du cylindre, il fit communiquer ce cylindre, au moyen d'un tuyau, avec une caisse séparée parcourue par un courant d'eau froide : la vapeur allait se liquéfier dans cet espace, qui reçut le nom de *condenseur*. Par une autre invention géniale, Watt créa la *machine à vapeur à double effet*. Au lieu de faire agir la vapeur sur la face inférieure du piston seulement, il la fit agir sur ses deux faces, de manière à produire, par le seul effet de la force élastique de la vapeur, les mouvements d'élévation et d'abaissement du piston, ainsi qu'il a été expliqué plus haut. Il bannit toute intervention de la pression de l'air.

Watt apporta encore des améliorations d'une haute importance aux différents organes de la machine à vapeur. Il découvrit le *parallélogramme articulé*, qui sert à transmettre au balancier de la machine les deux impulsions successives résultant de l'élévation et de l'abaissement du piston ; la *manivelle*, qui transforme en un mouvement de rotation de l'arbre moteur le mouvement de va-et-vient du piston ; le *régulateur à boules*, qui régularise l'entrée de la vapeur dans l'intérieur du cylindre, en n'y admettant que la quantité de vapeur exactement nécessaire au jeu de la machine.

Fig. 3. — Coupe de la machine à vapeur de Newcomen.

En somme Watt parvint à créer, presque de toutes pièces, la machine à vapeur moderne.

Une autre découverte d'une haute importance dans le mode d'emploi de la vapeur a été faite au début de notre siècle : c'est l'emploi de la vapeur à haute pression.

Quand l'eau est en ébullition, si l'on envoie sa vapeur dans le cylindre, elle y produit une puissante action mécanique. Mais cette action mécanique sera considérablement augmentée si, avant d'envoyer dans le cylindre cette vapeur, on la chauffe très fortement. Ainsi chauffée, elle acquiert une puissance considérable, et la *tension* de la vapeur (c'est l'expression consacrée) est d'autant plus forte que la vapeur est chauffée plus longtemps avant d'être dirigée dans le cylindre. C'est un mécanicien allemand, Leupold, qui avait le premier, vers 1725, conçu l'idée de la vapeur à haute tension dans les machines à vapeur. La construction des premières machines à haute pression appartient à un Américain, Olivier Evans, d'abord simple ouvrier à Philadelphie, plus tard constructeur d'appareils mécaniques dans la même ville. En 1825, les mécaniciens Trevithick et Vivian commencèrent à répandre en Angleterre l'usage des machines à vapeur à haute pression, qui jouirent bientôt d'une grande faveur.

Une foule d'autres perfectionnements ont été apportés, de nos jours, à la machine à vapeur.

Nous avons parlé tout à l'heure des machines à vapeur *sans condenseur*, dans lesquelles la vapeur s'échappe dans l'air, après avoir exercé son effort sur les deux faces du piston ; ou *à condenseur*, dans lesquelles la vapeur d'eau, au lieu de se perdre au dehors, se liquéfie dans un vase à part, nommé *condenseur*. En se reportant aux figures accompagnant ces lignes, on comprendra mieux le mécanisme des *machines sans condenseur*.

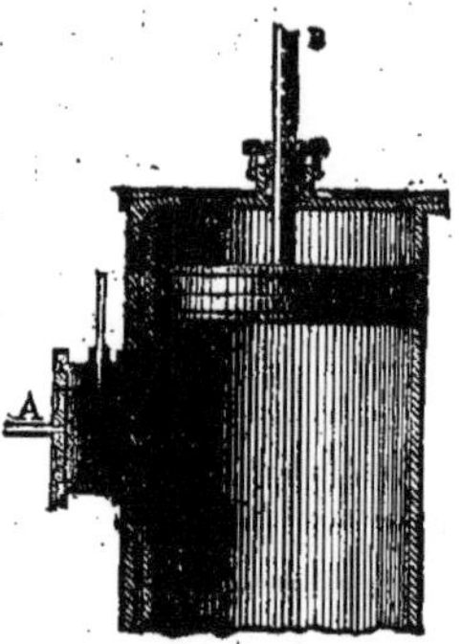

Fig. 4. — Coupe du cylindre et du piston d'une machine à vapeur.

La vapeur arrive sous le piston C et le soulève de bas en haut. Quand le piston est parvenu au sommet de sa course, une soupape s'ouvre et fait arriver la vapeur de chaudière au-dessus, c'est-à-dire sur la tête du piston. En même temps, une autre soupape venant à s'ouvrir au-dessous du piston, la vapeur du cylindre se précipite au dehors. N'ayant à surmonter que la résistance de l'air à sa partie inférieure, c'est-à-dire la résistance d'une atmosphère, et se trouvant soumis, à sa partie supérieure, c'est-à-dire sur sa tête, à la pression de la vapeur, qui est de plusieurs atmosphères, le piston s'abaisse nécessairement dans l'intérieur du corps de pompe. A peine y est-il parvenu que l'on fait échapper au dehors, en ouvrant une soupape, la vapeur qui remplissait la partie supérieure du cylindre.

C'est en répétant la série de ces mouvements, que l'on produit, d'une manière continue, les mouvements d'élévation et d'abaissement de ce piston.

Les machines sans condenseur ont la disposition représentée par la figure 5 : C, le cylindre à vapeur, est généralement placé horizontalement ; T est le tube qui rejette hors de l'usine la vapeur qui sort du cylindre après avoir exercé son effort sur le piston. Pour transmettre à l'arbre moteur de l'usine le mouvement de la tige du piston A, on adapte au sommet de cette tige une articulation B, qui pousse la tige Q, mobile autour de l'articulation B, et lui permet d'exécuter ainsi un mou vement de haut en bas. Ce mouvement se transmet ensuite, par le levier O, à la tige DR, et fait tourner l'arbre moteur, dont la section verticale se voit au point D.

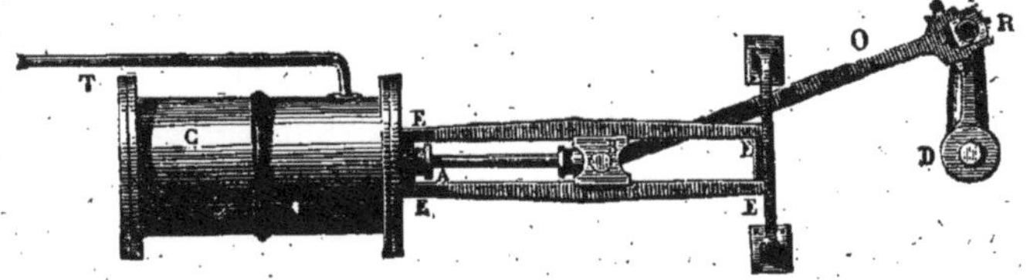

Fig. 5. — Cylindre de la machine à vapeur sans condenseur.

La figure 6 représente l'ensemble d'une machine sans condenseur. A est le cylindre à vapeur ; B, le tube par lequel la vapeur s'échappe au dehors, après avoir exercé sa pression sur le piston ; C, la *bielle*, ou la tige du piston qui, articulée en D, fait mouvoir l'arbre de la machine,

Fig. 6. — Machine sans condenseur, à cylindre horizontal.

pourvu du volant E, lequel régularise le mouvement. Une roue F, fixée sur l'arbre moteur, transmet, au moyen d'une courroie G, le mouvement aux outils de l'atelier qu'il s'agit de mettre en action.

Mais le cylindre des machines à vapeur sans condenseur est souvent disposé verticalement : c'est alors la *machine verticale*, représentée par les figures 7 et 8. On fait usage d'une machine à vapeur verticale ou horizontale, selon l'emplacement dont on dispose ou le genre de travail à effectuer.

La *machine à condenseur* est représentée d'une façon simple par la figure 9. L'entrée de la vapeur est en *a* ; elle passe successivement, par le jeu d'un *tiroir* intérieur, au-dessous et au-dessus du piston ; *c* est le cylindre à vapeur ; *d*, la tige de ce cylindre, qui vient mettre en mouvement le balancier *ee* ; *g* est la manivelle du volant *v* : cette manivelle

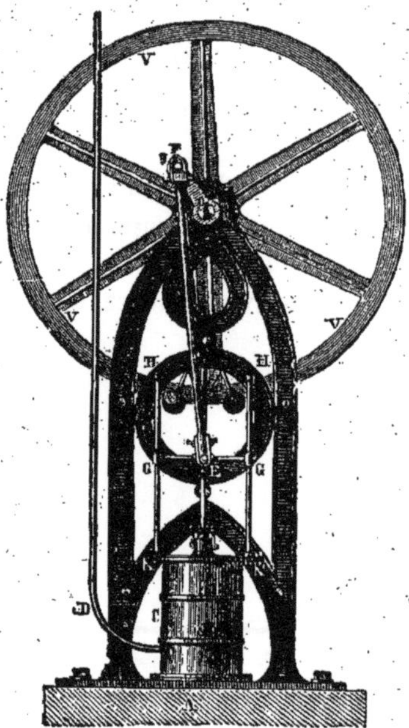

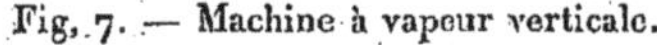

Fig. 7. — Machine à vapeur verticale.

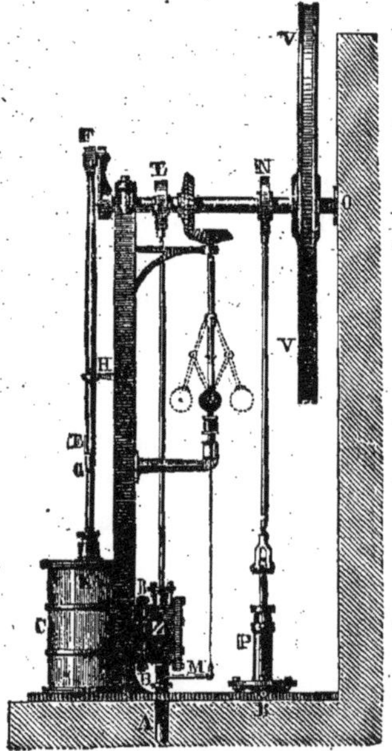

Fig. 8. — Machine à vapeur verticale vue de profil.

A, tuyau de la prise de vapeur ; C, cylindre ; BZ, boîte à vapeur et tiroir ; GHK, glissière ; EFJO, bielle, manivelle et arbre moteur ; VV, volant ; P, pompe alimentaire ; D, tuyau d'échappement de la vapeur.

transmet au volant le mouvement du balancier, et change en un mouvement circulaire continu le mouvement alternatif de ce balancier. L'appareil de condensation est dans l'intérieur de la caisse qui supporte la machine ; *m* est le *régulateur à boules*, ou *à force centrifuge*, qui règle les quantités de vapeur admises dans le cylindre ; *l* la tige de la pompe alimentaire qui introduit dans la chaudière de l'eau pour remplacer celle qui disparaît à l'état de vapeur : *k*, *i* sont les tiges des pompes qui alimentent d'eau froide le condenseur, et évacuent au dehors l'eau échauffée par la condensation de cette vapeur. La vapeur pénètre dans le cylindre *c*, par un trou *a*, lequel, par ses déplacements successifs de haut en bas et de bas en haut, dirige la vapeur, tantôt au-dessus, tantôt au-dessous du piston. La tige *d*, attachée à la tête du piston, est ainsi soulevée et vient faire basculer le grand balancier oscillant *ee*. La bielle *f* est ainsi poussée de haut en bas, et quand elle se relève par suite de l'abaissement de la tige *d*, elle imprime un mouvement de rotation à l'arbre moteur, grâce à une articulation mobile avec cet arbre. C'est là la machine de Watt ; les types actuellement employés sont sensiblement différents, quoique établis sur les mêmes principes.

Depuis des années on n'a cessé de perfectionner les machines à vapeur ; et nous devons indiquer les modifications fondamentales qui leur ont été apportées de nos jours.

Fig 9. — Machine à vapeur à condenseur, ou *machine de Watt*.

Le rendement calorifique d'une machine à vapeur est d'autant plus grand que la pression de la vapeur, à son entrée dans le cylindre, est plus élevée, et que la *détente*, ou expansion de la vapeur dans le vide, est plus grande. La pratique a démontré que dans les machines à un seul cylindre, le maximum d'économie est atteint quand on introduit la vapeur à une pression de 6 kilogrammes par centimètre carré, la détente variant de neuf à dix fois le volume de la vapeur à son entrée. Les anciennes machines ne pouvaient remplir ces conditions ; il a donc fallu modifier leur mécanisme.

Dès 1870, MM. Weyher et Richemond, les savants ingénieurs de Pantin, avaient construit des machines à détente donnant une grande économie de vapeur ; ces machines sont, du reste, encore en usage dans beaucoup d'usines.

Le perfectionnement le plus important fut ensuite le *tiroir Farcot*. Dans ce tiroir, les canaux d'admission de la vapeur ont un grand élargissement à la face supérieure, où ils arrivent par plusieurs orifices. Deux plaques mobiles, percées d'ouvertures pouvant coïncider avec celles du tiroir, et portant des butoirs, sont appliquées sur cette face, et maintenues par la vapeur, ainsi que par des ressorts. L'admission a lieu ou cesse suivant la position de la glissière ; le tiroir a un recouvrement très faible. Cet appareil donne de bons résultats pour les machines faisant cinquante et soixante tours par minute et demandant des détentes de dix fois le volume de la vapeur. Mais le problème des grandes détentes a été résolu par un constructeur américain, Corliss, mort en 1891. Il a réussi à obtenir une fermeture brusque des orifices d'admission de la vapeur, à l'instant même où la détente doit se produire. Cela grâce à un système de déclic et de ressort. Dans la machine Corliss, la vapeur, à son arrivée de la chaudière, passe par une valve, qui permet d'en régler l'entrée, dans une boîte, d'où deux robinets la font passer dans le cylindre. Du cylindre elle sort par deux autres robinets, qui la conduisent au condenseur. Comme on le voit, le même conduit n'est pas alternativement chauffé et refroidi par la vapeur à son arrivée et à son départ, défaut qui, dans les anciennes machines, produisait une perte de chaleur et une augmentation de contre-pression. Les robinets distributeurs d'admission de vapeur sont unis par un déclic et un ressort en acier ; deux distributeurs d'échappement reçoivent un mouvement continu de l'arbre moteur. Au lieu d'avoir une surface plane de contact, comme dans les anciennes machines, ici les tiroirs, au nombre de quatre, sont animés d'un mouvement circulaire alternatif ; ils glissent sur une surface cylindrique, ce qui leur donne une apparence de robinets.

La vapeur arrivant par le tube R (fig. 10) dans le cylindre à vapeur C passe à travers une valve qui permet de régler son introduction au moyen d'une manette. Elle s'introduit alternativement sur l'une et l'autre face du piston, et se rend, après s'être détendue, dans le condenseur O. Un déclic et un ressort d'acier commandent l'admission de la vapeur.

C'est la succession mathématique de l'ouverture et de l'obturation des orifices d'admission, coïncidant avec l'échappement de la vapeur dans le condenseur, qui constitue le mérite et l'avantage de la machine Corliss.

On peut reprocher à cette machine son mécanisme compliqué, mais elle est très économique, car elle ne consomme pas plus de 750 grammes de charbon par cheval et par heure de travail.

Une autre machine, inspirée de celle de Corliss, a pour le jeu des soupapes un système particulier, dit *à manchon*. C'est la machine de Sulzer, constructeur suisse. Les tiroirs sont remplacés ici par des soupapes, au nombre de quatre, deux en haut, pour l'admission, et deux en bas, pour l'échappement. Elles sont appuyées sur leurs sièges au moyen de forts ressorts. Du côté de l'admission, la fermeture s'opère par un mouvement brusque, dont le choc est évité au moyen d'un piston à coussin d'air.

Un arbre parallèle à l'axe du cylindre et qui prend son mouvement sur l'arbre de la machine commande les distributeurs.

Une des transformations les plus importantes réalisées, a été l'adoption des machines Wolf et *compound*, qui réalisent une grande économie de vapeur et de combustible. Les *machines compound*, ou machines *composées* (du mot anglais *compound*), ont deux ou plusieurs cylindres ; on les appelle aussi à double, triple, quadruple expansion. Si on en considère une à 2 cylindres seulement, on voit la vapeur passer d'un petit cylindre dans un plus grand, où elle donne encore du travail en se détendant. On produit des détentes considérables.

Fig. 10. — Machine à vapeur Corliss.

R, entrée de la vapeur ; A, tiroirs ; *pr*, levier ouvrant et fermant l'admission de vapeur ; C, cylindre ; O, condensateur ; H, sortie de l'eau de condensation ; N, volant ; M, régulateur à boules.

L'origine des machines *compound* est l'ancienne machine à deux cylindres, dite de Wolf. Le petit cylindre reçoit la vapeur à pleine pression, et l'envoie au grand cylindre, où se produit une seconde détente. La vapeur d'échappement du petit cylindre se rend à la boîte de distribution du grand cylindre, composé d'un tiroir à coquille ordinaire, commandé par un excentrique circulaire. De ce cylindre, la vapeur va au condenseur. Dans les machines compound, la vapeur sortant du petit cylindre se rend dans un réservoir qui la dédite au grand cylindre au fur et à mesure des besoins. Avec plusieurs cylindres, on arrive à économiser de plus en plus sur la vapeur employée, et par suite sur le charbon consommé. Dans les premières machines de Watt, il fallait 25 kilogrammes de charbon par cheval et par heure ; maintenant on parvient à n'en plus dépenser que 700 grammes, et parfois même moins.

Une des transformations curieuses et toutes modernes de la machine à vapeur a été la création de moteurs relativement très peu pesants, par suite des métaux de plus en plus résistants qu'on emploie à leur construction, et tournant extrêmement vite pour actionner ces dynamos génératrices d'électricité dont nous parlerons plus loin. On fait des appareils où les pistons se déplacent à une allure vertigineuse.

Mais une des inventions les plus remarquables introduites récemment dans le domaine des machines à vapeur, c'est la création des turbines à

Fig. 11. — Turbines à vapeur en montage.

vapeur : ici plus de pistons animés d'un mouvement de va-et-vient. C'est un moteur rotatif qui présente des ailettes métalliques où la vapeur vient frapper, tout à fait comme cela se passe pour le vent sur les ailes des moulins et des turbines à vent que l'on voit maintenant un peu partout tourner dans la campagne ; on encore pour l'eau sur les roues hydrauliques toutes spéciales qu'on appelle les turbines hydrauliques.

Deux noms sont à retenir à cet égard : celui de M. de Laval, un Danois, et celui de l'Anglais Parsons. Avant eux l'on avait fait des tentatives de construction de turbines à vapeur ; mais on n'avait guère obtenu aucun résultat pratique. Eux, ils ont construit des moteurs rotatifs à vapeur qui font merveille ; pour ce qui est de la turbine de Laval, elle a cet inconvénient relatif de tourner à une vitesse presque folle ; et on l'utilise uniquement pour commander des appareils spéciaux de faibles dimensions. La turbine Parsons, nous la verrons appliquée sur les gigantesques navires modernes ; mais elle fonctionne aussi dans toutes les grandes usines d'électricité, et bien ailleurs. Elle est faite d'une série de couronnes d'ailettes métalliques montées sur un gros cylindre de métal ; la vapeur passe d'une couronne à une autre en agissant sur les ailettes ; et cela fait tourner le cylindre et l'arbre qui donne le mouvement et la force motrice qu'on utilisera de façons diverses.

Ces turbines à vapeur tiennent beaucoup moins de place que les machines à piston, elles sont de conduite bien plus facile, et elles parviennent à réclamer moins de vapeur et de combustible, maintenant qu'on sait bien en tirer parti. Les couronnes d'ailettes sont enfermées sous une enveloppe, et l'on ne voit rien qui rappelle cette complication de bielles, de tiges de piston, de manivelles, caractérisque de la machine à vapeur ancienne. Un grand nombre d'inventeurs ont suivi la voie tracée par MM. de Laval et Parsons, et il existe maintenant une grande variété de turbines à vapeur.

Chaudières. — La vapeur destinée à alimenter les machines est produite dans des générateurs de divers types, qui se sont perfectionnés peu à peu.

Fig. 12. — Coupe longitudinale d'une chaudière à vapeur.

La figure 12 donne la coupe d'une chaudière à bouilleurs ordinaire. G est le corps de la chaudière ; H l'un des deux bouilleurs, c'est-à-dire l'une des deux chaudières plus petites, qui sont placées au-dessous de la chaudière principale. Les bouilleurs communiquent avec la chaudière par de gros tubes, qui ont pour fonction d'augmenter la surface de chauffe offerte à l'action de la chaleur. F est le flotteur, qui sert à faire connaître au chauffeur la hauteur que l'eau occupe dans la chaudière. B est le niveau d'eau ; c'est un tube de verre, communiquant avec l'intérieur de la chaudière, et qui, se remplissant d'eau à la même hauteur que celle de la chaudière, laisse voir la hauteur de l'eau à l'intérieur. C est le tube de sortie de la vapeur se rendant au cylindre de la machine ; A, le tube donnant entrée à l'eau liquide envoyée par la pompe d'alimentation, pour remplacer celle qui disparaît sans cesse à l'état de vapeur. T est le *trou d'homme*, par lequel l'ouvrier s'introduit, pour visiter ou réparer l'intérieur de la chaudière dans les arrêts de travail. Les gaz chauds viennent du foyer et s'échappent dans le tuyau de cheminée après avoir circulé autour des parois extérieures de la chaudière. S est la *soupape de sûreté*.

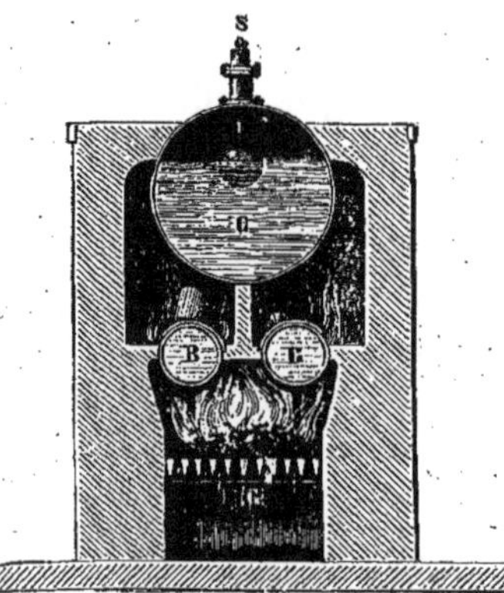

Fig. 13. — Coupe verticale d'une chaudière.
C, corps de la chaudière ; BB, bouilleurs ; G, foyer.

Tout le monde a entendu parler des terribles effets des explosions des chaudières. Ces accidents, qui étaient bien plus fréquents autrefois qu'aujourd'hui, tiennent à un défaut d'alimentation des chaudières. Si l'eau n'y arrive pas en quantité convenable, et que le niveau s'abaisse, la paroi de métal qui est ainsi mise à nu, s'échauffant outre mesure, rougit, et quand de nouvelle eau vient se mettre en contact avec le métal rougi, il en résulte un dégagement subit de vapeur, qui brise la chaudière. Les moyens de prévenir les explosions d'une chaudière sont : les *soupapes de sûreté* ; les *indicateurs du niveau d'eau* ; le *manomètre*.

Fig. 14. — Vue des foyers d'une chaudière de machine à vapeur.

Le *manomètre* est généralement métallique et du système Bourdon : la vapeur entre à l'intérieur d'un tube métallique qu'elle redresse plus ou moins par sa pression, ce redressement est indiqué sur un cadran par une aiguille, et l'instrument est gradué en kilogrammes de pression.

La *soupape de sûreté*, qui est en usage dans toutes les machines à vapeur, consiste en un bouchon métallique qui ferme la chaudière, et qui s'y trouve maintenu par un poids agissant à l'extrémité d'un levier horizontal. Le poids qui pèse sur le bouchon métallique a été calculé de manière à être soulevé par l'effet de la vapeur, quand elle a acquis une puissance assez considérable pour inspirer des craintes quant à la solidité de la chaudière. Si la température du foyer vient à s'élever trop, et que la vapeur acquière ainsi une tension qui pourrait être dangereuse, le bouchon métallique est soulevé, parce que le poids P situé à l'extrémité du levier horizontal CB (fig. 15) ne peut soutenir cette pression. Dès lors, la chaudière étant ouverte en ce point, la vapeur se dégage librement dans l'air, et aucune explosion n'est à craindre. Quand la vapeur a été ramenée, par cet écoulement partiel, à sa tension normale, la soupape retombe, sous la pression du poids P, et la chaudière se trouve refermée. Cet organe avait été imaginé dans son principe par Denis Papin dès 1681.

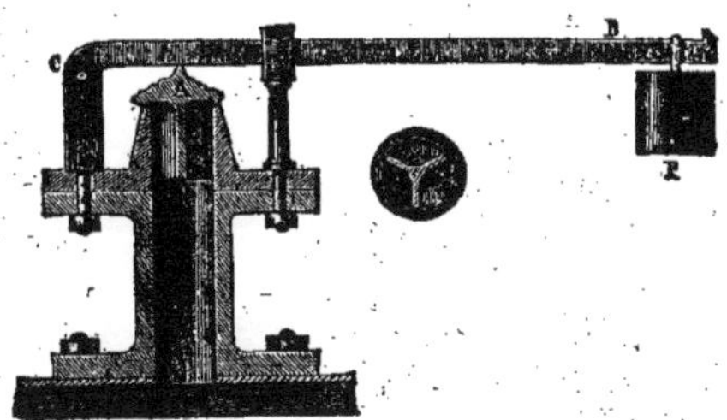

Fig. 15. — Soupape de sûreté (coupe).

Nous représentons dans la figure 16 le *niveau d'eau*, représenté en B sur la figure 12. On comprend que l'eau se met dans le tube à la même hauteur que dans la chaudière.

On utilise parfois pour déceler le niveau de l'eau un *flotteur* ; et souvent un *flotteur d'alarme*, le manque d'eau à l'intérieur de la chaudière étant signalé par un coup de sifflet donné par la vapeur elle-même. La vapeur remplit toujours l'espace A. Au-dessus de cet espace est une clochette en laiton. Une soupape, S, fermée par un ressort à boudin, qui presse de haut en bas cette soupape, ferme la chaudière en ce point ; mais s'il arrive que le niveau de l'eau s'abaisse dans la chaudière, le flotteur P descend avec l'eau, et en tirant la chaîne BS, attachée à la soupape, il ouvre cette soupape, et laisse échapper au dehors la vapeur, qui

Fig. 16. — Niveau d'eau (coupe et élévation).

fait entendre un sifflement en rencontrant les parois aiguës de la clochette. Un poids, Q, équilibre le bras de levier mobile, BO.

On a naturellement cherché à produire la plus grande quantité de vapeur avec un certain poids de charbon brûlé. Pour cela il a fallu améliorer les chaudières.

Fig. 17. — Coupe de la partie d'une chaudière à vapeur avec le flotteur d'alarme.

Les *chaudières à bouilleurs perfectionnées* donnent un assez bon rendement : 70 pour 100 de la chaleur dégagée par le combustible ; mais on a réalisé une transformation fort importante avec des chaudières à foyer intérieur. Le foyer est placé dans le corps principal de la chaudière, il y forme comme un grand tube au milieu de l'eau, et la grille où est brûlé le combustible est placée dans ce tube ; les gaz chauds échauffent l'eau qui baigne ce tube, puis ils sortent par son extrémité et repassent autour du corps de la chaudière pour échauffer encore cette eau.

Il existe aussi une multitude de chaudières tubulaires, soit ignitubulaires, soit aquatubulaires, suivant que l'eau est contenue dans des tubes que lèchent les flammes et les gaz chauds ; ou au contraire que ces tubes sont noyés au milieu de la masse d'eau et donnent passage à ces gaz. De toute manière la chaleur et bien mieux et plus rapidement transmise à l'eau. C'est Séguin qui a inventé la chaudière ignitubulaire, et pour la locomotive de chemin de fer. Parfois l'on combine au faisceau tubulaires un bouilleur. L'eau est contenue entre les faisceaux de tubes de la chaudière proprement dite, et dans le bouilleur ; les gaz parcourent la partie centrale, reviennent en avant, dans les tubes à fumée, pour retourner à l'arrière du fourneau, en léchant les parois

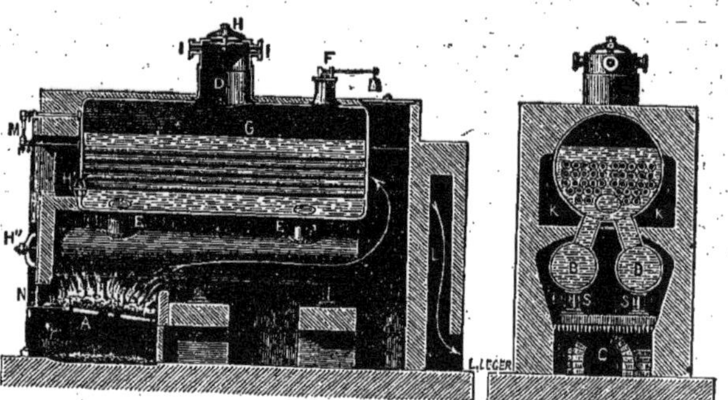

Fig. 18. — Chaudière semi-tubulaire (coupes).

G, chaudière contenant l'eau traversée par les tubes à fumée ; EE, bouilleurs ; DH, dôme de vapeur ; A, foyer ; F, soupape de sûreté ; M, niveau d'eau.

extérieures de la chaudière et du bouilleur. Ce sont des chaudières *semi-tubulaires*. La figure 18 donne la coupe verticale et le plan d'une de ces chaudières. Pour avoir de hautes pressions rendant plus de services dans le moteur, et sans s'exposer à des explosions dangereuses, on adopte de plus en plus les générateurs aquatubulaires avec quantité de tubes présentant une grande surface de vaporisation, et demandant un volume d'eau relativement très restreint. Comme nous le disions, l'eau remplit au moins en partie les tubes, et le foyer est à l'extérieur. Nous pouvons prendre comme type la chaudière de M. Belleville. Le générateur de vapeur proprement dit est constitué par des *éléments*, formés d'un certain nombre de tubes assemblés en spirale, à l'aide de boîtes de raccordement ; chacun de ces *éléments* est amovible et indépendant des autres ; un conduit rertangulaire d'alimentation d'eau communique avec les éléments générateurs de vapeur à l'aide d'un raccordement à joints ; un *collecteur épurateur* de vapeur et d'eau d'alimentation, placé transversalement au-dessus du générateur de vapeur, est en relation avec la partie supérieure de chaque élément générateur de vapeur au moyen d'un raccordement à joint conique ; le *collecteur épurateur* précipite les dépôts calcaires, par suite de l'échauffement rapide de l'eau d'alimentation. Nous aurions à citer encore un déjecteur des dépôts calcaires, un sécheur de vapeur, placé sous la couverture du générateur et formé d'une série de tubes que parcourt successivement la vapeur venant du collecteur épurateur ; un régulateur automatique d'alimentation et de niveau d'eau ; un régulateur automatique de combustion et de pression.

L'eau fournie à la chaudière par une pompe alimentaire pénètre d'abord dans le collecteur épurateur, va de là au récipient déjecteur, pour retourner au collecteur d'alimentation, et elle se répartit, de ce récipient, aux divers *éléments* générateurs. Au sortir de chaque *élément*, la vapeur d'eau pénètre dans le cylindre collecteur épurateur, après avoir fait ainsi un circuit complet. La tubulure conique qui relie les *éléments* au collecteur épurateur dirige le courant de vapeur contre une cloison circulaire, qui développe une action centrifuge, et produit ainsi une séparation de la vapeur et de l'eau qu'elle entraîne. La vapeur se rend enfin au sécheur, avant de passer dans les conduites. Une figure donne la coupe et l'élévation extérieure d'une chaudière Belleville. R est le réservoir d'eau ; O, le *collecteur épurateur* ; HV, les tubes à l'intérieur desquels l'eau circule, chauffée par le foyer I. Les flèches blanches que porte ce dessin montrent le sens du mouvement de l'air chaud venant du foyer.

Nous aurions à citer bon nombre d'autres chaudières aquatubulaires (dont l'emploi se développe plutôt du reste pour les machines marines) ;

comme les Naeyer, les Niclausse, les Field ; celle-ci est constituée en partie de tubes verticaux léchés par les flammes. Toutes produisent généralement de la vapeur à très haute pression, 12, 14, 16 kilogrammes. Elles sont réellement *inexplosibles* ; car si l'un des tubes dans lesquels l'eau circule vient à se rompre, un faible volume d'eau s'échappe dans le foyer, et l'éteint presque entièrement. Mais elles exigent une grande surveillance de la part du chauffeur qui les conduit.

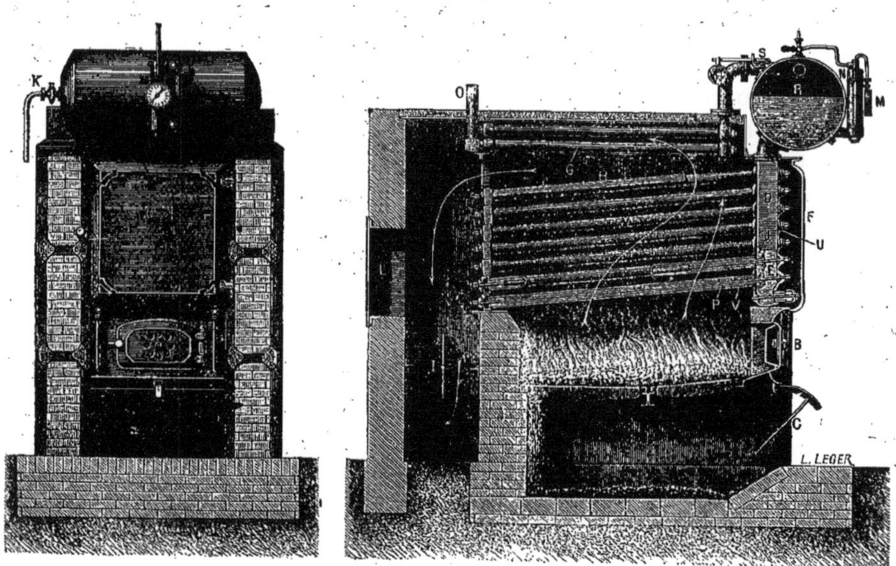

Fig. 19. — Chaudière inexplosible Belleville (façade et vue intérieure).

On fait aussi maintenant des chaudières à vaporisation instantanée dont nous parlerons plus loin, parce qu'on les a surtout appliquées aux voitures à vapeur.

Ce qui est à remarquer c'est que, pour cet appareil devant fournir de la vapeur à la machine, il a bien fallu porter la pression de plus en plus haut, puisque cela permet de tirer finalement meilleur parti du combustible pour la production de la force motrice. On est arrivé couramment à soumettre les parois de la chaudière à une pression de 16 kilogrammes ; et pour cela il a fallu fabriquer des parois de ces aciers, acier au nickel, au chrome qui présentent une résistance extraordinaire. On ne doit pas ignorer non plus qu'on complète la chaudière par un appareil de *surchauffe* : on réchauffe et sèche la vapeur une fois produite, et elle produit alors un bien meilleur travail dans les cylindres de la machine où elle est envoyée.

Nous ne pouvons nous dispenser de parler d'une machine à vapeur spéciale qui peut se transporter aisément d'un point à un autre pour fournir sur place la force motrice, y actionner des appareils divers, particulièrement en matière agricole. C'est ce qu'on appelle par élision la *locomobile.* On la monte sur roues et des chevaux la traînent, sauf quand elle possède un dispositif pouvant actionner les roues, ce qui suppose alors une locomobile fonctionnant aussi comme cet appareil appelé *locomotive routière* que nous reverrons.

Fig. 20. — Locomobile ordinaire.

Cette *locomobile* sert couramment à commander les batteuses pour battre les grains, les pompes pour les irrigations, les appareils à moissonner, à botteler, et même à labourer. Elle a été imaginée en Amérique ; puis l'Angleterre l'adopta. Aujourd'hui les locomobiles sont un précieux auxiliaire pour les travaux mécaniques qui s'exécutent dans nos campagnes. Elle ne présente que peu de complications dans sa structure mécanique. On a donc réduit la machine à vapeur à ses éléments tout à fait indispensables. La vapeur n'y est presque jamais condensée : elle est à haute pression. On y trouve naturellement la chaudière et le cylindre à vapeur. La chaudière est tubulaire, mais réduite à un petit nombre de tubes, pour produire une assez grande quantité de vapeur avec une quantité d'eau médiocre. Le réservoir d'eau nécessaire à l'alimentation de la chaudière consiste souvent en un seau, ou tonneau, placé à terre, dans lequel la machine vient puiser l'eau, à l'aide d'un tube, au fur et à mesure de ses besoins. Le cylindre à vapeur, A, est placé horizontalement au-dessus de la chaudière FCT. Au moyen d'une tige B, et d'une manivelle *tm*, le piston de ce cylindre imprime un mouvement rotatoire à un arbre horizontal D, placé en travers de la locomobile. Cet arbre fait tourner une large roue, ou volant, V, qui s'y trouve fixé. Et une courroie qui s'enroule autour du volant permet d'exécuter toute espèce de travail mécanique. Le tuyau de la cheminée est mobile au moyen d'une charnière.

Comme on a intérêt à ce que les machines brûlent le moins possible de combustible, on leur applique souvent le système *compound*. De même aussi la surchauffe ; et l'on arrive à ne leur faire consommer que 600 grammes de charbon par heure et par force de cheval. On a aussi modifié le foyer de façon à permettre d'y brûler paille, roseaux, etc., et tous les résidus végétaux de l'agriculture.

Fig. 21. — Monte-charge à vapeur pour les constructions.

Entre les locomobiles et les machines à vapeur fixes se placent les *machines demi-fixes* : moins mobiles que les premières, mais beaucoup plus légères et facilement transportables que les secondes. On les utilise dans certaines entreprises de peu de durée, pour lesquelles une installation ordinaire nécessiterait des dépenses trop considérables, et un local spacieux. Ces machines ont reçu presque les mêmes perfectionnements que les machines fixes. Leur caractéristique est que mécanisme, chaudière et foyer sont solidaires sur un même bâti.

C'est plutôt sous la forme de la locomobile, qu'on utilise le moteur à vapeur sur les divers chantiers, en dehors des usines et manufactures. C'est le cas pour la construction des maisons où elle sert à préparer le mortier et le béton nécessaire à la maçonnerie ; elle fait tourner un arbre de couche pourvu d'une large poulie, et une courroie posée sur cette poulie met en action le mécanisme qui hisse les matériaux à chaque étage de la construction. Quand il s'agit d'élever une construction sur pilotis, pour soulever le *mouton* qui doit enfoncer les pieux dans le sol des rivières, c'est une locomobile amenée sur un radeau qui élève le mouton,

Fig. 22. — Une grue de la Compagnie du chemin de fer d'Orléans.

pour le laisser retomber par son poids, quand on lâche la vapeur dans l'air, en tirant un cordon qui fait ouvrir une soupape donnant issue à cette vapeur.

Pour les *grues à vapeur* qui se voient fréquemment dans nos ports de mer et qui prennent des dimensions énormes, c'est une locomobile placée elle-même au bord de l'eau qui élève hors du bateau les marchandises à décharger. Elle enroule ou déroule sur un treuil une chaîne qui soulèvera jusqu'à 150 000 kilogrammes !

Les dragues, qui servent, dans les ports, à creuser le lit d'un bassin ou un chenal, sont mues par de véritables locomobiles installées à bord d'un chaland. La machine à vapeur y commande une grande cuiller ou chaîne qui porte les godets attaquant terre ou roc sous l'eau. Il est des dragues modernes qui excavent dans une journée le volume d'une maison à cinq étages.

Les *excavateurs à sec*, qui ont joué un si grand rôle dans tous les grands travaux de creusement de terre, comme à Suez, à Panama, etc., et dans les grands terrassements pour la construction des voies ferrées,

Fig. 23. — Une grande grue allemande.

sont de véritables *dragues terrestres*. Sur une voie ferrée est porté l'ensemble de l'*excavateur* ; nous retrouvons la chaîne à godets, passant sur un long bras qu'on appelle l'*élinde*, tout comme dans la drague. Les godets entraînés par le déroulement de la chaîne viennent successivement entamer le sol et enlever la terre. Quand une tranchée est pratiquée, on déplace la voie de l'excavateur, parallèlement à elle-même, et on recommence le creusement. Des wagonnets, dans lesquels viennent se vider les godets pleins de terre, suivent l'*excavateur*, ou l'accompagnent, sur une voie parallèle contiguë. Un Français M. Couvreux, est un de ceux qui ont le plus perfectionné cet appareil.

La locomobile est venue rendre un grand service, par son application aux pompes à incendie. La pompe à incendie à vapeur est originaire d'Amérique. Le premier de ces appareils fut construit par MM. Lee et Larned, en 1860. En Angleterre, beaucoup de modèles différents ont été construits. On connaît particulièrement ceux de M. Merryweather. On utilise dans ces engins des chaudières à vaporisation rapide, comme les générateurs Field; l'eau passe en très faible épaisseur dans des tubes très épais portés au rouge. En France on utilise les pompes Thirion, Fives-Lille, etc. Paris possède quantité de pompes à incendie à vapeur qui, jusqu'à présent, étaient traînées au galop par des chevaux jusqu'au lieu du sinistre. Mais on a appris à employer le moteur à vapeur à commander les roues de l'engin tant qu'il n'y pas à actionner la pompe; et l'on a réalisé les pompes à vapeur automobiles. Du reste l'électricité et le moteur à pétrole ont permis en la matière un nouveau progrès que nous indiquerons plus loin.

Fig. 24. — Pompe à incendie à vapeur de M. Merryweather.

Fig. 25. — Pompe à vapeur automobile.

En combinant le moteur à vapeur pour actionner les roues d'un véhicule, comme nous l'avons dit pour la pompe à vapeur et aussi la locomobile, on a inventé la locomotive routière; c'est un tracteur à vapeur qui est utilisé surtout depuis 1876 en

France, pour tirer des séries de voitures régimentaires, de munitions, parfois de lourdes pièces de siège. Son inconvénient est d'être fort pesant et de défoncer les routes.

C'est un peu une locomotive routière que le *rouleau compresseur du macadam,* inventé en 1865 ; il comporte à l'arrière un gros rouleau pour tasser les empierrements des voies publiques. C'est plus rapide que les rouleaux tirés par une file de chevaux. Comme dans les locomotives, le mouvement peut se faire dans les deux sens, selon que l'on renverse ou non la vapeur. Donc pas de nécessité de tourner.

La locomotive routière est une sorte de voiture à vapeur. Il était naturel que l'on songeât à alléger l'appareil pour remplacer les voitures à chevaux. Au commencement du XIXe siècle, Olivier Evans, en Amérique, Trevithick et Vivian, en Angleterre, construisaient des machines à vapeur à haute pression, qu'ils adaptaient à des voitures destinées à rouler sur les grands chemins. Jusqu'en 1830, on s'efforça de perfectionner ces scabreux et difficiles engins. On y était parvenu dans une certaine mesure, puisque des services publics furent établis pour le transport des voyageurs par des voitures à vapeur, tant en Angleterre qu'en Belgique. En 1826 on voyait circuler de Londres à Paddington un landeau mû par la vapeur.

Fig. 26. — Voiture à vapeur de M. Lotz.

En 1834, Paris s'occupa beaucoup d'une *diligence à vapeur,* qui parcourut à plusieurs reprises la route de Paris à Versailles. L'inventeur s'appelait Dietz. Mais cette voiture était lourde et bruyante ; sa fumée incommodait les passants et effrayait les chevaux. Les fortes rampes de la route de Versailles l'essoufflaient. Bref, après bien des péripéties, l'inventeur fut ruiné. Bien d'autres essais furent faits, mais les chemins de fer faisaient oublier les routes de terre. Vers 1860, l'attention fut ramenée sur ce genre de véhicule. A Nantes, en 1864, M. Lotz construisit une voiture à vapeur qui donna des résultats intéressants.

L'année suivante, M. Albaret, créa une nouvelle voiture de ce genre.

En 1875, un mécanicien du Mans, M. Bollée, construisit et fit circuler, du Mans à Paris, une nouvelle voiture à vapeur fort intéressante ; elle faisait 15 kilomètres par heure, en plaine. C'étaient les débuts de ce qui devait être l'automobilisme. En 1886, M. Bollée perfectionna sa voiture à vapeur. Mais de leur côté en 1884, sur l'avenue de la Grande-Armée, à Paris, MM. de Dion et Trépardoux avaient fait circuler une voiture à vapeur.

Enfin un constructeur éminent, M. Serpollet, inventeur d'une chaudière à vapeur à vaporisation spontanée remarquable, appliqua cette chaudière à actionner une machine à vapeur installée sur une voiture, et on le vit couramment circuler dans Paris sur son *phaéton à vapeur*. Le problème de la propulsion des voitures par la force de la vapeur était résolu. Le fait est que M. Serpollet se lança dans la construction des automobiles à vapeur, ressemblant tout à fait extérieurement aux automobiles à pétrole. D'autres l'ont suivi dans la même voie ; néanmoins les voitures à pétrole semblent préférables aux automobiles à vapeur.

II

LES BATEAUX A VAPEUR

Histoire de l'application de la vapeur à la navigation. — Denis Papin. — Dickens. — L'abbé Gauthier. — Le marquis de Jouffroy. — Robert Fulton. — La navigation à vapeur aux États-Unis. — La navigation à vapeur en Europe. — Description des machines à vapeur appliquées à la navigation. — Moyens propulseurs : les roues à aubes, l'hélice. — L'avènement des turbines à vapeur dans la navigation. — Générateurs de vapeur. — Perfectionnements apportés à la construction des navires. — Nomenclature des pièces formant l'ossature d'un navire. — Les agrès. — Les paquebots transatlantiques d'autrefois et les géants modernes. — Les immenses cargo-boats. — Les ferry-boats ou bacs porte-trains.

L'emploi de la voile et des rames comme moyen de navigation présente, dans une foule de circonstances, de graves inconvénients. La voile et les rames assujettissent les navires à une marche lente et souvent pénible, retardée par les vents contraires, arrêtée par les calmes. Aussi a-t-on, de tout temps, désiré pouvoir disposer, à bord des navires, d'une force motrice propre, indépendante des éléments extérieurs ou du travail humain.

Denis Papin fut, comme nous l'avons dit, le premier qui osa songer à appliquer la force mécanique de la vapeur à la navigation. En 1727 J. Dickens, en 1737 Jonathan Hulls, tous deux mécaniciens anglais, proposèrent d'appliquer à la navigation la machine à vapeur telle qu'elle existait à cette époque. Le même projet était mis en avant en France, en 1753, par l'abbé Gauthier, savant chanoine de Nancy.

Cependant la machine à vapeur, telle qu'elle existait à la fin du XVIIIe siècle, c'est-à-dire la machine de Newcomen, était trop imparfaite pour pouvoir servir à un tel usage.

Le premier essai pratique de la navigation au moyen de la vapeur est dû à un Français, le marquis de Jouffroy, qui installa sur un bateau une machine à vapeur de Watt à simple effet. Après plusieurs tentatives faites à Paris, en 1775, et continuées par lui, en 1776, sur le Doubs, à Baume-les-Dames, le marquis de Jouffroy fit construire à Lyon, en 1780, un énorme bateau à vapeur ; car il n'avait pas moins de 46 mètres de long. Le 15 juillet 1783, le marquis de Jouffroy fit, avec ce bateau, une expérience décisive sur les eaux de la Saône. Le bateau navigua avec succès sous les yeux de dix mille spectateurs. Il était pourvu de deux roues que la vapeur faisait tourner.

Toutefois cette importante tentative n'eut pas de suites sérieuses. Bien que née en France, l'application de la vapeur à la navigation demeura fort longtemps négligée dans notre pays.

C'est à Robert Fulton, ingénieur américain, né dans le comté de Lancastre (État de Pennsylvanie), qu'appartiennent le mérite et la gloire d'avoir créé la navigation par la vapeur. Fils de pauvres émigrés irlandais, d'abord apprenti chez un joaillier de Philadelphie, le jeune Fulton, doué de quelques talents pour le dessin et la peinture, avait tiré de son pinceau ses premiers moyens d'existence. A l'âge de vingt ans, il était peintre en miniature à Philadelphie. En 1786, il partit pour l'Europe, et se rendit en Angleterre. Mais, son goût pour la mécanique se développant de plus en plus, il abandonna sa profession de peintre et se fit ingénieur. Pendant un séjour de quinze années en Europe, tant en Angleterre qu'en France, Fulton se distingua par un grand nombre d'inventions mécaniques, d'un ordre varié. Mais le problème de la navigation par la vapeur, qu'il commença à aborder en 1786, fut le but principal de ses travaux. Il réussit là où tant d'autres avaient échoué. Au mois d'août 1803, un bateau à vapeur construit par lui fut essayé sur la Seine, en plein Paris.

Cependant n'ayant pas trouvé en Europe les encouragements qu'aurait dû rencontrer son invention, il retourna en Amérique : et le 10 août 1807, le *Clermont*, grand bateau à vapeur (fig. 27) construit par lui, fut lancé sur la rivière de l'Est, à New-York. Ce bateau, qui présentait les dispositions mécaniques les mieux entendues, décida de l'adoption de la navigation par la vapeur aux États-Unis.

L'Europe ne tarda pas à profiter de la découverte de Fulton. En 1812, un constructeur, Henry Bell, établissait sur la Clyde, en Écosse, le premier bateau à vapeur qui ait fait un service régulier en Europe : c'était la *Comète*, construite à l'imitation du bateau de Fulton. De la Grande-Bretagne, la navigation par la vapeur se répandit bientôt dans le reste de l'Europe. Et vingt ans après, elle avait pris chez toutes les nations un développement immense.

Les machines à vapeur consacrées au service de la navigation ont varié dans leur système, selon le moyen de propulsion adopté. Il est donc nécessaire, avant de parler des systèmes de machines à vapeur employés dans la navigation, de dire quelques mots des agents propulseurs. Du reste à l'heure actuelle l'un de ces agents propulseurs, les *aubes*, est à peu près complètement abandonné ; et la question n'a presque plus d'intérêt qu'au point de vue de l'histoire.

Deux moyens mécaniques très différents peuvent être utilisés pour la propulsion des bateaux à vapeur : les *roues à aubes* et l'*hélice*. L'emploi des roues *à aubes* ou *à palettes* remonte à une époque très ancienne. L'*hélice* est d'une invention beaucoup plus récente. En 1752 le mathématicien Daniel Bernoulli parla le premier d'appliquer aux navires un moteur de forme hélicoïdale. En 1768, Paucton, ingénieur français, proposait de remplacer par des hélices les rames des navires.

Fig. 27. — Le *Clermont*, premier bateau à vapeur construit par Fulton, en Amérique, en 1807.

En 1803, un ouvrier natif d'Amiens, Charles Dallery, avait adapté deux hélices à un petit bateau qu'il avait commencé à construire sur la Seine, à Paris, afin d'essayer de résoudre le problème de la navigation par la vapeur. C'est un Français, le capitaine Delisle, qui a démontré avec le plus d'évidence, par des considérations théoriques, la supériorité de l'hélice sur les roues à palettes. En Angleterre, les constructeurs Smith et Rennie ont fait les premières expériences heureuses avec une hélice substituée aux roues à aubes.

La disposition actuelle de l'hélice a été essayée par un constructeur de Boulogne, Frédéric Sauvage. Malheureusement notre compatriote ne put parvenir à exécuter ses essais sur une échelle suffisante. Le premier bateau à vapeur français à hélice a été construit au Havre, en 1843, par Normand. Depuis cette époque, l'hélice n'a cessé de prendre faveur chez toutes les nations maritimes du monde, elle a presque entièrement détrôné les roues motrices. On ne l'a guère conservée que dans certains bateaux de rivière, parfois aussi là où il y a peu de profondeur d'eau. Et encore a-t-elle même disparu presque pour une navigation comme celle du Pas-de-Calais.

L'hélice en usage aujourd'hui n'est qu'à un tour de spire. Elle est installée au-dessous de la ligne de flottaison du navire, comme le montre la figure 28. Mise en mouvement par l'arbre de la machine à vapeur, grâce à un renvoi de mouvement, elle fait progresser le vaisseau par l'impulsion réactive qu'elle communique au liquide au milieu duquel elle tournoie avec une rapidité prodigieuse. Elle se visse pour ainsi dire dans l'eau et avance comme un boulon dans un écrou, en entraînant naturellement le navire.

Fig. 28. — Disposition et aménagement de l'hélice sur un bateau à vapeur.

Nous avons dit que le système de machine à vapeur employé dans la navigation diffère selon que le bateau est pourvu de roues ou d'une hélice. La figure 29 fait comprendre les éléments d'une machine actionnant des aubes : M est le cylindre dans lequel la vapeur venant de la chaudière s'introduit par le tuyau recourbé A et le tiroir S. HH' est le balancier que l'on place, par un renvoi de mouvement, au bas de l'appareil, pour économiser la place. A cet effet, la tige du piston attachée à une bielle articulée B vient s'articuler à l'extrémité H du balancier, au-dessous du cylindre à vapeur. L'autre extrémité H' du même balancier fait tourner, au moyen du levier articulé I, l'arbre moteur MM, auquel sont attachées les roues NN du navire. D est le condenseur, Q la tige de la pompe qui extrait l'eau chaude de ce condenseur. EF est l'excentrique qui manœuvre le tiroir, en recevant son mouvement de l'arbre moteur M.

Comme curiosité historique, nous donnons (fig. 30) l'ensemble de la machine que portait un de nos premiers bâtiments de guerre à vapeur, le *Sphinx*, qui était mû par des roues, qu'on aperçoit dans la figure.

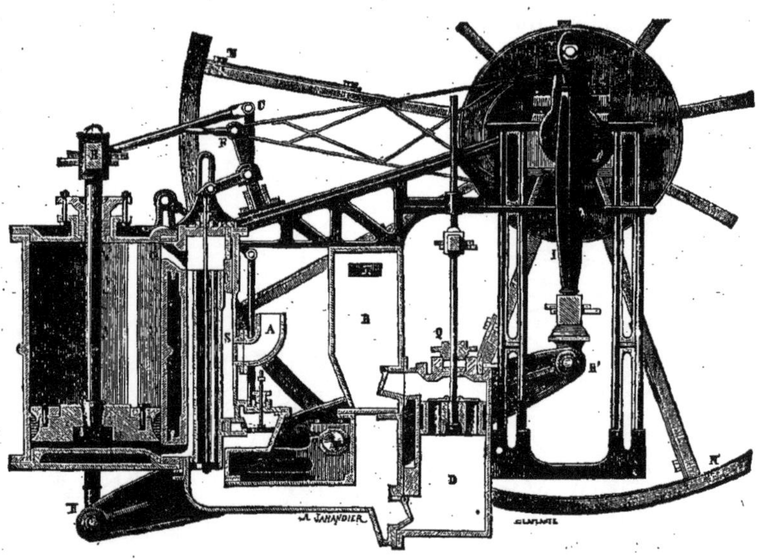

Fig. 29. — Coupe d'une machine à vapeur marine à condenseur et à balancier.

Quand l'agent propulseur devint l'hélice, il fallut des machines donnant la grande vitesse qu'on doit imprimer à une hélice tournant au sein de l'eau. On fait usage de systèmes particuliers de machines dans lesquelles la force de la vapeur agit directement sur l'arbre tournant de l'hélice. On a eu recours d'abord aux machines horizontales, à bielle directe, dont le mécanisme était assez compliqué. Aussi ne tarda-t-on pas à leur substituer les *machines à fourreau* et les *machines à bielle en retour*. Mais ce qui est plus intéressant à signaler, ce sont les avantages qui ont valu l'adoption d'un condenseur perfectionné pour la condensation de la vapeur, et surtout du compoundage, de cette disposition dont nous avons déjà parlé dans le chapitre précédent, et qui permet à la vapeur de travailler dans plusieurs cylindres successifs. En même temps l'on a tiré parti des très hautes pressions. Notons que presque toutes les machines sont du type *pilon*, ce qui veut dire que les cylindres sont directement situés au-dessus des coudes de l'arbre, disposition qui a quelque ressemblance avec les marteaux-pilons à vapeur : d'où le nom de *type pilon*.

C'est en grande partie le perfectionnement de la machine marine (et aussi de la chaudière) qui a donné les résultats précieux dont nous jouissons maintenant en matière de navigation: rapidité, diminution du prix de transport, régularité des services. Depuis 1880 on applique le compoundage; depuis 1906 la triple et la quadruple expansions se sont généralisées. Les machines tournent à 90, 100, 140 tours par minute, le piston se déplace souvent à 150, 200, 300 mètres par minute. D'ailleurs on s'est mis à doter les navires de 2, 3, 4 hélices.

Fig. 30. — Machine à vapeur à balancier et à condenseur de l'ancien navire de guerre français à roues le *Sphinx*.

On n'a pas négligé de tirer parti pour les bateaux de cette turbine à vapeur dont nous avons parlé tout à l'heure ; c'est par des turbines que sont actionnées les 4 hélices des plus grands transatlantiques modernes, dont nous allons donner un exemple. Pareille machinerie tient moins de place, pèse moins. consomme moins de charbon que la machine à pistons; elle seule permet les géants qui naviguent aujourd'hui ; c'est à elle qu'on doit les allures auxquelles les voyages sur mer peuvent se faire à l'heure actuelle.

Mais quel que soit le moteur employé, turbine, c'est-à-dire moteur rotatif, ou machine à quadruple expansion et à cylindres verticaux, il faut toujours lui fournir la vapeur; et dans des conditions aussi économiques que possible, en produisant le plus de vapeur possible avec le charbon brûlé.

Les premières chaudières marines étaient alimentées avec de l'eau de mer; mais cette eau renferme une quantité considérable de sel. Au bout d'un certain temps, il se formait, par suite de l'ébullition, un dépôt de sel très abondant : ce dépôt salin encroûtait la chaudière et rendait l'évaporation impossible, on était obligé de rejeter de temps en temps l'eau concentrée et chargée de sel, et de la remplacer par de nouvelle eau. Mais aujourd'hui on alimente les chaudières marines avec de l'eau pure, au lieu d'eau de mer. On condense la vapeur provenant des machines, et on la renvoie au générateur. Ce résultat est obtenu au moyen du *condenseur à surface,* employé dans les machines *compound,* où l'échange de température se fait dans le condenseur, à travers ses parois métalliques. L'eau douce, toujours la même, retourne aux chaudières, et l'on n'a qu'à ajouter une faible quantité d'eau pour compenser les pertes.

Les chaudières des machines à vapeur marines doivent présenter des qualités particulières. A l'origine, on employa les chaudières qui étaient en usage pour les machines à vapeur fixes, dites *à tombeau,* en raison de leur forme parallélépipédique. Mais la surface de chauffe étant ainsi fort restreinte, il fallait des générateurs énormes, ce qui surchargeait étrangement le navire. On adopta donc les chaudières cylindriques et on les fit d'acier dès que ce métal ne coûta plus trop cher.

Aujourd'hui les *chaudières tubulaires,* ou *chaudières à retour de flamme,* sont seules en usage à bord des navires à vapeur, ainsi que les chaudières même aquatubulaires, au moins pour certains navires.

Grâce à la multiplication des surfaces de chauffe, une masse énorme de vapeur est produite dans un temps très court. Nous avons décrit ces appareils dans le chapitre des machines à vapeur fixes.

Comme la masse à mettre en mouvement est énorme, on ne pourrait se contenter, sur un navire, d'une seule chaudière pour produire la vapeur. Ne pouvant accroître la hauteur de l'eau dans les générateurs, on en augmente le nombre. Il y a donc, sur les navires à vapeur, des séries de chaudières accolées. Sur les très grands navires, les chaudières sont disposées longitudinalement par file double, elles se tournent le dos deux à deux : on installe souvent aussi des chaudières chauffées par six foyers par exemple, les générateurs étant chauffés à chaque bout par trois de ces foyers. Nous allons donner quelques indications numériques qui montreront l'importance extraordinaire des appareils évaporatoires, comme on dit, d'un grand paquebot moderne. Le plus souvent l'air est insufflé dans les chambres de chauffe et dans les foyers par de puissants ventilateurs. Cela permet instamment d'activer la combustion et la production de la vapeur. C'est ce qu'on appelle le *tirage forcé.*

Les chaudières reposent sur des supports en fer qui s'appuient sur la carcasse du navire. La cheminée, qui est, en réalité, le prolongement de la boîte à fumée, est, en général, cylindrique, et entourée par une chemise, qui fait appel d'air pour la chaufferie.

L'introduction des machines à vapeur à bord des navires de commerce et des paquebots a conduit à modifier profondément les constructions navales. Pour résister à l'effort des puissantes machines à vapeur installées à bord, pour assurer leur préservation, pour accroître leur vitesse, on a peu à peu changé de fond en comble le mode de construction des navires. D'autre part le métal, fer d'abord, acier ensuite, se substituant au bois, a permis d'aborder des dimensions qui eussent été irréalisables sans cette transformation. Le navire s'est allégé considérablement par rapport au chargement qu'il est susceptible de prendre à son bord ; et depuis 1880 en peut dire que tous les navires importants sont faits d'acier.

Mais donnons une idée de la structure générale d'un navire de commerce.

La *coque* du navire se compose essentiellement du *bordé de carène,* enveloppe étanche, qui lui permet de flotter. Pour résister à l'aplatissement, le *bordé* est armé, à l'intérieur, d'armatures verticales, appelées *couples,* qui sont elles-mêmes reliées par les *barrots* ou poutres transversales. La résistance à la flexion longitudinale est due à la *quille,* qui réunit les couples et le bordé du pont; en assurant la liaison des barrots. Outre la quille, et parallèles à cette dernière, d'autres poutres longitudinales, nommées *carlingues,* résistent aussi à la flexion longitudinale. La pression de l'eau sur les fonds du navire est combattue, d'une part, par les *varangues,* qui relient les couples à la partie inférieure, à une certaine hauteur au-dessus de la quille, et, d'autre part, par les barrots, réunis aux varangues par des pièces verticales appelées *épontilles*. La quille se termine à l'avant par une pièce verticale, l'*étrave,* et à l'arrière par une autre pièce verticale, l'*étambot.*

Telle est l'ossature d'un bâtiment.

Jusqu'à l'emploi de la vapeur comme moyen de locomotion, le mode de construction des navires avait peu varié. Le squelette était composé de pièces de bois assemblées comme une charpente. Mais il y avait, à la longue, défaut de liaison des poutres et pourriture du bois. Mais, comme nous l'avons dit, le métal est venu se substituer avec avantage au bois pour les constructions navales. Les coques de navire entièrement en fer prirent naissance vers 1845. Dupuy de Lôme, alors ingénieur ordinaire de la marine à Toulon, contribua beaucoup à les faire adopter en France. Bien entendu les pièces constitutives que nous indiquions à l'instant se retrouvent dans le navire en métal ; bien qu'on commence de modifier maintenant la construction, pour faire du navire comme une sorte de poutre creuse métallique portant une enveloppe étanche.

De toute façon et pour parer au danger d'une voie d'eau en cas d'ouverture dans la coque, on divise le navire, par des cloisons verticales, en plusieurs compartiments dits étanches. Ainsi l'eau ne peut envahir, le cas échéant, la totalité du navire. La communication entre ces compartiments se fait au moyen de portes qu'on fonce en cas de danger. De plus, au fond du bateau, on ménage une sorte de double coque ; l'espace entre les deux coques est partagé en une série de compartiments indépendants : c'est le *double fond cloisonné*. Si une déchirure se produit dans le fond de la carène, l'envahissement de l'eau est localisé dans un certain nombre de compartiments ; et le navire continue de flotter.

Les *roufs, dunettes, gaillards, châteaux,* sont diverses constructions élevées sur les ponts des navires, et qui servent de logements. Aujourd'hui un grand navire possède une multitude de ces superstructures, et toute une série de ponts superposés au-dessous du pont principal.

Le combustible est contenu dans les *soutes,* disposées le long des machines et des chaudières.

Les marchandises sont descendues dans le bâtiment par des ouvertures rectangulaires, nommées *écoutilles* ou *panneaux de charge*.

L'*armement* d'un navire est constitué par les *ancres* et leurs *chaînes,* les *cabestans,* les *guindeaux,* la *mâture,* le *gréement,* le *gouvernail,* les *appareils de levage,* les *boussoles,* les *pompes,* les *ventilateurs,* les *embarcations,* etc.

Nous ne faisons que mentionner tous ces accessoires, que nous ne saurions décrire longuement.

Après avoir indiqué succinctement les perfectionnements apportés, de nos jours, aux machines et chaudières à vapeur, et à la construction des navires, nous donnerons une idée des grands *paquebots transatlantiques modernes* et des progrès qu'ils représentent par rapport à des navires qu'on admirait avec raison il y a quelques années.

Pour vraiment apprécier les géants que l'on construit maintenant, et qui transportent à toute vitesse voyageurs et même marchandises entre l'Amérique par exemple et l'Europe, il est absolument nécessaire de jeter un coup d'œil en arrière ; et si l'on remonte seulement en 1819, on y verra les débuts de la navigation transatlantique à vapeur se faire avec le *Savannah,* qui était du reste doté de voiles en même temps que d'une machine à vapeur, et qui mit 25 jours pour traverser l'Atlantique. Si nous arrivons en 1838, nous trouvons le *Great Western,* qui avait 65 mètres de long, proportions énormes pour un navire à vapeur à cette époque, et qui put exécuter son second voyage en 14 jours seulement.

Les premiers pas étaient faits, et les progrès allaient s'accentuer rapidement. Dès 1855 on mettait en service un paquebot comme le *Persia*, qui n'avait pas moins de 117 mètres de long et marchait à une allure de plus de 13 milles ; il faut se rappeler que le mille marin vaut 1 852 mètres, et que par suite 13 milles à l'heure cela fait déjà pas mal de kilomètres. On était dans l'admiration devant la machine à vapeur de 3 600 chevaux de puissance qu'il avait fallu loger dans les flancs de ce navire, pour obtenir pareille allure. Peu de temps après, l'illustre Brunel allait construire et essayer de faire réussir au point de vue commercial le monstrueux et admirable navire qui a été décrit tant de fois sous le nom de « Une ville flottante », et dont le nom véritable était le *Great Eastern*. Il avait une longueur formidable de 211 mètres, longueur qui n'a été dépassée que tout récemment dans la construction navale ; du reste sa machinerie n'était que de 8 000 chevaux ; c'était sans doute énorme pour l'époque, mais c'était peu pour une si grande coque, étant donné surtout que les machines à vapeur et en particulier les machines marines n'étaient pas perfectionnées alors comme elles l'ont été depuis ; aussi cette machine dépensait-elle une masse énorme de charbon, pour ne donner au bateau qu'une vitesse de marche de 14 milles et demi.

Fig. 31. — Machines du *Kaiser Wilhelm II*.

Depuis lors, grâce aux perfectionnements que nous avons indiqués, perfectionnements des chaudières et des moteurs, emploi courant de l'acier, etc., on a continuellement accéléré la vitesse de marche des navires, en les dotant de machines de plus en plus puissantes ; et en les faisant dans des proportions constamment croissantes, précisément pour pouvoir loger dans leurs flancs les chaudières et les machines gigantesques indispensables à leur marche si rapide.

Le fait est qu'en 1881 on voyait apparaître le *Servia*, qui avait plus de 161 mètres de long ; c'était l'époque où notre Compagnie transatlantique mettait en circulation le bateau *Normandie*, qui a causé une sensation extraordinaire par le luxe de ses aménagements ; il avait d'ailleurs 143 mètres de long et filait à raison de 15 milles, ou nœuds, comme on voudra. Un peu plus tard cette même Compagnie française mettait en service la *Champagne* et la *Bourgogne*, qui avaient 154 mètres de long et une puissance de machines de 9 500 chevaux. Mais les Anglais tenaient à faire mieux que quiconque, et on les voyait lancer des bateaux comme l'*Umbria*, qui avait 14 500 chevaux de puissance et naviguait à une allure de près de 20 nœuds ; mais ils ne s'en tenaient pas là, et bientôt c'était la *Lucania* et aussi la *Campania* qui, en 1893, commençaient de

Fig. 32. — La *Provence*.

faire la traversée de l'Atlantique en bien moins de 6 jours, en marchant à une allure continue de 22 nœuds. Il fallait pour cela une puissance de machines de 30 000 chevaux ; et c'était le cas où jamais de recourir à ces chaudières et à ces machines perfectionnées dont nous avons dit deux mots.

Depuis lors, bien que ces bateaux ne remontent pas fort loin, le progrès s'est étrangement accusé encore. En France on a dû se tenir dans des proportions relativement modestes, par suite des mauvaises conditions offertes par notre grand port du Havre ; et c'est seulement ces temps tout à fait derniers que la Compagnie transatlantique par exemple a pu faire construire des bateaux de plus de 200 mètres de long ; jusqu'alors, elle avait dû se contenter de navires comme la *Provence*, qui, avec ses 190 mètres de longueur et ses 30 000 chevaux de puissance, son allure de 22 nœuds environ, était en retard sur les progrès accomplis dans les autres pays. Les Allemands par exemple ont en service depuis longtemps des bateaux comme le *Kaiser Wilhelm II*, qui n'a pas moins de 215 mètres de long, et dont la machinerie formidable de 45 000 chevaux à peu près donne une allure de plus de 24 nœuds ! Il faut songer qu'une machinerie de ce genre a besoin d'une surface de chauffe de 10 000 mètres carrés de chauffe, pour produire la vapeur dans les chaudières qui l'alimentent. Les machines ont 4 cylindres.

Mais on a fait mieux et plus depuis lors ; et nous pouvons citer notamment les deux navires géants qui ont été construits par la Compagnie anglaise Cunard, une compagnie qui, depuis les débuts de la navigation à vapeur transatlantique, a toujours eu en service des navires remarquables pour leur puissance comme pour leur vitesse.

Les deux bateaux en question sont le *Lusitania* et le *Mauretania* ; ils sont identiques. Disons que leur longueur est de 244 mètres, c'est-à-dire que quatre navires de ce genre mis bout à bout formeraient une longueur totale d'un kilomètre. Leur tirant d'eau est de 10^{m},66 ; ce qui signifie qu'ils s'enfoncent de cette hauteur dans l'eau une fois à pleine charge, sans parler de la hauteur considérable dont leurs ponts supérieurs dominent la surface de l'eau. La coque de ces géants (le mot n'est pas de trop) a une profondeur de 26^{m},80 ! Si nous considérons leurs cheminées, nous verrons que leur sommet est à 52 mètres au-dessus du niveau des grilles dans les chaufferies, c'est-à-dire qu'elles domineraient considérablement les toits des maisons de la rue de Rivoli à Paris par exemple, si l'on supposait un des paquebots dont nous parlons à sec dans cette rue, le long du Jardin des Tuileries. On aurait quelque peine à amener un de ces paquebots dans cette position : il pèse le poids énorme de 40 000 tonnes, 40 millions de kilogrammes !

Ce sont des navires qui marchent à une allure d'à peu près 26 nœuds ; et pour cela il leur faut comme de juste une machinerie d'une puissance exceptionnelle. On n'a pu l'installer que grâce à ces turbines à vapeur dont on ne saurait trop dire merveille. La puissance qui était nécessaire pour assurer la vitesse que nous venons d'indiquer au *Lusitania* et au *Mauretania* devait atteindre quelque 70 000 chevaux, toujours bien au moins 68 000. Il eût été impossible de trouver la place pour loger des machines à piston de cette puissance dans les flancs de chacun des navires, sous peine de réduire à l'excès l'emplacement qu'on devait mettre à la disposition des voyageurs, pour leur ménager tout le confort et le bien-être qu'on est accoutumé de trouver dans les grands paquebots modernes. Mais la solution a été relativement facile à trouver avec les turbines. Du reste il ne faut pas moins ici de 4 turbines commandant chacune un arbre de couche, et par suite une hélice. La propulsion est donc partagée entre quatre propulseurs, de manière que chacun n'ait pas une tâche trop dure pour lui, et résiste aux efforts qu'il est obligé de subir.

Il faut bien s'imaginer qu'un navire de cette sorte coûte des sommes formidables ; un *Lusitania* par exemple revient à environ 32 millions de francs ce qui n'a rien de particulièrement étonnant, étant données les proportions du navire, et aussi les installations extraordinairement luxueuses dont jouissent les passagers. Ces passagers sont d'ailleurs au nombre de 2 350 ; ce qui répartit entre un grand nombre de gens les frais de toutes sortes qu'entraîne la traversée d'un semblable navire. Encore en 1884, on trouvait admirable quand un transatlantique pouvait prendre à son bord quelque 1 200 personnes ; et en somme c'était effectivement admirable, si l'on songe que les navires de 1840 en prenaient 115, et ceux de 1855, 250.

On ne s'étonnera pas si semblable bateau portant une pareille population est obligé de consommer en cours de route, dans une de ses traversées, qui dure bien moins que les traversées de jadis, mais qui nécessite précisément à cause de cela une vitesse et une puissance motrice étrangement supérieures, une montagne de charbon. Le mot de montagne n'est pas exagéré. Les paquebots de 1884 ne brûlaient, durant le parcours d'Europe en Amérique, que 1 900 tonnes de houille : c'est déjà coquet, puisque cela représente le chargement de trois grands trains de charbon. Aujourd'hui la consommation d'un *Lusitania,* pour sa traversée de 5 jours à peine, atteint 5 000 tonnes de houille, 5 millions de kilogrammes de combustible.

Au reste, il n'y a pas que pour les passagers qu'on construise maintenant des paquebots de dimensions immenses et de puissance considérable. Les navires comme le *Lusitania* ou le *Mauretania* sont spécialisés dans le transport des voyageurs, parce que cela coûterait trop cher de faire voyager des marchandises à une allure de 25 ou 26 nœuds, et même moins ; au surplus, étant donnée la place qu'occupent les machines et les chaudières dans ces transatlantiques à très grande vitesse, et aussi tout l'espace qu'il faut consacrer aux salons divers, aux luxueuses cabines, aux salles à manger qu'on offre aux passagers, il ne reste plus matériellement de place pour loger une véritable cargaison dans les flancs de ces navires. C'est tout juste si l'on peut trouver moyen d'y faire tenir, après les correspondances postales, les énormes paquets de lettres, quelques centaines de marchandises précieuses, pour lesquelles on n'hésite pas à payer des tarifs de transports, un fret très élevé.

Mais pour le transport normal des marchandises, on ne se contente plus maintenant de ces bateaux de charge marchant à 8 ou 10 nœuds tout au plus qui étaient seuls employés il y a quelques années ; on s'est dit avec raison que, sur mer comme sur terre, il y avait intérêt à transporter les marchandises bien plus vite que jadis ; certaines parce qu'elles arriveront en meilleur état, et toutes parce qu'elles seront plutôt à la disposition de ceux qui en ont besoin et veulent les acheter. Et c'est ainsi qu'on s'est mis à construire de grands bateaux de charge, des

Fig. 33. — Coupe de l'*Amerika* de la Compagnie Hambourgeoise-Américaine.

cargo-boats, comme on les appelle du mot anglais, marchant à des allures de 16, 17, 18 nœuds au moins; allure que l'on considérait, il n'y a pas bien longtemps, comme devant être réservée aux voyageurs. Mais il fallait qu'on pût transporter ces marchandises à cette allure sans que cela coûtât trop cher; et le seul moyen a été de remplacer les bateaux aux proportions modestes, aux machines fonctionnant peu économiquement, par des navires géants où les frais sont proportionnellement bien moindres, parce qu'ils s'appliquent à des montagnes de marchandises.

Nous employons ici souvent les mots énormes, gigantesques, montagnes, et autres ; mais nous n'exagérons rien. Pour arriver à l'économie, on a dû faire tout comme nous le verrons pour les chemins de fer : on s'est mis à tout réaliser sur des proportions stupéfiantes pour les gens d'un certain âge, qui croyaient qu'on ne ferait pas différemment de ce qui se faisait au temps de leur jeunesse. Et c'est ainsi qu'on est arrivé par exemple à construire des cargo-boats comme le célèbre *Baltic*, qui a un déplacement, un poids de 40 000 tonnes, et qui peut prendre dans ses flancs un chargement de 28 000 tonnes de marchandises diverses. C'est un bateau qui n'a pas moins de 221 mètres de long ; il lui suffit d'une machinerie de 13 000 chevaux; tout simplement parce qu'on se contente de le faire marcher à une allure de 17 nœuds. Qu'on se figure bien du reste que cette allure de 17 nœuds et cette puissance de machine que nous paraissons prendre en pitié, étaient tenues encore comme formidables, même pour des navires à voyageurs, il n'y a pas encore beaucoup d'années. C'est le perfectionnement des machines marines, des chaudières, du navire à vapeur en un mot qui a permis d'adopter cette puissance et cette allure pour des marchandises, tout en ne demandant pour le transport de ces marchandises que des frets modestes. Aussi bien, comme, dans ces bateaux, les marchandises sont chargées dans le fond de la coque, et que, sur le pont principal et les ponts supérieurs, il reste bien de la place disponible, on a pu y aménager des installations pour une foule de passagers : le voyageur en effet ne pèse pas lourd par lui-même. Et c'est ainsi qu'un navire comme le *Baltic* prend à son bord quelque 3 000 passagers. Et pour transporter tout cela d'une rive à l'autre de l'Atlantique, il ne consomme que 235 tonnes de charbon !

Fig. 34. — La salle de lecture d'un transatlantique moderne.

Nous pourrions citer tel autre bateau du même genre qui prend à son bord 3 600 passagers, en dehors des marchandises. Ces bateaux offrent beaucoup d'espace aux passagers ; les voyageurs même de troisième classe ont à leur disposition une salle à manger comme, il y a 30 ou 35 ans, seuls les passagers de première classe pouvaient en posséder une ; les gens à bourse modeste profitent des perfectionnements techniques, des progrès de la science, en faisant, en toute sécurité et avec un confort incroyable, une traversée qui était terriblement lente et pénible, il n'y a pas encore bien longtemps, pour les pauvres émigrants et les personnes peu fortunées.

C'est pour répondre à ce besoin de transport rapide, mais à bon marché, au moyen de navires portant à la fois une masse de marchandises et toute une population de passagers, que l'on a décidé de construire des bateaux qui dépassent encore et de beaucoup dans leurs proportions les énormes bateaux de Cunard que nous signalions tout à l'heure. Une autre compagnie anglaise, la White Star, s'est décidée à enrichir sa flotte du *Titanic* et de l'*Olympic*. Et le fait est que ces navires sont véritablement de proportions titaniques. La longueur totale de chacune des coques est de 283 mètres, pour une largeur de 28 mètres ; le poste où se tient le capitaine pour diriger la marche du navire est à 32 mètres au-dessus de la quille et à 21 mètres au-dessus du niveau de l'eau. Le déplacement, le poids d'un bateau de ce genre est de 60 000 tonnes; mais il est fait pour marcher seulement à une allure de 21 nœuds ; ce qui est beaucoup, encore une fois, par rapport aux bateaux qu'on prenait couramment il y a une vingtaine d'années ; mais ce qui est modeste par rapport aux transatlantiques à très grande vitesse. Cette allure est donnée par une association des machines classiques à piston et de turbines à vapeur, la puissance totale de toute la machinerie étant de 45 000 chevaux.

Fig. 35. — Le fumoir des passagers de seconde classe.

Nous ne pouvons omettre de signaler certains navires à vapeur qui ont été imaginés aux États-Unis, et dont l'usage s'est considérablement développé même en Europe. Ce sont les *ferry-boats*.

Ce sont en somme des bacs à vapeur, mais qui ne se contentent point de prendre sur leur pont et de transporter à travers un bras d'eau, une rivière, etc., quelques voitures, des chevaux, des piétons. Ils reçoivent sur ce pont, muni d'une voie ferrée généralement double, une série de wagons à marchandises chargés, de wagons à voyageurs où ceux-ci

Fig. 36. — Le ferry-boat *Drottning-Victoria* servant au transport des trains entre la Suède et l'Allemagne.

peuvent demeurer. Ils prennent en somme tout un train et lui font traverser un lac, un bras de mer ; puis ils abordent, on pousse le train sur des voies établies en terre ferme, et le convoi peut reprendre sa marche, sans qu'on ait eu à débarquer les marchandises des wagons pour les embarquer en bateau, les débarquer du bateau, les recharger en wagon. C'est une simplification précieuse, un gain de temps considérable. Sur les grands lacs américains il circule un grand nombre de ces ferry-boats ; de même ils servent à relier les voies ferrées entre le Danemark et la Suède, entre certaines îles danoises et la côte allemande, entre la Sicile et l'Italie, etc.

III

LES BATIMENTS CUIRASSÉS, LES TORPILLES, LES TORPILLEURS LES SOUS-MARINS

Perfectionnements apportés de nos jours à la construction des navires de guerre. — Les débuts du cuirassement des navires de guerre. — L'artillerie navale. — Les installations d'un navire de guerre. — Les projectiles. — Les torpilles, leur invention par Robert Fulton et leurs applications à la défense des côtes. — La torpille automobile et dirigeable. — Les navires torpilleurs actuels. — Les bateaux sous-marins.

Les navires de guerre ont naturellement profité des progrès généraux que nous avons indiqués pour le navire à vapeur. Mais, à mesure que l'artillerie atteignait une puissance énorme, il devenait indispensable de remanier tout le matériel naval. A la puissance offensive des canons et des obus, il fallait opposer des moyens efficaces de protection. Ainsi naquit le blindage métallique, qui a pour but de défendre la coque des navires contre la pénétration des obus. La puissance pénétrante des projectiles s'augmentant sans cesse, il fallut plus tard augmenter dans la même proportion l'épaisseur du revêtement métallique, et on en vint ainsi à avoir des cuirasses de fer, de l'épaisseur de 30 à 40 centimètres, enveloppant les parties vives du bâtiment. Finalement on a remplacé le fer par l'acier, qui a pu s'employer sur plus faible épaisseur, et on a imaginé enfin des aciers perfectionnés, au nickel par exemple, des cuirassements ou blindages trempés, cémentés, durcis en surface, qui ne se laissent pas pénétrer par les obus, pas plus que fendre par le choc du projectile.

Les débuts du navire cuirassé se sont faits en Crimée durant la guerre poursuivie contre la Russie par la France et l'Angleterre alliées : ce ne furent d'abord que des *batteries flottantes*, c'est-à-dire des bateaux qu'on remorquait à leur place de combat, et qui étaient incapables de se mouvoir par eux-mêmes, sans machinerie propulsive ; on les ancrait en une position déterminée jusqu'à ce qu'on vînt les déplacer, et ces batteries flottantes correspondaient véritablement à des forteresses flottantes : d'où leur nom. Mais elles étaient revêtues d'une véritable cuirasse, de plaques de fer formant une épaisseur de 11 centimètres. On vit les projectiles lancés par les batteries russes construites à terre venir frapper inutilement sur ce cuirassement, sans pouvoir le pénétrer ; pendant ce temps les canonniers et les pièces de canon que contenaient les batteries flottantes pouvaient tirer sans discontinuer sur les batteries russes ; et bientôt ces bateaux cuirassés nouveau-venus les mirent hors de combat sans avoir subi la moindre avarie.

La démonstration était faite des services que pouvait rendre un cuirassement métallique ; mais encore fallait-il démontrer qu'on en pouvait revêtir la coque d'un véritable navire, d'un navire à vapeur muni d'une machine motrice, sans l'alourdir par trop et l'empêcher de prendre une allure raisonnable de marche. C'est ce que se chargea de démontrer un ingénieur du génie maritime français, l'illustre Dupuy de Lôme, qui, avec la frégate à vapeur la *Gloire*, montra au monde étonné le premier navire de guerre cuirassé.

La *Gloire* fut terminée en 1861 ; elle portait une cuirasse de 12 centimètres d'épaisseur descendant à 2 mètres au-dessous de la ligne de flottaison ; ce cuirassement abritait toutes les parties du navire situées au-dessus de l'eau ; et l'on ne s'étonnera pas d'apprendre que toute la cuirasse ne pesait pas moins de 900 000 kilogrammes. Il n'avait pas été commode de faire porter un pareil poids supplémentaire à un navire, sans nuire à ses qualités marines, autrement dit à sa faculté de bien résister à la mer et d'avancer sous l'influence de son propulseur. On vit la *Gloire* atteindre une vitesse de treize nœuds, ce qui pouvait étonner à bon droit à cet époque. Sans doute, tout comme nous le faisions remarquer tout à l'heure pour les paquebots à vapeur, c'est une allure qui semble quelque peu ridicule à l'heure actuelle ; et effectivement les énormes cuirassés que l'on construit maintenant, et qui pèsent 20000, 22000 tonnes et plus et portent des pièces de canon d'une puissance terrible, en étant protégés contre les projectiles des bouches à feu analogues qui se trouvent à bord des navires semblables des autres marines, peuvent aisément atteindre des vitesses de 20, 21 nœuds et davantage. Mais il faut toujours se rappeler qu'aux débuts d'une invention il est bien difficile de réaliser ce qui ne sera plus ensuite qu'un jeu. D'autre part, les gros cuirassés modernes sont dotés de cuirassements d'acier qui peuvent être bien moins épais que les blindages anciens, tout en assurant une protection aussi réelle.

C'est à cause de l'usage du fer et des progrès et de l'augmentation de pénétration des grosses pièces d'artillerie, que l'on avait augmenté aussi et parallèlement l'épaisseur des blindages de fer. C'est ainsi qu'on était arrivé à des épaisseurs de 30, 45 et même 55 centimètres, comme sur notre ancien cuirassé le *Formidable*.

Il n'était pas possible d'aller plus loin ; et c'est pour cela que, d'une part, on se résolut à adopter l'acier pour les blindages, ainsi que nous l'avons dit ; puis qu'on trouva peu à peu, comme l'Américain Harvey, comme les usines françaises du Creusot, comme le fameux Allemand Krupp, des procédés pour rendre les plaques de cuirassement plus résistantes à tous égards aux obus. D'autre part, on s'est décidé à ne plus protéger tout le navire comme cela avait été fait à bord de la *Gloire*, mais à localiser les cuirassements dans les parties essentielles à la vie du

Fig. 37. — Le cuirassé français *Démocratie*.

navire et au rôle militaire qu'on lui confie. Le plus généralement on dispose une ceinture cuirassée entourant le navire, s'allongeant sur presque toute sa longueur au-dessus de la ligne de flottaison, et descendant au-dessous de cette même ligne ; l'épaisseur de cette ceinture est plus forte vers la portion centrale du bateau. Mais, de plus, on installe un pont cuirassé qui vient rejoindre le bord supérieur de la ceinture, et qui forme avec elle comme une boîte métallique protégeant tout ce qui est au-dessous, tout l'intérieur du bateau contre les projectiles ennemis. Il est rare que cette ceinture atteigne une épaisseur de 30 centimètres : généralement on installe au-dessus une cuirasse d'une certaine hauteur et d'une épaisseur bien plus faible. De plus en plus on tend à constituer une seule série de navires de guerre, nous voulons dire de grands navires de guerre, en confondant ce qu'on appelait jadis les croiseurs et les cuirassés ; on cherche en effet, et l'on arrive, à donner tout à la fois vitesse et cuirassement efficace aux immenses navires de guerre que l'on construit aujourd'hui. Nous disons immenses, mais il ne faut pas se figurer qu'on en soit à construire, en fait de marine de guerre, aucun navire qui rappelle par ses dimensions ces bateaux de près de 300 mètres de long dont nous avons parlé à propos des navires transatlantiques. Les cuirassés les plus puissants n'ont que 145 mètres environ, et les cuirassés rapides dotés moins puissamment que les autres au point de l'attaque et de la défense, n'ont guère que 170 mètres de long.

Là où l'on ne dispose pas de cuirassement proprement dit, on installe des cloisonnements métalliques formant des compartiments ; et, dans ces compartiments, on met du liège ou de la bourre de noix de coco, pour arrêter quelque peu la violence des projectiles, et aussi pour réduire la gravité des voies d'eau, en constituant comme un matelas absorbant sur le passage de cette eau.

Ce cuirassement qui fait merveille, on l'installe aussi pour protéger spécialement les grosses pièces d'artillerie qui constituent l'armement offensif des navires de guerre. Le plus généralement, les canons puissants sont installés deux par deux dans des tourelles métalliques, qui sont comme autant de petites citadelles isolées, et réparties au mieux dans le navire, pour permettre de diriger un feu nourri et redoutable sur l'ennemi dans toutes les directions. Certaines sont des tourelles *barbettes,* non fermées ; la plate forme tournante qui supporte le ou les canons est alors entourée et abritée d'une sorte de parapet fait d'un cuirassement très épais ; il protège tous les organes essentiels de la plateforme et de manœuvre, de pointage de la pièce. Mais les tourelles fermées et complètement cuirassées donnent une bien plus grande sécurité aux canonniers et aussi à la pièce même, que des projectiles peuvent autrement arriver à avarier gravement. Nous n'avons pas besoin de dire que ces tourelles entièrement caparaçonnées d'un blindage énorme sont très lourdes ; leur manœuvre de rotation pour diriger la pièce contenue dans la tourelle sur tel ou tel point de l'horizon, n'est donc pas chose très facile. Et c'est pour cela que l'on dispose toujours d'appareils mécaniques actionnés par l'eau comprimée ou par l'électricité, et qui assurent ces manœuvres sans qu'on ait à mettre à contribution les muscles des marins.

Nous aurions à montrer une série de merveilles mécaniques qui ont été inventées successivement pour munir un navire cuirassé de tout l'outillage qui lui est nécessaire. Ce seraient par exemple les monte-charge mécaniques, électriques souvent, qui montent du fond des cales jusqu'aux tourelles les projectiles destinés à être chargés dans les canons. Nous trouverions également une petite tourelle puissamment cuirassée, et qui a simplement pour but d'abriter le commandant durant le combat : c'est qu'il est en effet l'âme du navire, et que sa vie est plus précieuse que toute autre ; il a sous la main les boutons électriques, les téléphones, les sonneries, les tuyaux acoustiques, tous les appareils qui le mettent en communication avec les diverses parties du navire, et lui donnent le moyen de faire instantanément arriver ses ordres partout.

Le peu que nous avons pu dire suffit à montrer combien le navire cuirassé s'est transformé depuis sa création par Dupuy de Lôme.

La puissance de l'artillerie navale a été considérablement augmentée, et pour recevoir les pièces énormes qui arment nos vaisseaux, il a fallu profondément modifier leur structure. Les batteries, qui recevaient autrefois les pièces d'artillerie, ont été supprimées. On installe les grosses bouches à feu dans des tourelles blindées, ainsi que nous le disions, où elles peuvent tourner sur elles-mêmes, pour faire face aux divers points de l'horizon. Dans les hunes sont installés des canons-revolvers, canons autrefois connus sous le nom de *mitrailleuse*. Naturellement la voile a disparu, de sorte que la vapeur est le seul agent moteur de ces monstres marins, dont la construction revient à des prix exorbitants. Le bâtiment de guerre est ainsi devenu d'un aspect absolument différent de celui de nos anciens vaisseaux.

Outre les gros canons, l'artillerie emploie des *canons à tir rapide*, qui servent à protéger les cuirassés contre des bâtiments plus légers, en particulier contre les *torpilleurs*.

Toutes les bouches à feu, nous n'avons pas besoin de le dire, se chargent par la culasse, et sont composées d'un corps en acier, d'un tube intérieur et de frettes du même métal. Souvent le tube est entouré d'enroulements de fil d'acier.

La grosse artillerie comprend les pièces dont le calibre, le diamètre du tube intérieur est de 240, 274, 305 et 340 millimètres. Généralement on ne dépasse point 305 millimètres pour les grosses pièces ; et il faut dire qu'un canon de ce genre pèse 45 000 kilogrammes, mesure 13 mètres de long et lance un projectile qui pèse, lui, 340 kilogrammes, et, au sortir de la pièce, est animé d'une vitesse de 1 000 mètres par seconde.

Nous pourrions ajouter comme détail intéressant, qu'un gros canon de ce genre peut néanmoins tirer un coup par minute. Le poids de la charge de poudre nécessaire pour envoyer le projectile à la vitesse que nous avons indiquée est de 100 kilogrammes environ. Bien entendu l'artillerie légère, qui est installée un peu partout dans le navire, et dont les projectiles ont un diamètre compris entre 37 et 75 millimètres, est à tir rapide : cela signifie qu'elle peut tirer, à raison de 20 environ par minute, des obus qui pèsent chacun de 1 à 4 kilogrammes.

Les projectiles sont fabriqués suivant des principes différents suivant qu'on veut les faire éclater au contact du but, ou au contraire les faire pénétrer à travers le cuirassement par exemple, et n'exploser qu'ensuite, en semant la mort partout en arrière du blindage ; mais nous ne pouvons insister, car cela nous entraînerait beaucoup trop. Nous reverrons plus loin quelques indications complémentaires sur les terribles explosifs dont on les remplit.

Fig. 38. — Le Havre. Station de torpilleurs (Cl. Neurdein).

Une invention terrible, quant à ses effets, a obligé, de nos jours, à modifier complètement le matériel de la marine, ainsi que la défense de nos ports et de nos vaisseaux. On appelle *torpilleurs* des bateaux de petites dimensions qui portent un agent de destruction d'une formidable puissance : la *torpille.* Attachée aux flancs du navire ennemi, la torpille, chargée de matières explosibles, éclate, en y pratiquant une brèche énorme qui, presque toujours, le fait couler ou lui occasionne les plus graves avaries.

Le premier torpilleur fit son apparition en Amérique, en 1864, pendant la guerre de Sécession. Mais la torpille elle-même était connue bien avant cette époque. Le *fourneau submergé* de Robert Fulton date des premières années de notre siècle. Il servait à protéger l'entrée des ports. Une boîte renfermant 100 kilogrammes de poudre et flottant entre deux eaux prenait feu, sous l'action d'une amorce, quand un bâtiment venait heurter un levier mis en relation avec la capsule.

On songea, au milieu de notre siècle, à faire éclater des torpilles placées à quelque distance du rivage, au moyen d'un courant électrique.

Enfin, on réussit à construire des torpilles portées sur un bateau, qui s'approchait du navire ennemi, et d'où on lançait contre ses flancs l'engin explosif.

Actuellement, dans les guerres maritimes, on fait couramment usage des torpilles fixes, qu'on appelle aussi mines sous-marines, et dont on sait les ravages durant la guerre russo-japonaise. Ce sont des fourneaux de mines tout à fait analogues aux boîtes de Robert Fulton, mais qu'on charge des puissants explosifs modernes. Fréquemment on les laisse flotter entre deux eaux, au lieu de les faire s'appuyer sur le sol immergé. Parfois, comme durant la guerre à laquelle nous faisions allusion, on les lance flottantes, abandonnées à elles-mêmes ; et malheur au navire qui viendra à les toucher au hasard de sa marche. C'est un procédé très dangereux, puisqu'un ami comme un ennemi peut s'y heurter. Il est bien plus prudent de relier les torpilles immergées et ancrées à poste fixe à une station de veille, où des militaires surveillent les mouvements des navires ennemis, et pourront lancer à point nommé un courant électrique d'inflammation dans telle ou telle torpille, quand ils apercevront un navire ennemi dans le voisinage du point où cette torpille est immergée.

Pour ce qui est des torpilles portées, qui ont fait merveille dans notre guerre contre la Chine, au temps de l'amiral Courbet, on en fait de moins en moins usage. Elles exposent à un grand danger l'équipage du bateau qui va la porter près du flanc du navire ennemi. Et cette témérité est devenue inutile.

C'est qu'en effet un perfectionnement considérable a été apporté dans cet agent destructeur par l'invention des torpilles dites *automobiles*. C'est à un constructeur autrichien, M. Whitehead, que l'on doit cet engin. La torpille automobile a une longueur qui varie entre 4 et 5 mètres et un diamètre de $0^m,35$ à $0^m,50$. Des tôles plates, qui font saillie, et des ailerons assurent sa stabilité dans l'eau. A l'arrière de la torpille est une hélice. L'appareil est divisé en six compartiments. Le premier renferme un tube plein de fulminate de mercure, et est en relation avec le second compartiment, renfermant la charge explosive, laquelle se compose de 20 à 30 kilogrammes de dynamite ou de fulmicoton. Le troisième compartiment contient un appareil régulateur de submersion, qui fait mouvoir la torpille, soit à la surface de l'eau, soit à des profondeurs qui peuvent atteindre 12 mètres. Cette profondeur étant déterminée à l'avance, le régulateur maintient l'engin à la cote indiquée. Le quatrième compartiment contient un réservoir d'air comprimé jusqu'à 60 atmosphères. Dans le cinquième compartiment se trouve une petite machine motrice à trois cylindres, actionnée par l'air comprimé, et faisant mouvoir l'hélice, qui forme la sixième partie de la torpille.

La machine est mise en marche aussitôt que la torpille est projetée du *tube lance-torpille*, par un doigt métallique, qu'elle rencontre à son passage, et qui donne accès à l'air comprimé renfermé dans le quatrième compartiment.

Fig. 39. — Le lancement de torpille par un cuirassé.

Le mécanisme placé dans le deuxième compartiment est composé d'un pendule relié à un gouvernail placé à l'arrière de la torpille, à la suite de l'hélice. Si la torpille tend à monter à la surface, le pendule agissant par son poids sur le gouvernail, ce dernier ramène la torpille vers le fond ; la torpille tend-elle, au contraire, à plonger, le gouvernail, toujours actionné par le pendule, fait remonter l'engin.

La torpille automobile a donc les propriétés : de marcher d'elle-même, dans la direction où elle a été lancée, avec une vitesse de 40 kilomètres à l'heure ; — d'éclater par le choc contre le but à atteindre ; — de se maintenir entre deux eaux, à une profondeur réglée, de façon à atteindre le navire ennemi ; — de couler à fond, si le but est manqué, ou, au contraire, de remonter à la surface de l'eau, si l'on ne fait que de simples exercices à blanc. Ces divers mouvements sont obtenus suivant la position que l'on donne au régulateur.

Ajoutons que le tube lance-torpilles, qu'on installe toujours maintenant en double sur tous les grands navires, cuirassés et autres, est un véritable canon ressemblant aux canons Canet, monté sur un affût qu'on peut diriger dans telle ou telle direction. La torpille est lancée bel et bien par une charge de poudre spéciale. Souvent ces tubes sont disposés au-dessous de l'eau, et une porte ne s'ouvre qu'au moment de la sortie de la torpille, et se referme tout de suite après pour empêcher la rentrée de l'eau dans le navire.

Le poids de la torpille Whitehead est de 300 kilogrammes, et son prix est de 10 000 francs. Elle est lancée du *tube lance-torpille,* par une petite charge de poudre. C'est encore l'engin de ce type le plus employé.

On a imaginé d'autres torpilles ressemblant quelque peu à la Whitehead, mais pouvant effectuer des parcours de plusieurs kilomètres. Toutes ont le défaut d'atteindre fort imparfaitement le but visé. C'est pour cela qu'on en a combiné qui traînent derrière elles des fils électriques pouvant leur apporter du courant, et permettant la commande à distance de leurs organes, de leurs gouvernails pour modifier et diriger leur marche vers le navire à torpiller. Toutefois ces fils traînés par l'engin ralentissent sa marche. Et un progrès considérable s'est réalisé depuis qu'on a combiné la direction des torpilles par la télégraphie, ou plus exactement la télémécanique sans fils : ce sont des ondes électriques qu'on envoie à distance du poste de lancement aux dispositifs récepteurs de la torpille, et qui mettent en mouvement au moment opportun ses gouvernails et modifient en conséquence sa marche.

Pour se prémunir contre les torpilleurs, les navires cuirassés éclairent l'horizon, dans toute son étendue, par des projections de lumière électrique. Ils sont munis de canons à tir très rapide pour couler les bateaux torpilleurs spéciaux qui s'approcheraient d'eux.

On a également imaginé d'entourer les navires d'un filet à mailles métalliques, appelé *filet Bullivan,* du nom de son inventeur. Toutefois cette ceinture se manœuvre difficilement et, en tout cas, diminue la vitesse des navires. Elle n'est réellement utile que pour les navires au repos.

Nous avons parlé de bateaux spéciaux pour le lancement des torpilles : on avait cru un instant que les torpilles, même automobiles, étant donnée leur portée réduite, devraient toujours être apportées par de petits navires aussi près que possible du vaisseau ennemi à torpiller. En réalité, comme nous le disions, on lance des torpilles de tous les gros navires eux-mêmes ; mais on possède aussi des petits bateaux qui ont pour mission d'attaquer en passant inaperçus, grâce à leur petitesse même, à leur peu de hauteur au-dessus du niveau de l'eau, et de lancer alors à faible distance une torpille qui a naturellement bien plus de chances d'atteindre le but. Pour ces attaques, on dispose des torpilleurs de haute mer et qui ont une cinquantaine de mètres de long ; d'autre part on utilise pour la défense des côtes et des ports, pour menacer d'un torpillage les navires ennemis qui s'approcheraient de ces côtes et ports, des torpilleurs dits garde-côtes et de dimensions bien plus faibles. Tous ces petits bâtiments se ressemblent dans leurs dispositions essentielles ; et naturellement leur organe principal est le tube lance-torpille, généralement en double, et disposé sur le pont et tout à fait à l'avant.

On est du reste revenu quelque peu de l'enthousiasme qu'excitaient jadis les torpilleurs. Et cela tout simplement parce que ces petits bateaux sont de proportions telles qu'ils roulent et sont fort exposés à la mer, leur équipage devant supporter une navigation très pénible. De plus on a constaté que bien souvent, grâce aux projecteurs notamment, les navires contre lesquels ils essayent d'apporter une torpille, les découvrent rapidement et peuvent dès lors les canonner tout à loisir et les couler avant qu'ils soient en mesure de lancer le projectile redoutable qu'est la torpille.

Et c'est pour répondre à tous ces inconvénients qu'on a cherché à combiner des bateaux sous-marins susceptibles de naviguer complètement immergés, à plusieurs mètres de profondeur sous l'eau. Ce n'est qu'après bien des efforts poursuivis durant un siècle, et qui avaient été précédés par des tentatives remontant encore bien plus loin, qu'on est parvenu à permettre à l'homme de se déplacer sous l'eau, au milieu de l'eau, avec autant de facilité qu'il se déplaçait à la surface de l'eau. Nous n'avons pas besoin de dire que le problème était difficile à résoudre, car il fallait tout à la fois donner à l'équipage d'un sous-marin la possibilité de se diriger sous la surface de l'eau, de respirer dans un bateau complètement clos, de pouvoir remonter à volonté à la surface, notamment au moment où la boîte fermée constituée par le sous-marin ne contiendrait plus guère d'air respirable pour cet équipage. Le plus difficile a été de réaliser l'équilibre du bateau au milieu de la masse liquide, de façon qu'il puisse avancer en ligne droite, sans tendance à descendre ni à monter, sauf bien entendu quand on voulait qu'il descendît plus profondément ou au contraire rejoignît la surface.

Dès le XVIIe siècle, un Hollandais, Van Drebel Carmelis, avait bien construit un bateau qui s'enfonça sous l'eau de la Tamise en y emportant le roi Jacques Ier ; mais ce fut seulement l'illustre Fulton qui commença de donner une forme pratique à ce type de bateau. Puis, durant la guerre américaine de Sécession, un sous-marin accomplit des merveilles au point de vue militaire, en faisant sauter des navires sous lesquels le petit navire alla porter une mine sous-marine. Vers la fin du XIXe siècle, une foule d'inventeurs se sont mis à l'œuvre, comme les Goubet, les Zédé, les Nordenfelt ; et maintenant toutes les grandes nations possèdent leur flotte de petits navires sous-marins.

Tous ces sous-marins sont en forme de fuseau ; on distingue du reste en fait les sous-marins proprement dits des submersibles ; ceux-ci sont des navires dont le rayon d'action, comme on dit, la faculté de parcours est bien plus grande. Pour faire enfoncer le sous-marin ou le submersible,

Fig. 40. — Sous-marin le *Lutin*.

on admet de l'eau dans des compartiments qui se trouvent dans la coque : cela alourdit naturellement le poids du bateau, et il s'enfonce, après qu'on a bien fermé toutes les ouvertures qui permettaient à l'équipage d'entrer ou de sortir de la coque pendant que le bateau était en surface. La propulsion est assurée par des hélices ou une hélice ; la force motrice, quand on navigue en surface et que l'air extérieur peut entrer dans le bateau, est généralement un moteur à pétrole ou parfois à vapeur. Quand tout est fermé et que le bateau est sous l'eau, la force motrice est généralement fournie par un moteur électrique auquel le courant est envoyé d'une batterie d'accumulateurs installée dans le bateau. Un tube vertical muni d'un dispositif optique fait de lentilles diverses, se dresse au-dessus de l'eau en montant de la coque du bateau ; et l'officier qui commande la manœuvre peut juger de la direction que l'on suit par rapport aux objets qui sont au-dessus de la surface de l'eau. L'air respirable nécessaire est d'ordinaire accumulé dans des réservoirs spéciaux et distribué à l'équipage au fur et à mesure des besoins.

Il faut bien se figurer du reste que cette navigation sous l'eau n'est pas toujours sans danger, si la construction du sous-marin n'est pas absolument parfaite ou si l'équipage commet la moindre imprudence.

IV

LA LOCOMOTIVE ET LES CHEMINS DE FER

Historique. — Planta. — Joseph Cugnot. — Olivier Evans. — Trevithick et Vivian. — Origine des chemins de fer actuels. — Chemins à rails de bois dans les mines et les manufactures de l'Angleterre. — Découverte du fait de l'adhérence des roues sur les rails de fer. — Concours de locomotives à Liverpool en 1830. — Découverte des chaudières tubulaires par Seguin aîné. — Description de la machine à vapeur dite locomotive. — Les locomotives monstres modernes. — Les chemins de fer. — Construction d'une voie ferrée. — Tunnels. — Tranchées. — Viaducs et ponts. — Wagons. — Les freins. — Les signaux. — Le *block-system*. — Divers appareils de sécurité. — Postes d'enclenchement.

Dès que la machine à vapeur fut en usage dans les ateliers et les usines, on chercha à utiliser cette force mécanique pour la traction des véhicules. Comme nous l'avons dit, on fit dès cette époque, c'est-à-dire à la fin du XVIIIe siècle, des essais pour construire des *voitures à vapeur*, roulant sur les routes ordinaires.

Dès l'année 1769, Planta, officier suisse, avait proposé d'appliquer la machine à vapeur à la traction des véhicules sur les routes. Un ingénieur français, né à Void, en Lorraine, Joseph Cugnot, poussa plus loin ce projet, car il construisit un chariot à vapeur qui fut expérimenté en 1770, en présence de M. de Choiseul, ministre de Louis XV, et du célèbre général de Gribeauval, l'un des créateurs de l'artillerie moderne. Mais la machine à vapeur, telle qu'elle existait à cette époque, ne pouvait en aucune manière s'appliquer à cet usage, car, la quantité d'eau que l'on pouvait admettre sur le chariot étant très peu considérable, il aurait fallu s'arrêter tous les quarts d'heure pour renouveler la provision d'eau de la chaudière. Il fallait aussi triompher du frottement énorme des roues contre le sol, qui aurait opposé trop de résistance au mouvement.

Ces premiers essais ne pouvaient aboutir à un résultat utile que par le perfectionnement des machines à vapeur ; et aussi par la combinaison d'une surface de roulement autre que le sol naturel.

Vers le XVIIe siècle on avait commencé à faire usage, en Angleterre, pour les travaux des mines, d'ornières de bois disposées le long des routes, afin de diminuer le frottement des roues. On posait sur le sol des madriers en ligne non interrompue, formant une sorte d'ornière, dans l'intérieur de laquelle circulaient les roues des chariots, garnies à cet effet d'un rebord, pour les maintenir constamment dans la rainure de bois.

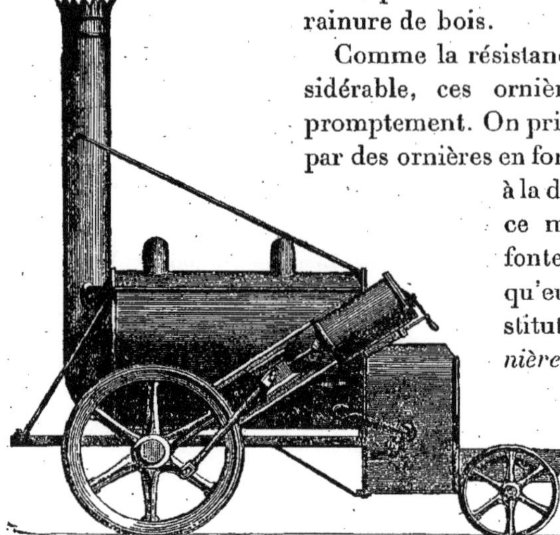

Fig. 41. — La première locomotive.

Comme la résistance du bois n'est pas considérable, ces ornières artificielles s'usaient promptement. On prit le parti de les remplacer par des ornières en fonte. Plus tard enfin, grâce à la diminution du prix du fer, ce métal fut substitué à la fonte. C'est vers l'année 1789 qu'eut lieu cette heureuse substitution. Les *chemins à ornières de fer* furent en usage à l'intérieur de beaucoup de mines et de manufactures de l'Angleterre. La traction des chariots, ou *wagons,* se faisait par des chevaux.

C'est en 1804 que les constructeurs Trevithick et Vivian eurent l'idée de remplacer les chevaux, sur les chemins de fer des mines, par leur locomotive à vapeur. Placée sur des rails, cette machine à vapeur mobile put traîner, outre son propre poids, quelques wagons chargés de houille.

On voit sur la figure 41 le dessin de la locomotive qui fut construite par Trevithick et Vivian. Au milieu est la chaudière, qui envoie sa vapeur dans deux cylindres placés obliquement au-dessus des roues antérieures, lesquelles sont seules motrices. Le foyer est contenu dans le même corps cylindrique, qui enveloppe et cache la chaudière.

Quelques mines de houille adoptèrent ces premières locomotives sur leurs *railways.*

Une découverte capitale fut faite en 1813. Un ingénieur anglais, Blacket, constata que, quand le poids d'une locomotive est considérable, ses roues, contrairement à l'opinion alors généralement admise, ne glissent plus sur la surface du rail. Cet ingénieur reconnut par l'expérience que, grâce aux aspérités qui existent toujours sur la surface d'un rail, quelque poli qu'il soit, les roues peuvent y prendre un point d'appui, qui leur permet d'avancer, ce que l'on n'avait pas encore soupçonné. Cela devait amener plus tard à donner un poids constamment croissant aux locomotives, au fur et à mesure que l'on voulait traîner des convois plus lourds.

Les expériences de Blacket démontrèrent qu'en donnant à la locomotive un poids de 8 à 10 tonnes, on peut triompher du glissement de la roue, et ne perdre, par le patinement, qu'une petite quantité de force.

En 1812, le constructeur anglais George Stephenson construisit une locomotive (fig. 42) qui fonctionna avec un certain avantage sur les chemins de fer des usines de Killingworth.

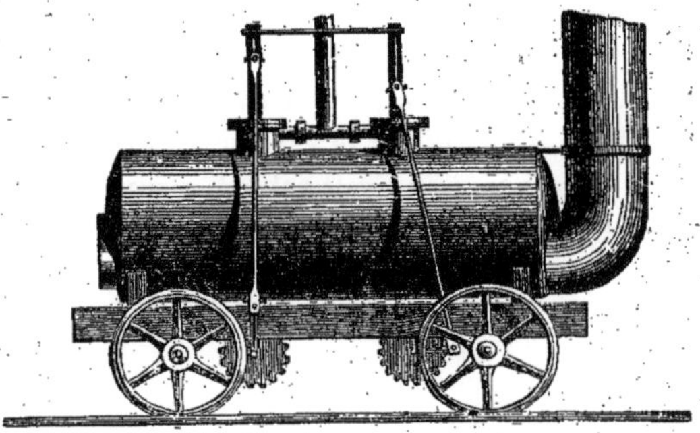

Fig. 42. — Locomotive construite par George Stephenson, en 1812.

Mais la découverte qui provoqua subitement, on peut le dire, la création de la locomotive, est due à un ingénieur français, Seguin aîné, d'Annonay. En 1829, Seguin aîné construisit la première *chaudière à tubes*, forme particulière de chaudière à vapeur dans laquelle la surface de chauffe, étant très étendue, permet de produire dans un temps donné une quantité prodigieuse de vapeur.

La figure 43 donne la coupe d'une chaudière dite *tubulaire*, dont il a d'ailleurs été longuement question dans les deux chapitres des *machines à vapeur* et des *bateaux à vapeur*. F est le foyer. Pour s'échapper dans la cheminée C, la fumée et les gaz provenant de la combustion sont forcés de traverser des tubes étroits longitudinaux, placés dans le corps de la chaudière A. L'eau occupe l'intervalle de ces tubes. Présentant ainsi une surface considérable à l'action de la chaleur, l'eau contenue dans ces tubes entre promptement en ébullition, et produit une énorme quantité de vapeur, dans un intervalle de temps très court. Et comme la force d'une machine à vapeur dépend de la quantité de vapeur que peuvent recevoir ses cylindres, on voit que la chaudière dite *tubulaire* doit être, ainsi qu'il a été déjà dit, d'un puissant secours pour augmenter la force d'une machine à vapeur.

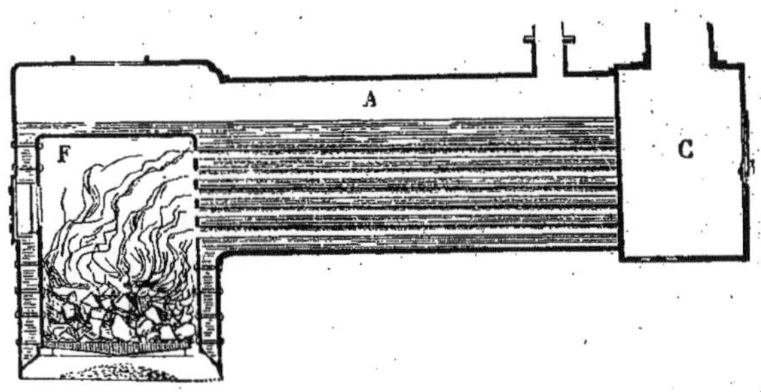

Fig. 43. — Coupe d'une chaudière tubulaire de locomotive.

L'emploi des chaudières tubulaires sur les locomotives accrut extraordinairement la puissance de cet appareil moteur.

En 1830 eut lieu, à Liverpool, en Angleterre, le célèbre concours de locomotives, qui détermina la création des chemins de fer européens.

Le prix fut décerné à la locomotive la *Fusée*, de George et Robert Stephenson, qui avaient prodigieusement accru la puissance de vaporisation de la chaudière par l'artifice du *tuyau soufflant*, qui consiste à envoyer dans la cheminée la vapeur sortant des cylindres.

Marc Seguin avait acheté, pour le chemin de fer des mines de Saint-Étienne, deux modèles de locomotive du type de la *Fusée* ; il adapta à cette locomotive sa chaudière tubulaire, et il réalisa une vitesse infiniment supérieure à celle que Stephenson avait obtenue de la *Fusée*, qui était pourvue d'une chaudière ordinaire. Il serait donc juste de rapporter la plus grande part de la gloire de la création de la locomotive à notre compatriote Marc Seguin, inventeur de la chaudière tubulaire. Marc Seguin, mort en 1875, était d'ailleurs un ingénieur du plus rare mérite. C'est à lui que l'on doit la création du chemin de fer de Saint-Étienne à Lyon, sans parler de la construction des ponts suspendus, dont il dota la France et l'Europe.

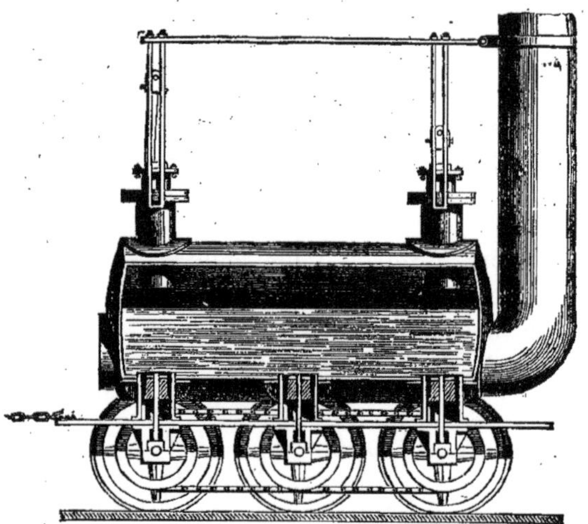

Fig. 44. — La *Fusée*, locomotive de George et Robert Stephenson. (Coupe de la chaudière et de la cheminée.)

Quant à George Stephenson, c'était un des plus habiles constructeurs de la Grande-Bretagne. Son fils, Robert Stephenson, devait continuer les travaux et la gloire de son père.

Les locomotives du chemin de fer de Manchester à Liverpool furent construites, à partir de 1832, sur le modèle de la *Fusée*, c'est-à-dire pourvues de la chaudière tubulaire de Seguin et du *tuyau soufflant*. Les avantages de ce système de locomotion se manifestèrent dès lors avec une telle évidence, que ce chemin de fer, qui n'avait été établi que pour transporter les marchandises, fut bientôt consacré au service des voyageurs.

Le grand succès du chemin de fer de Liverpool à Manchester décida l'adoption générale des voies ferrées dans toute l'Europe. L'Angleterre, la Belgique, l'Allemagne, enfin la France et les autres nations européennes s'enrichirent, dans l'espace de dix ans, c'est-à-dire de 1840 à 1850, d'une immense étendue de ces voies nouvelles, qui se sont singulièrement multipliées depuis cette époque, au grand bénéfice de la fortune publique, du commerce, de l'industrie.

D'une manière générale la locomotive est une machine à vapeur à

Fig. 45. — Coupe longitudinale d'une locomotive primitive.

haute pression, qui se traîne elle-même, et qui dispose de son excès de puissance pour remorquer, outre sa charge d'eau et de combustible, un nombre plus ou moins considérable de véhicules composant un convoi.

La figure 45 représente, en coupe, les éléments essentiels d'une machine locomotive primitive. L'appareil moteur est représenté par le cylindre A, dont la tige *b*, attachée au piston *a*, et pourvue d'une seconde tige, ou bielle articulée *cc*, vient agir sur l'un des rayons d'une des roues *m*, pour pousser en avant cette roue sur les rails. Deux appareils moteurs du même genre sont disposés sur les deux côtés de la locomotive, et viennent agir chacun sur chaque roue motrice. Cette double impulsion détermine la progression du véhicule sur les rails. Dans la locomotive la vapeur n'est point condensée ; elle s'échappe par le tuyau en activant le tirage du foyer. Le foyer est placé en M. Cet espace est divisé en deux parties par la grille verticale qui sert de support au combustible. C'est le cendrier; M, le foyer proprement dit, où brûle la houille. La chaudière, qui occupe à elle seule presque toute l'étendue du véhicule, est de forme cylindrique. Elle est traversée par un grand nombre de tubes horizontaux. Ces tubes servent à donner passage aux gaz et à la fumée qui se forment dans le foyer, et à multiplier considérablement les surfaces exposées à l'action du feu. Après avoir traversé ces tubes, les gaz et la fumée provenant de la combustion s'échappent dans l'espace O, c'est-à-dire dans la *boîte à fumée*, et se dégagent au dehors par la cheminée P. Traversant ces tubes avec la température très élevée qu'ils ont prise dans le foyer, ces gaz échauffent très rapidement l'eau de la chaudière, qui remplit les intervalles qui les séparent. D'un autre côté, la vapeur sortant du cylindre est renvoyée par le *tuyau soufflant* OR dans la cheminée, où elle se condense et, par le vide ainsi produit, provoque un appel d'air considérable dans le tuyau de la cheminée et dans le foyer. Cela remplace avantageusement le ventilateur que Seguin avait imaginé pour souffler le feu de la machine. Une soupape de sûreté *w* surmonte la chaudière, et sert à prévenir les terribles effets d'une trop forte tension de la vapeur. C'est à l'extrémité du tube *p*, c'est-à-dire à une certaine distance au-dessus de l'eau de la chaudière, que se fait la *prise* de vapeur. Cette partie du cylindre surmontant la chaudière a reçu le nom de *dôme de vapeur*. C'est par l'extrémité *p* du tube *qs* que la vapeur s'introduit par le petit canal qui doit la conduire dans les deux cylindres placés sur les deux côtés de la locomotive. La figure 46 montre la disposition du *tuyau soufflant*, placé à l'avant de la locomotive. On voit sur cette figure la terminaison des *tubes à fumée* TT' de la chaudière, et les deux tubes qui, venant de chaque cylindre à vapeur, se réunissent en un seul, pour former l'*échappement de vapeur*, ou le *tuyau soufflant* A, lequel débouche au bas de la cheminée P.

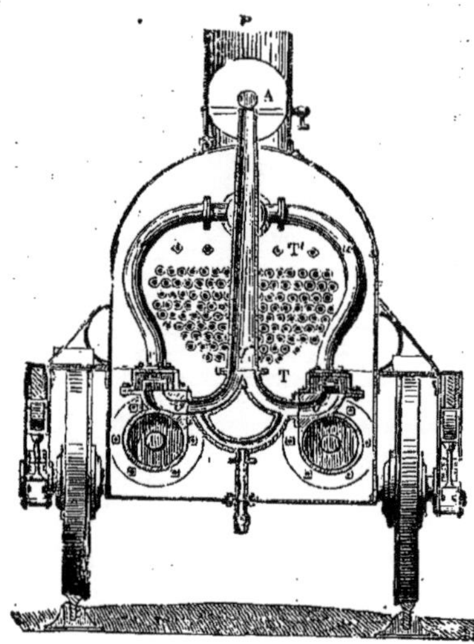

Fig. 46. — Coupe transversale de la boîte à fumée et du tuyau soufflant d'une locomotive.

Dans leur essence, ces dispositions se retrouvent dans les locomotives les plus perfectionnées employées à l'heure actuelle.

Un complément nécessaire de la locomotive est le véhicule qu'on appelle *tender*, qui porte l'eau destinée à l'alimentation de la chaudière, le combustible et les ustensiles nécessaires à la traction. Le charbon y est accumulé dans une caisse, entourée d'une seconde caisse de tôle A, pour recevoir l'eau. Parfois les machines puisent l'eau en cours de marche dans un bassin allongé disposé entre les rails. Deux soupapes, que le chauffeur ouvre ou ferme à volonté, servent à donner accès à l'eau dans la chaudière, grâce à l'appareil automatique connu sous le nom d'*injecteur Giffard*, et où l'eau est appelée par un jet de vapeur. Le tender est relié d'un côté à la locomotive par une barre d'attelage, et de l'autre côté au train, par une barre qu'on adapte au premier wagon ; des crochets E servent également à leur liaison. Le tender est toujours muni d'un frein qui, en agissant directement sur les roues, amortit peu à peu la vitesse du train lorsqu'il s'agit d'arrêter le convoi. Les locomotives de manœuvres de gare et de banlieue réunissent le tender et l'appareil de locomotion en un seul corps de machine, qu'on appelle *locomotive-tender*.

Fig. 47. — Le tender; coupe longitudinale et vue intérieure.

On distingue trois catégories de locomotives : les *machines à voyageurs*, affectées au service de la grande vitesse ; les *machines à marchandises*, destinées au service de la petite vitesse ; enfin les *machines mixtes*, affectées tantôt à l'une, tantôt à l'autre destination. Outre ces trois classes, nous trouvons les *locomotives de montagne*. L'allure à laquelle on traîne les convois de chemins de fer a été en augmentant constamment : autrefois on considérait une vitesse de 60 kilomètres à l'heure comme l'allure normale des express et rapides. Aujourd'hui on pratique couramment des vitesses moyennes de 80, 90, 100 kilomètres : et dans certaines parties des parcours on dépasse 110 kilomètres. Dans les machines destinées à marcher à grande vitesse, les roues motrices ont d'abord été dotées d'un très grand diamètre (jusqu'à 2 m. 3) ; elles étaient indépendantes des autres roues. Le type le plus tranché dans ce genre a été la *locomotive Crampton* qui fit longtemps, avec une grande rapidité, le service des trains express sur la plupart des chemins de fer français et étrangers. Ces machines n'avaient que deux roues motrices montées sur un même essieu.

Mais on avait naturellement procédé autrement pour les locomotives destinées à remorquer les convois de marchandises, qui avaient des roues motrices beaucoup plus petites réunies entre elles au moyen d'une bielle d'accouplement. Ces machines gagnaient en force ce qu'elles perdaient en vitesse. Aujourd'hui on a renoncé aux machines à un seul essieu moteur, les roues couplées sont utilisées tout aussi bien pour les machines de rapides que pour les machines à marchandises, mais en moins grand nombre. Nous allons indiquer du reste en quelques mots ce qui caractérise les locomotives modernes, où l'on rencontre pourtant tous les éléments essentiels de la locomotive primitive.

Il va sans dire qu'on a fait bénéficier la locomotive de toutes les améliorations réalisées pour la machine à vapeur, comme par exemple l'augmentation de la pression grâce à l'emploi des aciers légers et résistants ; les pressions y atteignent normalement 15 et 16 kilogrammes. On fait appel aussi de plus en plus à la surchauffe. Mais l'on devait surtout permettre à la locomotive de traîner des convois de plus en plus pesants à une allure croissant sans cesse, ce qui est dire qu'il était indispensable d'augmenter doublement sa puissance de traction. C'est pour cela qu'on lui a donné, spécialement à sa chaudière, des proportions de plus en plus fortes ; si bien que la locomotive n'a plus qu'une cheminée extrêmement courte, car autrement elle ne saurait plus passer sous les ponts traversant les voies ferrées.

Mais ainsi que nous le laissions entendre en contant les débuts de la locomotive, on a dû également s'arranger de manière que le poids adhérent de la machine sur les rails devienne de plus en plus élevé. Et comme on ne pouvait faire reposer un poids considérable sur deux roues, parce que, alors, le passage d'une de ces roues aurait enfoncé le rail sous cette charge ; tout en augmentant la résistance du rail, en modifiant la voie même, on a multiplié le nombre des roues associées dans le travail effectif par cette bielle d'accouplement dont nous avons parlé. On a voulu aller si loin dans cette voie, qu'on a été obligé de combiner ce qu'on appelle les locomotives articulées, qui sont montées sur deux espèces de chariot possédant chacun une série de roues accouplées, et fonctionnant comme deux petites machines indépendantes, en recevant chacune la vapeur qui leur est nécessaire. Le corps de la locomotive repose par des pivots sur ces chariots, qu'on appelle en réalité des bogies ; et elle peut passer par des courbes assez accentuées sans ralentir sa vitesse ni risquer de dérailler, justement parce que cette articulation empêche une raideur nuisible, périlleuse même.

Il ne faut pas oublier non plus qu'on s'est mis à adopter, on peut dire partout, ce compoundage dont nous avons parlé pour les machines à vapeur ordinaires ou marines ; cette adaptation du compoundage à la locomotive est dû principalement à un ingénieur français de grand talent, M. Mallet. Un constructeur français également, M. de Glehn, a été pour beaucoup dans la transformation des machines de chemins de fer, notamment sur les réseaux français.

Pour donner d'un mot idée des avantages de la transformation des machines qu'on employait il y a seulement une dizaine d'années sur nos voies ferrées, nous pouvons dire que l'adoption du compoundage et de l'accouplement de plusieurs roues motrices a eu pour effet de permettre de traîner des trains pesant un tiers en plus ; ou alors il a été possible d'augmenter en conséquence la vitesse d'un train de même poids que jadis. Et cela sans consommer plus de combustible qu'auparavant.

Si nous jetons un coup d'œil sur les machines ordinaires qui traînent les convois de voyageurs sur les réseaux français, nous les voyons posséder 4 cylindres, où la vapeur va donner à peu près toute la puissance qu'elle renferme ; ces machines pèsent 75 tonnes, avec leur tender ; et leur quatre roues accouplées supportent un poids de près de 40 tonnes, qui est employé comme poids adhérent. Une locomotive de ce genre représente une puissance de 2 000 chevaux vapeur. Pour telles lignes où les pentes sont marquées, on emploie des machines qui pèsent plus de 70 tonnes, et dont le poids adhérent et utile à la traction des trains est de 64 à 65 tonnes ; les machines articulées se sont introduites en France et en Europe en général, bien qu'on n'ait pas l'habitude d'y traîner des convois énormes comme aux États-Unis ; et nous rencontrons des machines à 2 bogies qui pèsent 102 tonnes, et où tout ce poids, porté sur les roues motrices, est poids adhérent par conséquent. Enfin le poids et les dimensions des locomotives augmentent continuellement ; et on trouve à cet égard des exemples vraiment extraordinaires aux États-Unis. Nous pourrions signaler telle machine des États-Unis qui pèse avec son tender 270 tonnes, autrement dit 270 millions de kilogrammes ; même seule, elle pèse encore 190 tonnes, et le poids adhérent est de plus de 176 tonnes.

Il va sans dire que pareilles machines sont faites pour tirer des charges fantastiques ; et le fait est que, souvent, on voit passer aux États-Unis des convois qui représentent un poids total de 3 000 tonnes.

Il est bon de songer que, même avec des machines articulées de quelques 100 tonnes seulement, on arrive à déplacer à une allure de 60 kilomètres à l'heure des convois de marchandises pesant près d'un millier de tonnes ; mais il faut dire que c'est là où la voie est en palier, sans rampes marquées. On doit songer aussi que les machines Crampton, qui ont été des chefs-d'œuvre admirables pour leur époque, brûlaient 8 kilogrammes de charbon pour faire parcourir un kilomètre à un train ne pesant pas plus de 120 tonnes ; tandis que maintenant la consommation n'est pas la moitié de ce chiffre. On parvient à ne plus dépenser que 30 centimes de combustible pour tirer sur une distance d'un kilomètre un train qui pèsera 625 tonnes par exemple.

Nous avons dit tout à l'heure qu'il avait fallu faire des voies bien plus solides : et cela tout à la fois parce que les trains se déplacent plus vite, qu'ils sont plus lourds, et aussi que les machines énormes qui y circulent à toute vitesse ébranlent terriblement cette voie.

Donnons un aperçu de la manière d'établir la voie d'un chemin de fer.

Quand il s'agit de construire une voie ferrée, on commence par étudier le terrain ; puis on procède au nivellement ou au tracé de la ligne, dont la courbure et la pente ne doivent jamais dépasser certaines limites.

Le minimum des rayons de courbure est généralement de 300 ou 250 mètres, et la pente maximum ne doit pas dépasser 2 à 3 centimètres par mètre. D'ailleurs on construit maintenant constamment des voies ferrées dites d'intérêt local, où circulent des trains peu lourds, des véhicules peu larges, et où le rayon des courbes descend à 130, 80, 50 mètres même. Le tracé étant bien arrêté, on commence les travaux de terrassement, les tranchées, les déblais et les remblais. Tout est fait pour que les voies soient aussi horizontales que possible ; une inclinaison même faible augmente considérablement l'effort qu'on doit exercer pour remorquer un train : avec une pente de 30 millimètres par mètre on traîne un poids 7 fois plus faible que sur un palier, une section de niveau. On perce des tunnels, aux points situés à une trop forte altitude, et on construit des viaducs sur les points trop bas.

Quand on peut se passer de creuser un tunnel, on se borne à ouvrir une tranchée. A moins de circonstances particulières, on trouve avantage à opérer à ciel ouvert, quand la tranchée à exécuter ne doit pas dépasser 16 mètres de hauteur.

Le travail à ciel ouvert est autrement simple et facile que le travail souterrain, dont nous reparlerons ; aussi les ingénieurs choisissent-ils de préférence ce dernier moyen de franchir des hauteurs et de ramener la voie au niveau voulu.

Si la quantité des terres à enlever est peu importante, le creusement des tranchées est facile ; mais l'entreprise est fertile en difficultés quand les terres à déblayer sont considérables.

Nous ne pouvons entrer dans le détail de ces travaux, ni dans l'examen de l'outillage variable qu'ils exigent ; nous en avons dit un mot à propos des excavateurs. Nous citerons seulement quelques-unes des tranchées les plus remarquables.

Sur les chemins de fer étrangers, la tranchée de Gabelbach, entre Ulm et Augsbourg, a donné un million de mètres cubes de terre, et celle du Tring, sur le chemin de Birmingham à Londres, dont le volume dépasse 1 100 000 mètres, est longue de 4 kilomètres et atteint jusqu'à 17 mètres de profondeur. La masse de terre qui fut enlevée dans ce dernier déblai, étant ramassée sous la forme d'un cube, dépasserait de 24 mètres en hauteur le sommet du Panthéon.

La tranchée de la Loupe, sur le chemin de fer de l'Ouest, dans le département d'Eure-et-Loir, est une des plus considérables des chemins de fer français. Elle a 4 kilomètres de longueur et elle atteint jusqu'à 16 mètres dans la plus grande profondeur. Les terres déblayées ont fourni le nombre énorme de 1 100 000 mètres cubes. On employa 1 100 ouvriers à ce travail gigantesque.

Fig. 48. — Tranchée de la Loupe.

Quand les terrains, au lieu d'être trop élevés, sont en contre-bas de la voie, on élève des remblais par un rapport convenable des terres. Si la hauteur du remblai à élever doit dépasser 18 mètres, il y a en général avantage à construire un viaduc.

Les travaux d'art que les ingénieurs des chemins de fer ont construits pour les viaducs et ponts-viaducs ont fini par couvrir le réseau de nos voies ferrées d'œuvres architecturales.

Nous rappellerons rapidement quelques-uns des travaux d'art de ce genre les plus connus ou les plus dignes de l'être.

Quel est le Parisien qui ne connaît pas, sur le chemins de fer de Paris à Versailles (rive gauche), le viaduc de Val-Fleury ? Qui n'a admiré, du haut de ses sept arcades, la magnifique vallée qu'il franchit comme à vol d'oiseau ?

Un autre viaduc dont la visite est à recommander aux Parisiens, c'est celui de Nogent-sur-Marne, à quelques kilomètres de la capitale. C'est un des ponts-viaducs les plus hardis que l'on puisse citer. Il dessine une ligne

Fig. 49. — Viaduc de Nogent-sur-Marne.

courbe sur une longueur de 700 mètres, avec une hauteur de 50 mètres au-dessus de la vallée.

On cite avec admiration : le viaduc de Chaumont, long de 600 mètres ;

Fig. 50. — Viaduc de Morlaix.

le viaduc de Barentin qui, avec ses 25 arches, atteint une longueur de 500 mètres ; le viaduc de Morlaix ; celui de la Gölztsch, en Saxe, long de 580 mètres et qui domine la vallée de la hauteur de 70 mètres ; le viaduc qui traverse l'Indre, entre Tours et Monts, remarquable par ses

assuré par un coin de bois C, enfoncé à coups de maillet. Quand le champignon supérieur est usé, on peut le retourner, et faire servir le bourrelet inférieur. Il est vrai qu'on ne tire plus guère parti de cette faculté, sauf pour les voies des gares. Le rail Vignole, lui, a en bas un patin plat par lequel il repose sur la traverse ; il y est fixé est maintenu par des crampons, ou plus souvent par de grosses vis spéciales, les tire-fonds, visées dans le bois.

Nous donnons deux figures représentant : la première (fig. 54), la coupe d'une traverse munie de ses rails à double champignon et de leurs coussinets ; l'autre (fig. 55), une vue en plan et en perspective d'une portion de voie avec rails à simple champignon.

Quand une voie se bifurque, on fait passer le train sur l'une ou l'autre branche, à volonté, au moyen d'un appareil qu'on appelle *changement de voie*. Si le changement de voie traverse une autre branche des mêmes rails, il devient une *traversée de voie*. Enfin, quand deux voies différentes se coupent, on a recours à un *croisement de voie* (fig. 56). Comme les roues, avec leurs rebords en saillie, ne sauraient sans danger monter sur les rails placés en travers de leur route, on est forcé d'interrompre les voies aux points de croisement ; et pour éviter le déraillement des roues, on place, vis-à-vis des interruptions, des contre-rails ou tronçons de rails.

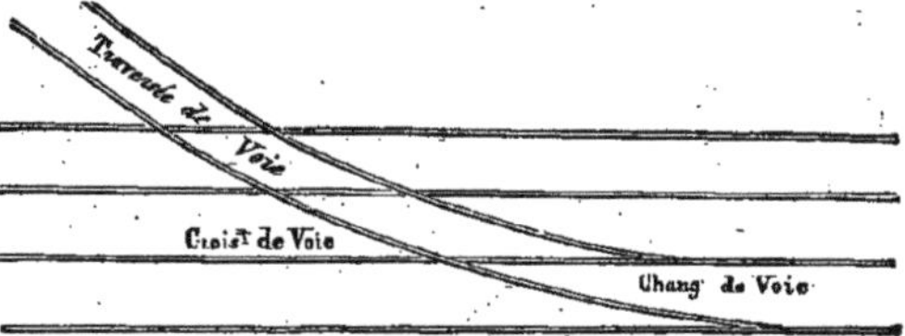

Fig. 56. — Changement, croisement et traversée de voie.

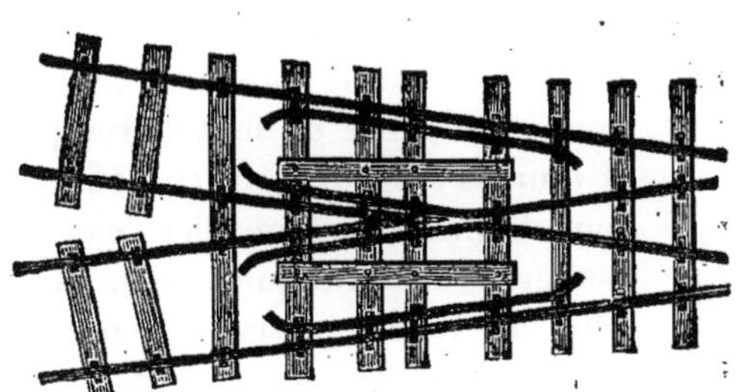
Fig. 57. — Appareil de croisement de voie.

Dans le cas des changements de voie où il s'agit de faire prendre à un convoi, à volonté, l'une ou l'autre de plusieurs branches de bifurcation, on se sert d'un appareil plus compliqué qu'on appelle *aiguilles*. Ce sont des bouts de rails, taillés en biseau, mobiles au moyen d'un levier, qui viennent s'appliquer par leurs extrémités contre les rails de la voie que l'on veut débarrasser, et qui font passer les roues des wagons sur la voie nouvelle que le train doit suivre à partir du point de bifurcation. Un employé spécial, l'*aiguilleur*, est charger d'imprimer aux aiguilles le mouvement nécessaire pour faire passer le train d'une voie à l'autre.

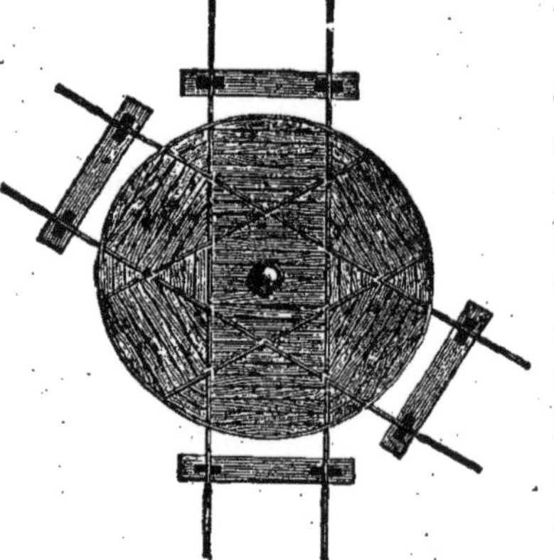

Fig. 58. — Plaque tournante à trois voies.

Les *plaques tournantes* sont destinées également à opérer dans les gares des changements de voie pour les véhicules pris un à un. Ce sont des disques mobiles qui reposent sur un pivot en fer, et qui portent sur leur surface supérieure des portions de voie destinées à relier deux tronçons opposés. Le mécanisme des plaques tournantes est fort simple. Le plateau supérieur qui porte à sa circonférence un rail circulaire, pivote autour de son centre. Le rail circulaire repose lui-même sur des galets, qui roulent entre lui et un autre rail circulaire inférieur, fixé au fond d'une fosse.

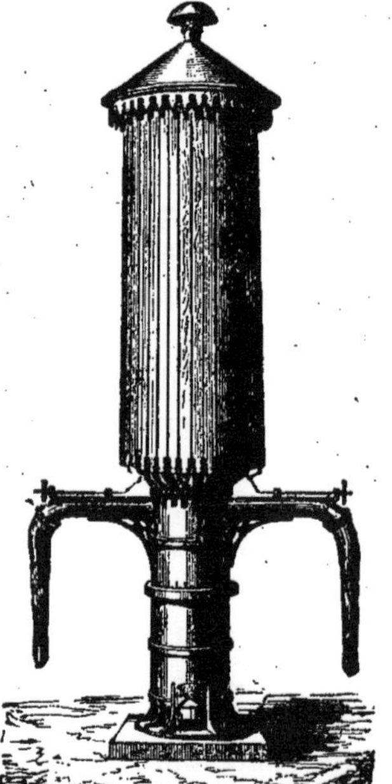

Fig. 59. — Réservoir hydraulique.

Comme les plaques tournantes sont très chères, on les remplace quelquefois par des chariots transbordeurs placés sur des voies transversales, et sur lesquels on hisse les voitures qu'il faut transporter de l'une des deux voies parallèles sur l'autre.

Quand on voyage en chemin de fer, on rencontre, sur le parcours de la voie, de grosses colonnes de fontes, remplies d'eau et munies d'un tube du cuir (fig. 59). Elles sont destinées à renouveler l'eau du tender. Les grues hydrauliques qui prennent l'eau dans de vastes réservoirs en tôle ou en maçonnerie, et l'envoient dans le tender ont le même but ; c'est un tuyau métallique coudé à angle droit.

Après avoir expliqué le mécanisme des locomotives et la construction de la voie ferrée, il convient de dire quelques mots des voitures qui servent au transport des voyageurs et des marchandises.

Une partie essentielle des voitures de chemins de fer, c'est la roue. Dans le matériel roulant des chemins de fer, les roues (qui sont munies d'un bandage à boudin en relief) font corps avec l'essieu, qui tourne dans des colliers spéciaux. Les deux roues de chaque côté du wagon sont ainsi solidaires ; cela est nécessaire pour éviter que l'une des roues étant arrêtée momentanément par un obstacle accidentel, l'autre continue à tourner, ce qui pourrait donner lieu à un déraillement. Comme on fait des voitures de plus en plus longues, on les monte sur des bogies sur lesquelles elles reposent en pivotant, comme nous l'avons vu pour les locomotives articulées, et pour qu'elles passent facilement par les courbes.

Fig. 60. — Un aiguillage compliqué.

On emploie des voitures de plus en plus luxueuses, qui arrivent à coûter jusqu'à 80 000 francs. Les voitures qui sont destinées au transport des voyageurs offrent des divisions proportionnées au prix des places. La disposition ordinaire des voitures des différentes classes est d'ailleurs assez connue pour que nous nous dispensions d'en donner une description. Les grandes voitures à couloir longitudinal ont presque fait disparaître complètement les petites voitures cellulaires à voyageurs, qui étaient en usage sur la plupart de nos voies ferrées, et rappelaient les anciennes diligences. Il y a bon nombre de voitures de première classe et de luxe, où le poids du véhicule et des aménagements divers représente 1 500 à 2 000 kilogrammes pour chaque personne transportée.

Tout le monde sait qu'on a combiné toute une série de wagons divers pour les denrées, pour la houille, le coke, la paille, pour le bétail, etc. On a augmenté peu à peu les dimensions et la capacité des wagons notamment à charbon, et couramment il y en a qui peuvent porter 50 tonnes. Des *trucks* sont destinés au transport des voitures ordinaires, automobiles.

Considérant, maintenant, le convoi en marche, demandons-nous par quel moyen on parvient à arrêter cette masse énorme, une fois lancée sur les rails. Cela peut s'imposer au cas d'incident imprévu notamment. On ne pourrait songer à arrêter subitement un train sur place, car le choc qui résulterait d'un arrêt instantané serait aussi terrible qu'une chute de tout le train du haut d'un quatrième étage. Il faut amortir progressivement la rapidité de la marche. Ce résultat est obtenu au moyen d'un *frein*, qui, par l'action d'un levier, presse un sabot de bois contre le pourtour des roues.

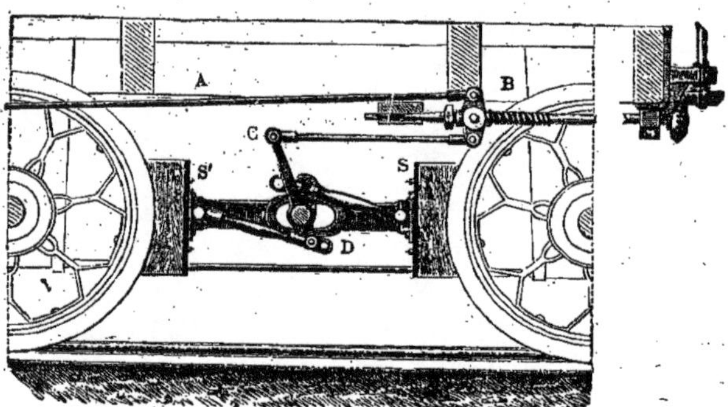

Fig. 61. — Mécanisme d'un frein à main.

La figure ci-contre montre de quelle manière le mouvement est transmis au levier coudé ABC, qui fait agir les sabots SS'.

Avant l'invention des freins dits continus, manœuvrés par le mécanicien de sa machine et agissant sur tous les wagons, le *garde-frein* placé dans sa cabine poussait, au moyen d'une manivelle, le levier horizontal AB, lequel porte une articulation mobile, qui actionne le levier horizontal C, recourbé en CD. Dès lors, la tige articulée CDS' chasse le sabot qui vient s'appliquer contre la roue et arrête son mouvement. Le même effet se produit par le sabot S. Pour desserrer on tourne la manivelle en sens contraire. C'est à peu près, du reste, la disposition habituelle des freins pour les voitures, omnibus et tramways. Nous devons dire que c'est encore ainsi que cela se passe pour les convois de marchandises. Quand il faut s'arrêter, ou éviter un obstacle, le mécanicien siffle, pour donner avis aux *gardes-freins* ; ceux-ci serrent aussitôt l'appareil. Cependant, avant de s'arrêter, le convoi parcourt encore une distance de plusieurs centaines de mètres.

En face d'un danger imminent on peut avoir recours au renversement de la vapeur, qui consiste à placer le levier de changement de marche dans la position qui convient à la marche en arrière, la machine continuant à marcher en avant, et le régulateur étant tout grand ouvert.

Aujourd'hui les freins à vis ne servent plus que dans les trains de marchandises, où les freins continus présenteraient des inconvénients pour les manœuvres des gares et coûteraient bien cher. Tous les trains de voyageurs et les trains mixtes sont munis, normalement, de *freins à air comprimé* ou *à vide*. Dans ce système de freins, les sabots sont poussés mécaniquement contre les roues des véhicules, d'une façon graduée et progressive, mais presque instantanément ; de plus, l'enrayage, au lieu de s'exercer sur quelques voitures seulement du train, comme avec le frein à vis, produit son effet sur tous les véhicules, si tous les wagons du convoi sont disposés *ad hoc*. Les freins à vide et à air comprimé, qui ne

Fig. 62. — Achèvement du viaduc des Fades.

servaient au début que pour prévenir des accidents, sont employés aujourd'hui comme moyen d'arrêt normal des trains. Le mécanicien n'a plus besoin, comme autrefois, de ralentir sa marche à 1 500 mètres des stations, et la rapidité du voyage s'en ressent, puisqu'on perd moins de temps pour chaque gare où l'on doit stationner.

Le frein le plus employé est le *frein Westinghouse*, ou *à air comprimé* ; il porte le nom de son inventeur, l'Américain Westinghouse. Importé en Angleterre en 1873, et en France en 1875, il ne tarda pas à se répandre dans toute l'Europe. Une petite pompe de compression installée sur la locomotive, et actionnée par la vapeur de la chaudière, comprime de l'air à 5 atmosphères. Chaque voiture porte, sous son châssis, un petit réservoir ; ces réservoirs sont réunis à une conduite maîtresse, qui règne sous tout le train, et qui aboutit à la pompe de compression. Cette conduite principale est composée de tuyaux métalliques fixés sur toute l'étendue des voitures, et de tuyaux en caoutchouc, pour relier les parties métalliques, d'une voiture à l'autre. Le remaniement de la composition d'un train se fait ainsi très facilement.

Veut-il arrêter le train, le mécanicien, en actionnant un robinet, répand dans l'atmosphère l'air comprimé contenu dans les réservoirs des voitures ; aussitôt, par un mécanisme particulier, l'air comprimé de chaque réservoir actionne un piston, lequel presse les sabots contre les roues de chaque voiture. Les freins serrés, et par suite le train arrêté, le mécanicien veut-il se remettre en marche : tournant le robinet dans une

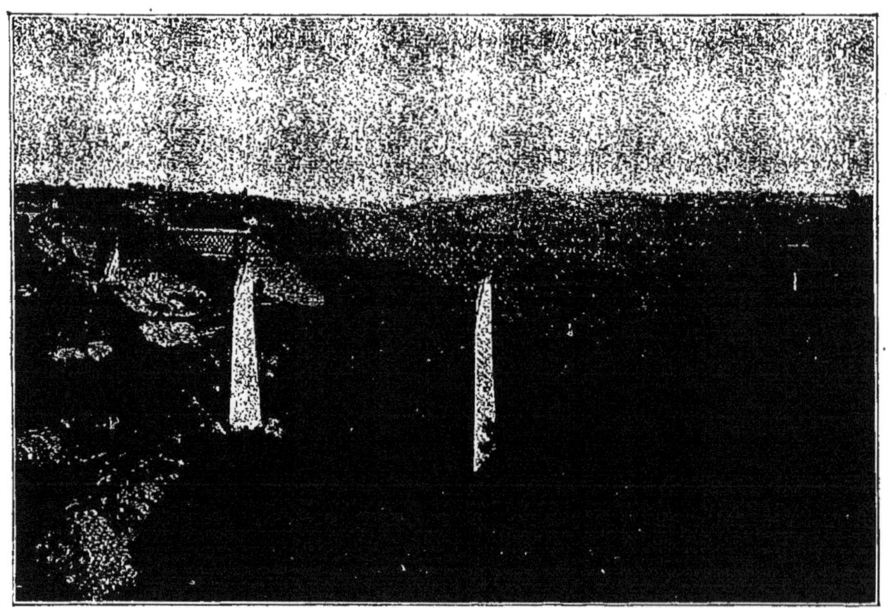

Fig. 63. — Train traversant le viaduc des Fades.

autre position, il remplit les réservoirs d'air comprimé ; la pression se rétablit dans la conduite, et les sabots s'éloignent des roues. On comprend que, si une avarie survient en route, si par exemple une fuite d'air comprimé vient à se produire sur la canalisation, ou s'il y a une rupture d'attelage, l'air comprimé se répandant dans l'atmosphère, le train sera arrêté immédiatement, et tout accident sera évité. Ce système de frein est donc automatique.

Signalons aussi le *frein à vide* imaginé par deux Français, MM. Martin et du Tremblay ; toutefois c'est l'Américain Smith qui le rendit véritablement pratique. Enfin, l'Autrichien Hardy le modifia de façon à en rendre la conservation plus sûre. Ici, c'est le vide qui, à l'inverse de l'air comprimé du précédent système, détermine l'enrayage des véhicules. Comme dans le frein à air comprimé, une conduite maîtresse règne sous toutes les voitures du train, qui sont munies chacune d'un petit réservoir, dit *sac à vide*. Dans la disposition primitive, la *boîte Smith* se composait d'une espèce d'accordéon ou de soufflet à parois de cuir ; dans le

Fig. 64. — Cabine de manœuvre et d'enclenchement mécanique.

système modifié par Hardy, le sac de cuir est contenu dans une caisse de fonte. Le vide est produit, dans ce système de frein, au moyen d'une simple aspiration de l'air de la conduite maîtresse reliée aux réservoirs, aspiration qui se fait au moyen d'un courant de vapeur lancé autour de l'orifice de cette conduite. L'appareil aspirant, qui a reçu le nom d'*éjecteur*, a quelques rapports avec l'*injecteur Giffard*. Au lieu d'eau, il aspire de l'air. L'air étant raréfié à deux tiers d'atmosphère dans les réservoirs, les membranes de cuir sont comprimées par la pression atmosphérique et entraînent avec elles les leviers de serrage des sabots. Lorsque l'*éjecteur* ne fonctionne plus, la pression se rétablit dans les réservoirs, et les sabots abandonnent les roues.

Comme on le voit, ces deux systèmes de freins sont excessivement simples ; grâce à eux, des trains lancés à toute vitesse peuvent être arrêtés presque instantanément, après un parcours de 50 mètres à peine. Ils sont en usage dans presque tous les pays, et actuellement obligatoires en France, pour les trains de voyageurs.

Les accidents qui nécessitent l'arrêt subit d'un train sont rares aujourd'hui, grâce au système de signaux qui permet d'avertir le mécanicien de tout ce qui se passe sur la voie. Ces signaux ont diminué de plus dans une proportion énorme la fréquence des accidents, les blessures et les morts qu'entraîne notamment une collision ; car, si les mécaniciens observent bien les signaux, il leur est impossible de venir rattraper un convoi qui se trouve devant eux, ou heurter un train marchant en sens inverse.

Ces signaux sont de différente nature. Il y a d'abord des signaux mobiles. Un drapeau porté par le cantonnier s'il est roulé indique une voie libre ; un drapeau déployé signifie : ralentissement, s'il est vert ; arrêt, s'il est rouge. La nuit, les drapeaux sont remplacés par des lanternes de trois couleurs (blanc, vert, rouge).

Il y a enfin des signaux fixes établis sur la voie. A 800 mètres de chaque station, au moins, on aperçoit un disque rond en tôle, porté sur un poteau très élevé. C'est le *signal avancé,* qui est peint en rouge sur l'une de ses faces. Si la face rouge se présente en avant d'un train, perpendiculairement à la voie, c'est un signal qui indique que le mécanicien doit marcher avec prudence jusqu'au signal carré dont nous allons parler, et où il doit s'arrêter si le signal le lui ordonne. Si, au contraire, le disque est effacé, s'il est par conséquent parallèle à la voie, c'est le signal que la voie est libre.

Telles sont les deux indications données par les disques, pendant le jour. La nuit, des feux blancs ou rouges donnent la même indication. On remarque sur les figures 65 et 66 une lanterne à verres blancs au milieu du disque qui correspond à une ouverture percée dans le même disque et fermée par un verre rouge. La nuit, pour indiquer que la voie est libre, la lanterne, avec son feu blanc, est visible, parce que le disque, tourné parallèlement à la voie, est effacé, est vu de champ, et laisse, par conséquent, apparaître le feu blanc de la lanterne. Si l'on veut faire le signal d'arrêt, on fait tourner le disque. Alors son ouverture circulaire, munie d'un verre rouge, vient se placer devant la lanterne, et l'on aperçoit au loin un feu rouge, qui est le signal d'arrêt.

Pour imprimer au disque le mouvement de simple rotation sur lui-même qui, grâce à ces conventions, suffit pour indiquer l'état de la voie, on se sert d'un fil de fer courant le long du sol, et supporté, à deux ou trois centimètres d'élévation seulement, au moyen de petits poteaux de bois. Un levier L (fig. 65), opérant une traction sur ce fil, suffit pour faire tourner le disque.

Un peu plus loin le mécanicien va rencontrer un appareil analogue, mais portant une surface métallique carrée peinte en rouge et blanc, ou damier. Si ce signal est fermé, comme on dit, perpendiculaire à la voie, le mécanicien y lit l'interdiction absolue de marcher ; c'est l'arrêt absolu. Si le signal est parallèle à la voie, celle-ci est libre et le train peut continuer sa marche en avant.

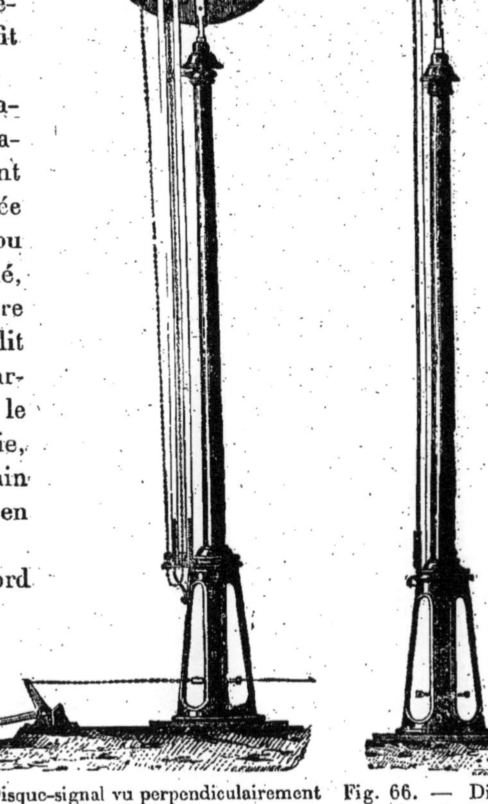

Fig. 65. — Disque-signal vu perpendiculairement à la voie.

Fig. 66. — Disque-signal vu de champ.

Nous devons parler d'abord du *block-system*, ainsi nommé du mot anglais *block*, bloquer, ce qui signifie qu'un train est bloqué dans une section jusqu'à ordre contraire ; cela se nomme aussi le cantonnement en français. Sur les lignes à faible trafic, on fait succéder les trains en laissant entre eux un certain intervalle de temps ; sur des lignes très fréquentées, où les trains se succèdent quelquefois de minute en minute, il faut substituer à l'intervalle de temps une connaissance précise de l'état de la voie, pour prévenir des collisions. Tel est le but du *block-system* : on l'adopte de plus en plus sur toutes les lignes ferrées.

Dans ce mode d'opération, la ligne est divisée en sections, composées chacune d'un poste, avec un employé et un appareil. Ces sections, ou cantons, varient de longueur, suivant l'importance du trafic de la ligne. Un train en marche ne peut entrer dans un canton sans que le garde préposé à ce poste l'y ait autorisé ; et cette autorisation n'est donnée que si

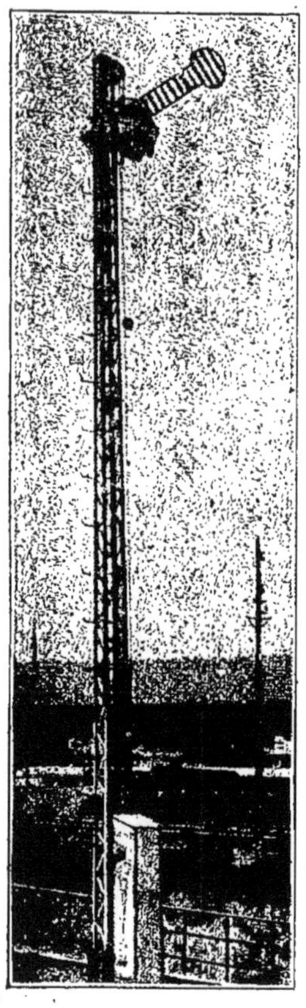

Signal de première voie. Signal de deuxième voie. Signal de troisième voie.

Fig. 67.

aucun convoi ne se trouve engagé sur le canton suivant, ce qui est prouvé par ce fait que le garde du canton suivant a remis à voie libre le signal de son canton, ou a averti son collègue qu'il pouvait le faire.

Il a du reste été inventé des dispositifs où c'est l'électricité qui permet ces manœuvres, en les rendant solidaires les unes des autres. Tel est le cas du système dû à un ingénieur anglais, Tyer. Il a été perfectionné par Regnault, en France, et Siemens et Halske, à Berlin. Voici la disposition de l'appareil électrique de chaque poste : Deux cadres rectangulaires sont, dans le sens de la hauteur, divisés en deux parties, l'une pour la voie montante, l'autre pour la voie descendante. Dans chaque moitié de cadre se trouve une aiguille métallique, qui, sous l'influence d'un courant électrique ou d'un électro-aimant, peut s'incliner à droite ou à gauche, correspondant aux mots : *voie occupée, voie libre*. Chaque poste contient deux appareils : l'*avertisseur* et le *récepteur*. A l'aide du premier, le garde demande au garde du poste suivant si la voie est libre ou occupée ; avec le second, il reçoit les réponses de l'autre poste. Chaque poste est pourvu d'un appareil de signaux à vue, qui sert de complément à l'appareil électrique ; ces signaux sont ceux que l'on appelle *électro-sémaphores*. Ils sont formés d'un grand mât en fer, qui porte à sa partie supérieure deux grandes ailes rouges, s'adressant chacune à un sens de la circulation ; au milieu sont deux petits bras jaunes, ou *voyants* ; enfin, à hauteur d'homme, se trouvent quatre boîtes, munies de manivelles destinées à manœuvrer les ailes, et, en même temps, à produire les effets électriques au moyen d'électro-aimants, d'annoncer les trains en avant et de débloquer les sections à l'arrière, au moyen des ailes que l'on rend horizontales ou verticales, ces ailes étant déclenchées par le poste voisin, grâce à un courant électrique.

Fig. 68. — Un rapide sur le Lyon.

Sur les lignes d'une importance qui ne justifierait pas l'emploi du *block-system* dans toute sa rigueur, on fait usage du *block-system atténué*, qui consiste à laisser un plus large champ au territoire consacré à chaque section, et à tolérer, dans certaines circonstances, la présence de plusieurs trains dans le même canton.

Sur les lignes à voie unique on remplace souvent le *block-system* par un mode particulier d'avertissement, qui a l'avantage de faire connaître à tous les employés de la ligne le sens de la marche des trains. Nous voulons parler des *cloches allemandes*. De grosses sonneries sont établies aux stations et aux passages à niveau qui se trouvent entre les stations.

Un des employés de la gare fait retentir ces grosses cloches, auxquelles on donne un son et un nombre de coups convenus, pour faire connaître l'état de la voie *occupée* ou *libre*, et la direction des trains en avant ou en arrière de la station d'où vient cet appel.

Ce procédé ne donne qu'une sécurité relative ; car aucun signal n'annonce la sortie du train de la section. Cependant il fournit de bons résultats dans la pratique.

Ajoutons que le télégraphe électrique est d'un usage continuel, pour

Fig. 69. — Grosse locomotive américaine.

avertir les employés, et ses avertissements constants sur tout le trajet de la ligne sont le moyen le plus sûr de garantir l'exactitude du service et d'éviter les accidents.

Les moyens qui assurent la sécurité des chemins de fer se perfectionnent d'ailleurs tous les jours.

Nous aurions à citer encore le *carillon trembleur*, qui sert à indiquer aux agents des gares que les disques qui couvrent ces gares sont fermés, et qu'ils sont couverts : cette dernière sonnerie est également produite par un contact électrique. Puis des dispositifs électriques préviennent le mécanicien peu attentif qu'il arrive devant un signal fermé et qu'il doit s'arrêter.

Nous ne pouvons manquer de mentionner la manœuvre mécanique qui sert à actionner les aiguilles ou les signaux, sans erreur possible, au moyen de *postes d'enclenchements* : elle ne permet pas de laisser un signal à voie libre quand une manœuvre d'aiguille est faite qui va laisser arriver un train sur cette voie ; elle ne permet pas d'ouvrir simultanément deux aiguilles aboutissant à une seule et même voie.

C'est en 1856 qu'un ingénieur français, M. Vignier, imagina un sys-

Fig. 70. — Locomotive articulée du Nord.

tème d'enclenchement mécanique, appareil qui produisait les signaux optiques en manœuvrant les disques-signaux, en même temps que la direction de voie était donnée par les aiguilles ; il y avait ainsi solidarité entre ces deux appareils de la voie : la position de l'un entraînait celle de l'autre. De là l'expression *enclenchement* des deux appareils. Ces *enclenchements* simples des signaux et des aiguilles furent d'abord disséminés sur toute l'étendue des gares. Quelques années plus tard, on eut l'idée, dans les grandes gares où le mouvement est très important, de centraliser en un seul point tous les leviers de manœuvres des aiguilles et des signaux ; on fut ainsi conduit aux *enclenchements composés*. Là, par un mécanisme du reste compliqué, le levier enclencheur amené à sa position renversée, c'est-à-dire ouvrant une voie, empêche l'aiguilleur de pouvoir manœuvrer un quelconque des leviers du groupe enclenché, groupe qui comprend les le-

Fig. 71. — Intérieur de wagon-salon sur l'Orléans.

viers de tous les appareils dont l'ouverture simultanée pourrait être dangereuse pour la sécurité. On ferme donc ainsi au train toute autre voie que celle qu'il doit parcourir.

On comprend que les combinaisons d'enclenchements d'un poste de cent, deux cents leviers doivent être excessivement nombreuses, pour remplir toutes les conditions de sécurité et éviter toute collision. Le poste d'enclenchement étant étudié et installé, l'aiguilleur pourra, par mégarde,

Fig. 72. — Voiture de la Compagnie des Wagons-Lits.

faire une fausse manœuvre pour un premier levier, et, par suite, causer des entraves à la circulation, faire attendre un train, par exemple, au pied d'un mât; mais on peut être certain qu'il ne se produira jamais d'accident.

Les premiers postes d'enclenchement furent montés avec le système Vignier. Depuis, deux constructeurs anglais, MM. Saxby et Farmer, imaginèrent le système mécanique d'enclenchement qui porte leur nom, et qui donne de très bons résultats. Ces deux appareils sont en usage sur la plupart des chemins de fer.

Aujourd'hui l'étendue totale des lignes de chemin de fer exploitées sur notre globe dépasse 900 000 kilomètres, c'est-à-dire bien plus de deux fois la distance de la terre à la lune. Et nous ne parlons pas des multiples lignes de tramways, qui sont bien un peu comme des chemins de fer.

Il est bon de se rappeler qu'en 1880 les chemins de fer du monde ne représentaient pas une longueur de plus de 370 000 kilomètres !

Pour les voies ferrées du globe, il a fallu plus de 2 milliards 700 millions de mètres de rails, si nous tenons compte des voies de garage, des doubles voies, etc.

Actuellement les chemins de fer subissent une transformation considérable, en ce sens qu'on substitue de plus en plus la traction électrique à la traction à vapeur : nous reparlerons plus loin des procédés de traction électrique ; mais ce qui fait l'avantage le plus précieux, et qu'on retrouve quel que soit le mode de traction, c'est le rail, la surface de roulement métallique si unie que les véhicules s'y déplacent presque sans effort. Et ce rail a vraiment révolutionné le monde. C'est grâce à lui que des pays qui paraissaient jadis fort éloignés sont aujourd'hui à notre portée presque immédiate ; grâce à lui par exemple que, pour 15 francs et en quatre heures et demie à peine, nous allons de Paris à Calais ; alors que ce même voyage au XVIIIe siècle se payait 45 francs ou l'équivalent, et ne se faisait qu'en trois journées, pendant lesquelles il fallait se nourrir et coucher aux étapes.

V

LE MOTEUR A GAZ, LE MOTEUR A PÉTROLE ET L'AUTOMOBILISME

Le principe de l'utilisation des gaz pour la production de la force motrice. — Les moteurs explosifs et tonnants. Lebon et Brown ; Barber ; Hugon ; l'invention de Lenoir. — Les diverses phases de la marche d'un moteur à gaz ou à pétrole. — Le cycle à quatre temps : Otto et Beau de Rochas. — Les gaz pauvres ; le moteur à pétrole et ses avantages. — Son application à la voiture mécanique sur routes. — La nécessité du bandage pneumatique. — L'avènement et les progrès de l'automobile ; Daimler, Levassor et les autres inventeurs et constructeurs. — Les applications diverses de l'automobilisme.

Nous avons expliqué, en parlant du moteur à vapeur, que le déplacement du piston dans cet engin, ou encore la rotation des ailettes de la turbine à vapeur, s'il s'agit de ce moteur bien plus moderne, sont dus à l'expansion de la vapeur. Celle-ci a tendance à chasser devant elle tout ce qui tend à l'arrêter ; et c'est un véritable mouvement qu'elle prend elle-même, et qui se communique au moteur, à son volant, aux mécanismes qu'il commande. Mais ce que donne la vapeur, on a compris il y a déjà longtemps qu'on pouvait le demander également à une multitude de gaz. Les savants vous diront que l'on peut presque assimiler la vapeur à un gaz en effet.

Le premier type de moteur à gaz qui ait été employé est le moteur où l'on utilisait le gaz d'éclairage : mais depuis lors nous allons voir qu'on lui en préfère un autre, le moteur dit à pétrole, et où du reste on se sert surtout d'essence et non d'huile de pétrole. Mais ces deux genres de moteurs, et bien d'autres comme le moteur à l'alcool, qui est particulièrement employé en Allemagne à peu près aux mêmes usages, appartiennent à la grande famille mécanique qu'on appelle des moteurs tonnants. Et le fait est que ce qui se produit dans ces appareils, ce n'est pas une génération relativement lente de vapeur sous l'influence de la chaleur du foyer ; c'est une véritable explosion brusque, par suite de l'inflammation d'un mélange de substances additionnées d'air, et qui forment une vraie préparation explosive. C'est de quelque chose tout à fait analogue à ce qui se passe dans un fusil, une arme à feu quelconque, un canon ; et l'on peut dire sans exagération que le canon est bel et bien lui aussi un moteur tonnant. Seulement la force motrice produite par la déflagration de la poudre, et provoquée par exemple par l'explosion préalable d'une amorce, ne sert pas ici à pousser un piston qui sera susceptible de revenir sur lui-même, quand les gaz brusquement engendrés auront effectué leur travail, et auront été évacués dans l'atmosphère, comme cela se produit pour le piston de la machine à vapeur. Il s'agit tout uniment de projeter aussi loin que possible ce qui joue le rôle de piston, et reçoit le mouvement fourni par l'expansion des gaz. Le projectile est « projeté en dehors du

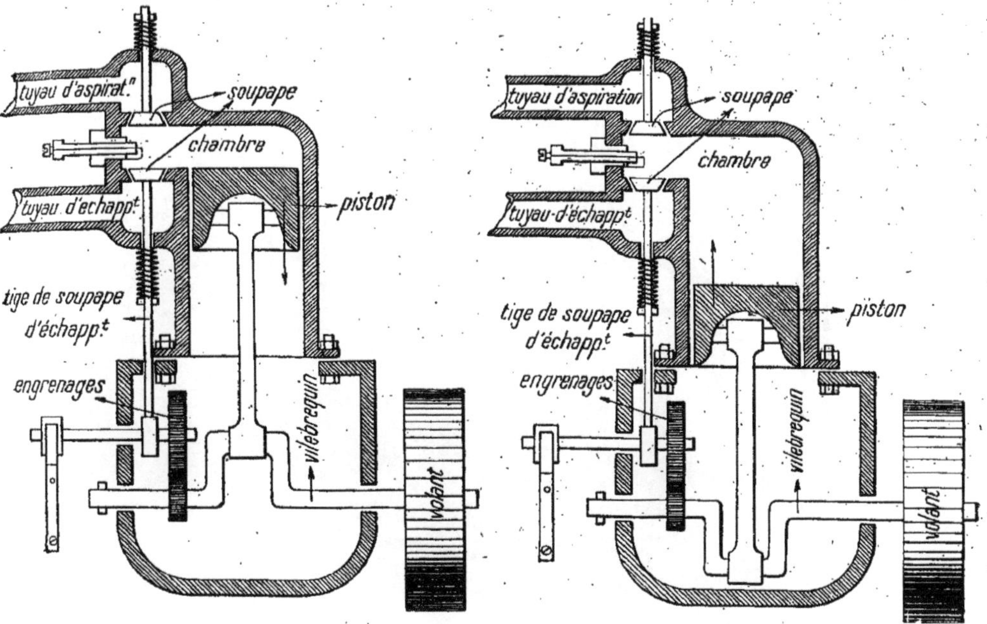

Fig. 73. — Deux phases extrêmes du fonctionnement d'un moteur à pétrole.

cylindre que constitue le tube du canon, et il va effectuer ensuite un travail destructeur, en heurtant le but sur lequel on dirige les coups du canon ».

Mais ce qui prouve que les canons sont réellement des moteurs tonnants, c'est qu'on a bel et bien combiné des moteurs à explosifs, où l'on disposait une charge de poudre pour chacun des déplacements que l'on voulait obtenir. Leur défaut était que l'explosion était trop brisante, trop violente, que le piston ne pouvait pas y résister longtemps, et aussi qu'il était fort malaisé d'assurer l'introduction successive des charges de poudre ; alors qu'il est relativement si commode et si pratique d'introduire dans le cylindre d'un des moteurs tonnants que nous employons couramment aujourd'hui, la quantité de gaz, de vapeurs inflammables et explosives, plus ou moins mélangées d'air, qui vont former la charge du moteur, et assurer une explosion savamment proportionnée à l'effort à produire, et à celui que le piston est capable de recevoir et de transmettre sans danger. Encore maintenant du reste, et notamment pour les appareils d'aviation, on songe à réaliser des moteurs explosifs employant bel et bien des explosifs, parce qu'ils auraient l'avantage de fournir une force motrice considérable sous un poids et un volume extrêmement restreint. Mais le problème n'est pas encore résolu.

Fig. 74. — Moteur à gaz (système simple).

Nous n'avons pas l'intention de conter toute l'histoire des moteurs tonnants : elle serait longue, mais il faut du moins rappeler que l'immortel inventeur du gaz d'éclairage, le Français Lebon, avait immédiatement pressenti que ce gaz pourrait rendre des services au point de vue de la force motrice. Après lui, et comme il n'avait pu poursuivre l'application pratique de cette idée, on vit une série d'ingénieurs essayer de réaliser le moteur à gaz d'éclairage ; comme l'Anglais Samuel Brown. Nous devons dire que d'autre part, et avant même Lebon, certains inventeurs, tels qu'un autre Anglais, John Barber, avaient songé aussi à faire exploser dans un cylindre un mélange d'hydrogène et d'air ; et même Mead et Street avaient proposé de faire évaporer du pétrole ou de la térébenthine dans un cylindre de machine, et ensuite d'enflammer les vapeurs produites, toujours afin d'obtenir cette expansion susceptible de pousser le piston du moteur, ainsi que nous l'avons dit.

On voit une fois de plus combien d'efforts doivent s'accumuler, avant que soit pratiquement réalisée une de ces merveilleuses machines que nous utilisons à notre profit, et sans nous rendre compte le plus souvent des longues recherches qu'elles ont nécessitées.

Pour ce qui est particulièrement du moteur à gaz, en 1858 enfin le Français Hugon avait réalisé un dispositif fort intéressant. Non seulement il faisait exploser dans le cylindre du moteur à gaz un mélange d'air et de gaz d'éclairage, mais encore il envoyait aussi un peu d'eau dans ce cylindre : la chaleur de l'explosion faisait vaporiser cette eau, c'était un peu comme l'adjonction d'un moteur à vapeur au moteur à gaz ; l'expansion de la vapeur s'ajoutait à celle des gaz de l'explosion, et Hugon estimait que cela était fort utile. On a longtemps abandonné complètement cette combinaison, parce que, en présence du succès du moteur à gaz ordinaire, on a considéré que c'était une complication inutile. Mais aujourd'hui on y est revenu pour plusieurs types de moteurs à pétrole. Et c'est pour nous une raison de plus pour ne pas oublier le nom de Hugon.

Un peu après son invention, Lenoir, un autre Français, vint étrangement perfectionner le moteur à gaz. C'est lui qui a posé les principes sur lesquels fonctionnent maintenant et les moteurs à gaz qu'on emploie encore, et les moteurs à pétrole ; et aussi des moteurs qu'on appelle à gaz pauvre, et qui rendent des services considérables un peu partout, en utilisant des gaz que l'on fabrique spécialement pour eux en brûlant imparfaitement de la houille, du coke, de l'anthracite, ou des matières diverses comme la paille, les feuilles : ce qui donne toujours de l'oxyde de carbone et aussi parfois un peu d'hydrogène.

Grâce à Lenoir, c'est le moteur même, en fonctionnant, qui appelle, attire dans son cylindre le mélange gazeux qui fera explosion tout à l'heure ; et naturellement, quand on en est au début de la marche de ce moteur et qu'aucune explosion ne s'est encore produite, il faut le faire tourner à force de bras ou avec un appareil de mise en marche, comme la manivelle des automobiles, ou un dispositif mécanique automatique, pour que le piston commence son premier déplacement, sa première course dans la longueur du cylindre. Durant la première partie de cette première course, le piston fait le vide et appelle, ainsi que nous le disions, du gaz et aussi de l'air par des ouvertures ménagées dans ce but. Air et gaz se mélangent, puis, au moment voulu, on s'arrange pour faire jaillir une étincelle électrique dans le cylindre, au milieu du mélange inflammable : l'explosion se produit, et l'expansion chasse le piston jusqu'au bout du cylindre, sur la longueur qui lui restait à parcourir dans ce cylindre. Il arrive au bout de sa course ; et comme le moteur est muni d'un volant, la vitesse acquise entraîne la manivelle du piston ; celui-ci commense donc à revenir en sens inverse, en redescendant dans le cylindre. Il chasse alors les produits de la combustion qui se trouvaient en dessous de lui ; et pendant ce temps, au-dessus de lui, il commence de se produire ce qui s'était passé sur son autre face durant la première phase de marche. Il y a double effet, comme on voit.

Le moteur Lenoir fonctionnait bien ; mais il eut besoin d'améliorations successives importantes. C'est ainsi que, comme on ne pouvait pas encore compter beaucoup sur l'électricité, on eut recours pendant longtemps à une flamme de bec de gaz qui pénétrait au moment voulu dans le cylindre et allumait le mélange explosif. Mais c'est dans une autre direction qu'il fallut poursuivre des transformations. On s'aperçut qu'il vaudrait mieux utiliser l'expansion des gaz sur toute la longueur presque du cylindre ; et aussi que le mélange gazeux donnerait bien plus de puissance si on le comprimait avant de l'enflammer. Nous ne pouvons du reste expliquer ici l'importance de cette compression.

Ces améliorations principales ont été apportées au moteur à gaz par un Allemand, Otto, et simultanément par un Français, Beau de Rochas : on en arriva à ce qu'on appelle techniquement le cycle à quatre temps, qui est couramment pratiqué pour un nombre considérable de systèmes de moteurs à gaz ou à pétrole. Ce qui caractérise ce cycle à quatre temps, c'est que, sur 4 mouvements et courses du piston dans le cylindre, il n'y en a en réalité qu'un seul qui soit susceptible de fournir de la force motrice, qui soit sous l'influence de l'explosion des gaz introduits dans ce cylindre. Voici en effet sommairement comment les choses se passent.

Dans une première course de toute la longueur du cylindre, le piston, soit mis en marche à bras par l'intermédiaire de la manivelle spéciale, soit déjà lancé par des explosions antérieures, aspire le mélange de gaz et d'air (le gaz, ce seront des vapeurs d'essence dans le moteur à pétrole, vapeurs produites dans l'appareil spécial qu'on nomme le carburateur). Quand il a terminé ce premier voyage, il en accomplit immédiatement un autre en sens inverse, c'est-à-dire qu'il effectue la course de retour : cela sert à la compression du mélange, compression utile, comme nous l'avons expliqué. Puis, quand il va être sur le moment de reprendre une troisième course en sens inverse de la dernière, l'inflammation se produit, et presque toujours maintenant grâce à une étincelle électrique. C'est la phase, le « temps » de l'explosion, le temps actif, celui où le piston subit réellement une action qui contribue à fournir de la force motrice ; dans les autres temps, il continue de se déplacer en raison de la vitesse acquise. Après ce temps moteur, ainsi qu'on dit aussi, il va revenir en arrière, ce piston ; et ce quatrième voyage ou temps va servir à chasser hors du cylindre les produits résultant de l'inflammation. Les choses seront donc remises en état pour une série nouvelle et semblable de phases, semblables elles-mêmes à celles que nous venons de suivre.

Bien entendu, pour assurer l'arrivée du mélange explosif, son inflammation, l'expulsion des gaz brûlés résultant de l'explosion, et tout le reste, il faut toute une série de dispositifs mécaniques : ils n'ont pu se perfectionner que peu à peu, et permettent maintenant le fonctionnement régulier de ces innombrables moteurs à pétrole qui assurent le déplacement de nos voitures automobiles, des aéroplanes, des ballons dirigeables, et que nous retrouverons quand nous parlerons de ces inventions.

Bien qu'il paraisse bien plus commode de se servir du gaz d'éclairage amené par une conduite, que de recourir à un carburateur préparant les vapeurs d'essence, en réalité le moteur tonnant ou explosif (pour employer ses deux noms) n'a pas eu un très grand succès, particulièrement en France, tant qu'on n'a songé à l'alimenter qu'au gaz d'éclairage. En Allemagne pourtant l'usage s'en est considérablement vulgarisé il y a bien des années. C'est que, le plus ordinairement, le gaz d'éclairage coûtait cher par lui-même, et qu'on avait alors avantage à se servir du moteur à vapeur, qui est pourtant moins perfectionné, a un fonctionnement moins parfait que le moteur tonnant. C'est qu'aussi, pendant longtemps, les moteurs tonnants consommaient beaucoup de gaz pour donner cette unité de puissance qu'on appelle le cheval-vapeur. Au temps de Hugon, par exemple, on brûlait jusqu'à 3000 litres de gaz d'éclairage pour obtenir ce cheval-vapeur. Grâce à Lenoir, à Otto, à Beau de Rochas la consommation s'est vite abaissée à un millier de litres, ce qui était pourtant encore coûteux.

Aujourd'hui on réalise une précieuse économie en alimentant les moteurs à gaz à l'aide de ces gaz pauvres, gaz à l'eau, etc., dont nous avons prononcé le nom ; et aussi à des gaz qu'on laissait jadis se perdre dans l'atmosphère en infectant du reste cette atmosphère : gaz produits dans les hauts fourneaux pendant la fabrication de la fonte avec le minerai ; gaz sortant des fours où l'on prépare avec la houille ces cokes que les métallurgistes utilisent précisément dans les hauts fourneaux, pour cette industrie de la fonte.

Et ce qui est venu surtout permettre la multiplication des moteurs tonnants, si commodes de conduites, si précieux pour les petites installations, qui tiennent si peu de place et pèsent si peu, c'est la réalisation du moteur à pétrole, où la production d'un cheval-vapeur coûte étonnamment moins cher qu'avec le gaz d'éclairage, et où l'on n'a pas besoin de se relier à une canalisation amenant le gaz destiné à fournir le mélange explosif. L'usine à gaz, si l'on nous permet l'expression, c'est tout simplement ce carburateur dont nous avons parlé déjà ; il est aussi peu encombrant que possible, et l'essence qui s'y transforme en vapeurs ou en gaz, se trouve enfermée dans un réservoir qui tient peu de place lui-même.

C'est ainsi qu'on a pu installer à bord de véhicules, de voitures circulant sur les routes, sur des bateaux de faibles dimensions, sur les aéroplanes, dans les nacelles de ballons dirigeables, des moteurs de grande puissance.

Fig. 75. — Moteur d'auto de Dion.

Nous pourrions faire comprendre tout de suite la légèreté qu'assure le moteur à pétrole, en disant que les moteurs à vapeur les plus légers que l'on construise, pèsent toujours au moins une trentaine de kilogrammes pour une puissance d'un cheval vapeur ; or, avec le moteur à pétrole, on est arrivé rapidement à un poids déjà extrêmement réduit de 6 kilogrammes par cheval ; et depuis qu'on s'est occupé de navigation aérienne, on a atteint et dépassé une légèreté de 2 kilogrammes et moins pour cette même puissance d'un cheval !

Nous ne pouvons du reste songer à passer en revue les types innombrables de moteurs à pétrole qui se fabriquent ; et au point de vue de leur fonctionnement général, nous en avons assez dit pour le faire comprendre, étant donné qu'il est on peut dire identique à celui des moteurs à gaz.

Nous venons de faire allusion à l'automobile et au rôle primordial qu'y tient le moteur tonnant dit à pétrole. En fait, il ne suffisait pas uniquement de réaliser ce moteur léger pour arriver à mettre en circulation sur les routes des voitures mécaniques, faisant oublier les voitures à chevaux, et arrivant aux vitesses vertigineuses qu'on pratique maintenant. Et la preuve en est qu'on avait jadis en vain essayé de faire de l'automobilisme au moyen de la vapeur, de créer une voiture à vapeur susceptible de faire concurrence aux véhicules à traction animale dont nous nous servons depuis si longtemps. Nous avons signalé plus haut les efforts si intéressants de Cugnot et de bien d'autres. Sans doute ces essais avaient donné des résultats ; et certainement on serait parvenu à alléger suffisamment le moteur à vapeur pour l'installer, avec une chaudière réduite à sa simple expression, à bord d'une voiture. Témoin la voiture du système Serpollet, dont nous avons parlé également ; témoins tous les camions à vapeur qui ont été combinés et ont fonctionné ou fonctionnent encore à l'heure présente.

Mais on s'était découragé avec raison de chercher la voiture mécanique sur routes; parce que, avec les roues comme on les avait, les bandages en fer dont était ceintes ces roues, il était impossible de circuler à vive allure sur les routes de terre. On arrivait à imposer à la voiture, à sa construction, et aussi au moteur en même temps qu'aux personnes prenant place dans le véhicule, des secousses intolérables, ou mettant rapidement tout le mécanisme, et même la charpente de la voiture, hors de service.

Fig. 76. — Une des premières automobiles.

Heureusement a-t-on inventé le bandage en caoutchouc, qui commençait à donner une meilleure suspension, et surtout on a imaginé ce bandage pneumatique que tout le monde connaît, et dont l'application a commencé par les bicyclettes, pour s'étendre rapidement aux voitures mécaniques en faisant leur fortune ; et aussi aux voitures traînées par des chevaux, dans lesquelles on a voulu trouver le même confortable de roulement que dans les véhicules à moteur. On a eu des difficultés à adapter ce bandage pneumatique aux voitures lourdement chargées, omnibus ou camions, et l'on a dû chercher une solution un peu différente. Mais c'est bien ce bandage élastique qui a permis la réalisation de l'automobilisme, et toutes conséquences précieuses qu'il donne pour la circulation sur les routes de terre.

Nous rappelons que ce bandage pneumatique comprend, d'une part, la chambre à air où se trouve de l'air comprimé, enfermé sous une certaine pression ; puis une enveloppe protectrice elle-même en caoutchouc et en toile, qui évite à la chambre à air des contacts trop violents et l'usure due au frottement sur la route. Deux noms sont intimement associés à l'invention de ce bandage curieux, Dunlop et Michelin, l'un Français et l'autre Anglais. Grâce à ce matelas d'air, qui est enfermé, comme nous le disions, à l'intérieur du gros boudin que forme le bandage sous la roue, la voiture roule et appuie sur de l'air ; il en résulte une élasticité incomparable. Quand la roue rencontre un obstacle, c'est-à-dire une dénivellation du sol, un caillou, le bandage se moule sur cet obstacle, sans que la roue se soulève, sans que par suite le véhicule monte ou saute. De la sorte la voie de terre, la route parvient à offrir au déplacement de la voiture une surface qui est presque aussi unie que celle du rail ; du moins si l'on considère les secousses violentes et les vibrations qui sont susceptibles de se transmettre au véhicule et à ce ou à ceux qu'il porte.

Fig. 77. — Un des derniers types d'autos de course.

Empressons-nous de dire que cela ne fera point sans doute jamais que la voiture automobile circulant sur les routes soit capable de remplacer le chemin de fer, avec les convois qui y roulent. On s'était figuré cela à un moment ; mais on s'est par la suite aperçu que la voiture automobile ne pouvait pas rendre les mêmes services, ni surtout aussi économiquement que le train composé d'un nombre formidable de voitures, et portant dans son ensemble un poids énorme de marchandises, offrant à des centaines de voyageurs un confortable qu'on ne peut songer à trouver dans la plus luxueuse des automobiles.

Sans insister, disons seulement que cette puissance motrice de 100 chevaux-vapeur qu'on utilise couramment dans une voiture automobile de course, sans doute pour donner des vitesses vertigineuses, mais uniquement pour assurer le déplacement de deux ou trois personnes tout au plus, elle suffirait à la marche de tout un train à une allure lente évidemment, mais d'un train portant 200 voyageurs ou des centaines de tonnes de marchandises. Les grosses locomotives ordinaires qui traînent à toute vitesse, à quelque 70 kilomètres à l'heure, un train portant 300 voyageurs, n'ont pas une puissance de plus de 1 200 chevaux. Et, dans ces convois, les voyageurs auront à leur disposition un cabinet de toilette aussi bien qu'une salle à manger.

En réalité l'automobile sur routes, et la locomotive et le train sur la voie ferrée ont des rôles différents à jouer; rôles aussi précieux l'un que l'autre. Et c'est justement ce qu'il y a d'admirable dans le développement de l'automobilisme sur les routes, c'est qu'il est venu nous donner la rapidité du déplacement, là ou nous étions forcés de nous contenter des lenteurs de la voiture ordinaire.

Et ce qui est particulièrement merveilleux, c'est de jeter un regard en arrière, et de constater avec quel succès les inventeurs spécialistes, les ingénieurs sont parvenus à perfectionner la voiture automobile, une fois que les premières applications ont été faites du moteur tonnant et du bandage pneumatique. Ceux qui ont contribué le plus puissamment à ces progrès si subits et si merveilleux de la voiture mécanique, sont surtout Daimler, le constructeur allemand, et P. Levassor, le constructeur français, qui a commencé par introduire en France le moteur tonnant appliqué par Daimler à une voiture circulant sur les routes, et qui a eu bien vite fait de perfectionner le véhicule ainsi constitué. Ce furent précisément les voitures Levassor, ou plus exactement Panhard-Levassor (puisque ces deux noms se trouvaient associés dans la principale des maisons d'automobiles de France), qui accomplirent les premiers exploits qui aient été accomplis dans le monde entier au moyen d'un véhicule mécanique circulant sur une route. C'était en 1894, au moment du premier concours d'automobilisme organisé par un des grands journaux de France; on était encore à une époque où l'automobilisme était on peut dire inconnu dans tous les autres pays. Et alors que cette voiture mécanique était de création si récente, on en vit une tenir une vitesse

Fig. 78. — Une auto à vapeur.

moyenne de 29 kilomètres à l'heure sur une distance, considérable pour l'époque, de 140 kilomètres. L'année suivante, un tour de force à peu près équivalent fut exécuté sur une distance autrement énorme de 1 200 kilomètres ; ce qui montrait que déjà cette voiture mécanique était un instrument dans lequel on pouvait avoir confiance.

D'année en année on a vu la vitesse moyenne que les automobiles étaient susceptibles de tenir, augmenter continuellement ; cela naturellement grâce aux efforts d'une série d'inventeurs, de constructeurs ; la France restait toujours à la tête du mouvement ; et encore à l'heure présente l'automobilisme et la construction automobile y tiennent une place extraordinaire. Nous ne pouvons rappeler les noms de tous ceux qui se sont consacrés à cette industrie nouvelle, comme les Renault ou les Diétrich et bien d'autres.

On est arrivé à faire du 40 kilomètres à l'heure sur route, comme on dit dans le langage technique ; puis sans difficulté on est parvenu à une allure de 50, de 70 kilomètres à l'heure ; et toujours sur des parcours ou des voyages représentant des centaines et des centaines de kilomètres ; ce qui suppose que la machine fonctionne avec sûreté et régularité. Enfin on trouve maintenant normal qu'une voiture mécanique, voiture de course s'entend, dotée d'un puissant moteur et de tous les perfectionnements possibles, aussi légère qu'on saurait le désirer, tienne une allure de 90, 100, 110, 120 kilomètres pendant un parcours énorme comme ceux qu'on choisit pour les courses.

Nous devons ajouter que, quand il s'agit seulement d'un petit parcours qu'on désire simplement accomplir au maximum réalisable de vitesse, précisément afin d'éprouver tout ce qu'on peut attendre de la voiture automobile, on est parvenu à faire plus de 200 kilomètres à l'heure. Autant par conséquent qu'un train circulant sur cette surface de roulement idéal qu'est le rail, dans des essais où l'on a demandé à la locomotive de donner tout ce qu'elle est susceptible de donner. Il ne faut pas du reste perdre de vue ce que nous avons dit à propos de la puissance énorme que réclame une voiture automobile, pour circuler à d'aussi fantastiques allures.

On sait l'usage qu'on fait maintenant de la voiture automobile ; on la voit sillonner tous les pays, parcourir les routes en supprimant presque la distance. Dans les villes elle est venue rendre des services précieux sous la forme des fiacres automobiles, grâce auxquels on franchit rapidement les distances considérables qui s'imposent à nous pour les affaires de la vie quotidienne. Ce qu'il y a de bien remarquable, comme chaque fois qu'on a amélioré les instruments dont nous nous servons en tirant parti de la machine, c'est que, grâce au mécanisme utilisé dans le fiacre automobile, grâce à la machine, le conducteur, ce qu'on appelait jadis le cocher et qu'on nomme maintenant le chauffeur, peut être payé bien plus cher que celui qui conduisait un cheval ; et cela en se donnant beaucoup moins de peine, sûr qu'il est de l'obéissance de l'esclave mécanique qu'il dirige. C'est que la voiture, grâce à la vitesse qu'elle donne, est à même de transporter bien plus de gens dans une journée, et d'assurer par conséquent une recette bien plus élevée.

On s'est mis aussi, et fort à propos, à appliquer l'automobilisme aux omnibus qui transportent simultanément d'un point à un autre, suivant un parcours régulier, toute une série de voyageurs ne payant chacun qu'un prix très modeste. Nous n'en sommes plus heureusement ainsi à la lenteur proverbiale des omnibus traînés par des chevaux, qui étaient seuls, il n'y a pas encore bien longues années, à faire ce service dans les rues de Paris par exemple. Grâce à cette forme de l'automobilisme, les gens ne possédant que des ressources bien modestes peuvent (comme ils le font au moyen des chemins de fer métropolitains électriques) être transportés rapidement, et pour quelques sous, jusqu'au point où les appellent leurs occupations ; le soir ils rentrent sans fatigue à leur domicile et trouvent bien plus vite leur gîte et le repos.

On a mis également en circulation dans les campagnes des sortes de diligences mécaniques, des omnibus automobiles, qui assurent des communications rapides et bon marché là où il n'était pas possible d'établir des voies ferrées, parce qu'elles auraient coûté trop cher pour les voyageurs ou les marchandises qu'elles auraient trouvé à transporter.

De jour en jour on voit aussi se multiplier les camions et les voitures de livraison automobiles, tous les transports se faisant beaucoup plus vite : ce qui est déjà une économie considérable, car on économise sur le temps comme sur l'argent.

Nous pourrions ajouter que le moteur tonnant léger et peu encombrant, commence d'être utilisé même sur les voies ferrées : on en dote des wagons dits automobiles, qui peuvent circuler en formant comme un petit train là ou il n'y aurait pas assez de trafic pour de véritables trains tirés par une locomotive. Le moteur automobile (c'est le nom sous lequel on désigne maintenant couramment le moteur tonnant à pétrole) s'introduit de plus en plus à la campagne, pour les travaux des champs, et aussi pour les travaux divers qu'on doit exécuter dans la ferme même pour le battage du blé, à la laiterie pour baratter le beurre. On le monte sur des charrues, des faucheuses, ou tout au moins on construit des tracteurs automobiles, qui sont comme des chevaux mécaniques, et qu'on attelle devant la charrue, la faucheuse, la moissonneuse ; ils tirent ces instruments et leur font accomplir leur besogne agricole. Et de la sorte les travaux se font vite et à bon marché, au grand avantage de tout le monde.

En navigation aussi le moteur à pétrole ou automobile rend les plus grands services. C'est lui dont on dote généralement les sous-marins (dont nous reparlerons), et voici qu'on l'installe de plus en plus à bord des petits bateaux de pêche. Il ne fallait guère songer à y installer le moteur à vapeur, qui est si précieux quand il s'agit de bateaux d'une certaine taille. Mais le moteur tonnant ne tient pas grand'place, il ne réclame pas de chauffeur, il peut être conduit par n'importe qui presque. Et grâce à lui le petit patron pêcheur et son équipage sont en sécurité, puisqu'ils ne sont plus soumis aux caprices et aux violences du vent; ils font meilleure pêche, parce qu'ils peuvent se rendre vite là ou le poisson est signalé ; ce poisson ils le rapportent ensuite bien vite au port, grâce au moteur qui actionne l'hélice du bateau. Et ce poisson en excellent état de conservation, et qui va fournir une nourriture saine, abondante, à bon marché, à tant de gens peu fortunés, les pêcheurs en tireront néanmoins un bon prix, parce qu'il sera toujours frais, et qu'ils le pêcheront en grande quantité.

On le voit, on n'exagère pas en disant que l'automobilisme est venu révolutionner la face du monde en rendant la vie moins pénible à chacun.

VI

LES AEROSTATS ET LES AÉROPLANES

Les frères Montgolfier inventent les ballons à feu. — Le physicien Charles. — Première montgolfière portant des voyageurs. — Première ascension d'un ballon à gaz hydrogène portant des voyageurs. — Les aérostats employés dans les guerres de la République. — Les ballons du siège de Paris en 1870-1871. — Voyages aériens entrepris dans l'intérêt des sciences. — Théorie de l'ascension des aérostats. — La nacelle, la soupape, le lest. — Le parachute. — Les ballons captifs. — Les recherches pour la direction des aérostats. Meusnier, Giffard, Dupuy de Lôme, les Tissandier, Renard et Krebs. — Le moteur automobile ; Santos-Dumont ; les dirigeables modernes. — L'aviation et les aéroplanes. — Langley ; Ader. — Les glissades dans l'air ; Lilienthal. — Les aéroplanes modernes ; les Wright ; Santos-Dumont ; Farman ; Blériot. — Les voyages aériens.

Les frères Étienne et Joseph Montgolfier, fabricants de papier d'Annonay (Ardèche), sont les inventeurs des premiers ballons, qui furent en conséquence appelés *montgolfières*. Considérant que tout gaz plus léger que l'air doit s'élever dans l'atmosphère, ils obtinrent un gaz très léger en chauffant un volume d'air contenu dans une enveloppe de papier et de toile.

Le 4 juin 1783, une foule immense se pressait sur une des places d'Annonay. La machine aérostatique, faite de toile d'emballage et doublée de papier, portait à sa partie inférieure un réchaud, sur lequel on brûla de la paille et de la laine, pour produire le gonflement du ballon, au moyen de l'air chaud. Les acclamations des spectateurs saluèrent la machine, qui s'éleva en dix minutes à 500 mètres de hauteur.

Les membres des États du Vivarais, qui assistaient à cette belle expérience, en adressèrent le procès-verbal à l'Académie des sciences de Paris, qui manda aussitôt Étienne Montgolfier dans la capitale, et décida que l'expérience serait répétée à ses frais.

Mais tout Paris était impatient de jouir de ce spectacle nouveau. On ouvrit une souscription publique, qui produisit 10 000 francs en quelques jours. Et Charles, professeur de physique d'un grand renom, se chargea, sans connaître le procédé exact de Montgolfier, de présider à la confection d'un ballon, qui fut exécuté dans les ateliers des frères Robert, constructeurs d'appareils de physique. Sachant que le gaz employé était « moitié moins pesant que l'air ordinaire », Charles résolut d'emplir son ballon avec le gaz hydrogène, corps qui n'était connu que depuis quelques années dans les laboratoires de chimie. Le 27 août 1783, un ballon à gaz hydrogène fut lancé au milieu du jardin des Tuileries par Charles, aidé de Robert. Le globe parvint, en moins de deux minutes, à mille mètres de hauteur. Les applaudissements et les cris d'enthousiasme de trois cent mille spectateurs saluèrent l'ascension du premier aérostat à gaz hydrogène (fig. 79).

Fig. 79. — Ballon de Pilâtre de Rozier et du marquis d'Arlandes. (D'après une gravure du temps.)

Pour répondre au désir qu'avait manifesté l'Académie des sciences, Étienne Montgolfier se rendit bientôt à Paris. Le 19 septembre 1783, il répéta à Versailles, en présence du roi (fig. 70), l'expérience du ballon à feu, telle qu'il l'avait faite à Annonay. On avait enfermé dans une cage d'osier, suspendue à la partie inférieure du ballon, un mouton, un coq et un canard. Ces premiers navigateurs aériens, après s'être élevés à une grande hauteur, touchèrent la terre sans accident.

Le succès de cette belle expérience encouragea Étienne Montgolfier à faire construire un ballon propre à recevoir des hommes. Il disposa donc, autour de la partie extérieure de l'orifice du ballon, une galerie circulaire, faite en osier, recouverte de toile, formant une sorte de balustrade, destinée à donner place aux aéronautes. Un jeune physicien,

Pilâtre de Rozier, et un officier, le marquis d'Arlandes, osèrent s'aventurer sur ce dangereux esquif, le 31 octobre 1783. Partis du château de la Muette, au bois de Boulogne, ils furent reçus à leur descente, en véritables triomphateurs.

La brillante expérience de Pilâtre de Rozier fut bientôt répétée avec un ballon de gaz hydrogène, qui présentait beaucoup plus de sécurité. Le 1er décembre 1783, au milieu d'une foule immense, Charles et Robert partirent du jardin des Tuileries, et descendirent, deux heures après, à neuf lieues de Paris, dans la prairie de Nesles.

Fig. 80. — Expérience du 27 août 1783. (D'après une gravure du temps.)

L'expérience que nous venons de rapporter a marqué une grande date dans l'histoire de la navigation aérienne. Au reste à cette occasion Charles créa tous les appareils principaux qui sont depuis mis en usage dans les voyages aériens, en dehors des moyens propulsifs : la soupape, pour faire descendre l'aérostat, en donnant issue au gaz, — la nacelle, qui reçoit l'aéronaute, — le lest, pour modérer la vitesse de la descente, — l'enduit de caoutchouc appliqué sur le ballon de soie, pour s'opposer à la déperdition du gaz hydrogène, — enfin, l'usage du baromètre, qui indique, par les variations de hauteur de la colonne de mercure, si le ballon monte ou descend dans l'atmosphère, et la hauteur à laquelle on se trouve.

Toutes ces expériences avaient eu partout un retentissement immense. Et partout on s'empressa de s'élancer sur la route nouvelle ouverte au sein des airs. Les ascensions se multiplièrent sans que nous puissions les conter toutes. C'est ainsi qu'un ballon à hydrogène fut lancé d'Angleterre, le 22 février 1784, et que, parti de Sandwich, dans le comté de Kent, il alla descendre à Lille, en franchissant le Pas-de-Calais, sans aéronaute, il est vrai. Les ballons tournaient la tête à tout le monde. Blanchard, aéronaute français, après avoir fait plusieurs brillantes ascensions, conçut un projet d'une audace incroyable : passer en ballon de Douvres à Calais.

Le 7 janvier 1785, Blanchard s'éleva en effet de Douvres avec un Irlandais, le docteur Jeffries, dans un ballon à hydrogène. Ils faillirent plusieurs fois tomber à l'eau, devant jeter provisions de bouche, agrès, vêtements. Enfin, ils atteignirent la côte et descendirent aux portes de Calais, où l'on fit aux intrépides voyageurs une réception splendide. Bien des accidents se produisirent avec ce nouveau moyen de locomotion, comme celui de Pilâtre de Rozier, qui périt le 5 juin 1785, en voulant imiter la tentative audacieuse de Blanchard, l'étoffe du ballon à gaz s'étant déchirée.

Les globes aérostatiques maintenus captifs au moyen de cordes, à une hauteur convenable dans l'atmosphère, pouvaient fournir des postes d'observation, pour découvrir les forces et les manœuvres des troupes ennemies. En 1794, on mit les aérostats au service des armées françaises. Le ballon du capitaine Coutelle rendit de véritables services à la bataille de Fleurus. On se servit encore des aérostats dans quelques autres campagnes de la République. Le ballon était toujours captif, grâce à deux cordes, retenues chacune par un groupe de soldats. Le commandant, placé dans la nacelle, transmettait ses ordres aux *aérostiers*, avec des drapeaux de différentes couleurs ; il pouvait observer et suivre les marches, les opérations et les forces de l'ennemi. On avait organisé deux compagnies d'*aérostiers*. A Mayence notamment, le ballon de Coutelle fut d'une grande utilité.

La carrière militaire des ballons ne fut donc pas de longue durée. Le premier consul, Bonaparte, n'accordait aucune confiance à l'emploi d'un tel moyen dans les armées, et licencia les deux compagnies d'aérostiers.

Ce qui n'empêche que bien plus tard, pendant le siège de Paris par les armées allemandes, en 1870-1871, les ballons servirent à entretenir quelques relations entre les départements et Paris assiégé. On organisa des départs de ballons, qu'on lançait quand le vent était favorable, et qui devaient emporter l'aérostat vers le Nord, le Sud ou l'Ouest. Montés par un homme déterminé, ces ballons s'en allaient un peu au hasard, tombant tantôt dans les lignes prussiennes, tantôt dans des localités sûres. d'autres fois, allant se perdre dans la mer. Les essais entrepris à Tours et à Rouen pour faire pénétrer dans Paris un aérostat monté restèrent sans résultat. Aucun ballon ne put atterrir à Paris. Mais des *pigeons voyageurs* étaient emportés par les ballons partant de Paris, et ces messagers rapportaient des dépêches à Paris. De plus un service de *poste aérienne* emporta 2 500 000 lettres, sous forme de dépêches microscopiques. M. Gaston Tissandier a attaché son nom à la campagne aérostatique de la Défense nationale ; parti de Paris en ballon, l'un des premiers, il organisa, à Tours et à Bordeaux, un service d'aérostats dans l'armée de la Loire. Depuis lors, et même sans attendre les dirigeables, on a créé pour ainsi dire dans tous les pays, des services d'aérostation militaire avec ballons captifs.

Fig. 81. — Expérience faite à Versailles, par Étienne Montgolfier, le 19 septembre 1783. (D'après une gravure du temps.)

Peu à peu les ascensions en ballon sphérique ordinaire se sont étrangement multipliées. Des accidents assez nombreux s'étaient d'abord produits, par suite des imprudences commises, et aussi de l'imperfection des appareils. Mais peu à peu on a rendu réellement très sûres les ascensions, en apprenant à tirer parti des courants aériens, de manière à effectuer des voyages de 1 900 kilomètres et plus.

Les ballons sphériques n'ont pas servi seulement aux amusements ou au sport. Dès 1803 on commença à les employer comme moyen d'observation scientifique. Le 18 juillet 1803, parvenus à une grande hauteur, Robertson et L'Hoest se livrèrent à diverses observations de physique. En France, Biot et Gay-Lussac exécutèrent, en 1804, une très belle ascension, qui donna lieu à diverses observations très importantes pour la science. Dans un second voyage, Gay-Lussac partit seul, et s'éleva jusqu'à 7 016 mètres au-dessus du niveau de la mer, où il trouva une température de — 9°. Barral et Bixio, Glaisher, et bien d'autres allèrent très haut étudier la météorologie et la physique du globe. Depuis lors on s'est élevé à des hauteurs encore plus considérables ; c'est ainsi que deux Allemands, Berson et Suring, sont parvenus à 10 500 mètres. Ils ont naturellement eu recours à pareille hauteur, où l'air est raréfié, à des inspirations d'oxygène, ce gaz étant toujours emporté dans des cylindres réservoirs spéciaux pour les ascensions à grande altitude.

Les *montgolfières* ont été rapidement abandonnées au profit des ballons à gaz. Pour les uns comme pour les autres, l'explication de l'élévation dans l'air est la même. Lorsqu'un corps est plongé dans l'air, il est soumis à l'action de deux forces opposées : d'une part la pesanteur, qui tend à l'abaisser, et d'autre part une poussée de l'air, en sens contraire, qui tend à le soulever. Cet effort de bas en haut est égal au poids de l'air déplacé par le corps. Si donc le corps plongeant dans l'air pèse moins que l'air qu'il déplace, c'est la poussée de celui-ci qui prédomine sur le poids du corps, et le corps prend un mouvement ascensionnel. La machine aérostatique des frères Montgolfier était remplie d'air chaud ; or, l'air chaud pesant moins que l'air froid (puisqu'il n'est que de l'air dilaté, qui, sous le même volume, contient moins de matière), il arrivait que l'air chaud du ballon, augmenté du poids de l'appareil, pesait moins que le même volume d'air extérieur : donc le ballon devait monter. Notons que l'air va en diminuant de densité à mesure qu'on s'élève : l'aérostat doit donc s'arrêter et demeurer en équilibre quand il rencontre une couche d'air telle que le volume qu'il en déplace pèse précisément autant que lui. Pour le ballon rempli de gaz hydrogène, qui déplace un égal volume d'air atmosphérique, comme le gaz hydrogène est beaucoup plus léger que l'air, il est poussé de bas en haut par une force égale à la différence qui existe entre la densité de l'air et celle du gaz hydrogène. Le ballon doit donc s'élever dans l'atmosphère jusqu'à ce qu'il rencontre des couches d'une densité précisément égale à celle de sa propre densité ; et, arrivé là, il doit rester en équilibre.

Dans la plupart des ascensions aérostatiques, on se contente de remplir le ballon avec du gaz d'éclairage, c'est-à-dire avec l'hydrogène bi-carboné, provenant de la décomposition de la houille, gaz qui est environ deux fois plus léger que l'air. Il suffit alors d'engager dans l'orifice inférieur du ballon un tuyau de conduite recevant de l'usine le gaz d'éclairage. Mais la trop faible différence qui existe entre la densité de l'air et celle du gaz d'éclairage oblige d'employer des ballons d'un volume considérable, quand on veut enlever des personnes ou des objets un peu lourds. Les dimensions des ballons peuvent être extrêmement réduites si on remplit le ballon avec du gaz hydrogène pur, dont la densité est quatorze fois inférieure à celle de l'air [1].

On prépare très facilement le gaz hydrogène destiné à remplir un aérostat, en faisant réagir, sur des fragments de zinc ou de fer, de l'eau et de l'acide sulfurique. On place ces substances dans plusieurs tonneaux qui communiquent par des tuyaux de conduite avec un tonneau central défoncé à sa partie inférieure et plongeant dans une cuve pleine d'eau. En même temps que le gaz hydrogène se produit, par la réaction de l'eau et de l'acide sulfurique sur le zinc ou le fer, il se forme du gaz acide sulfureux, ce même gaz irrespirable ou irritant qui provient de la combustion du soufre à l'air, et qui se produit quand on enflamme une allumette. Le gaz hydrogène, s'il est souillé d'acide sulfureux, se débarrasse de ce produit nuisible en traversant la cuve pleine d'eau, c'est-à-dire le tonneau central, où il se lave parfaitement : l'acide sulfureux demeure dissous dans l'eau. Le gaz ainsi purifié pénètre dans l'aérostat par un long tube en toile, fixé par un bout au tonneau central et par l'autre à la partie inférieure de l'aérostat. Le commandant Renard a combiné un dispositif très perfectionné pour la préparation de l'hydrogène, et notamment au moyen de l'électrolyse de l'eau sous le passage du courant électrique.

On ne remplit jamais un aérostat qu'aux trois quarts environ de sa capacité. En effet, à mesure que le ballon s'élèvera, il pénétrera dans des couches d'air de moins en moins denses, qui le presseront ainsi de moins en moins ; dès lors, le gaz intérieur se dilatant proportionnellement à la diminution de pression gonflera progressivement le ballon ; en sorte que, si celui-ci eût été entièrement rempli au moment du départ, la dilatation du gaz n'aurait pas manqué de faire éclater l'enveloppe.

La nacelle dans laquelle se place le voyageur aérien est suspendue au-dessous du ballon, et soutenue par un filet en corde, qui enveloppe le globe tout entier et pèse sur son sommet. Une soupape, moyen imaginé par le physicien Charles, ainsi que nous l'avons dit, s'adapte à la partie supérieure du ballon, et l'aéronaute peut la manœuvrer comme il le

1. La densité de l'air étant 1, la densité ou le poids spécifique du gaz hydrogène est de 0,06.

veut, à l'aide d'un longue corde. Quand il ouvre la soupape, une partie du gaz s'échappe. Comme ce gaz est aussitôt remplacé par le même volume d'air, le poids de l'appareil augmente, et le ballon peut ainsi descendre lentement et graduellement.

En partant, l'aéronaute a eu soin de placer dans sa nacelle des sacs pleins de sable. Si, lors de la descente, il veut éviter un obstacle en remontant un instant, il vide un de ces sacs, et, le ballon se trouvant allégé d'autant, sa force ascensionnelle augmente : il s'élève et peut conduire l'aéronaute dans un endroit plus favorable pour redescendre et y prendre terre. On conçoit encore que, par le même moyen, on puisse modérer et ralentir la chute d'un aérostat.

Nous devons mentionner le *parachute,* appareil imaginé à l'origine pour donner plus de sécurité à la descente aérostatique. Si, par une cause quelconque, le ballon n'offre plus les conditions de sécurité voulues, l'aéronaute, en se plaçant dans la nacelle du parachute, et coupant la corde qui attache ce parachute au ballon, peut s'abandonner à l'air, et arriver à terre sans accident. Hâtons-nous de dire que cet appareil n'a jamais été employé comme moyen de sauvetage dans un voyage aérien. Il n'a servi qu'aux aéronautes de profession, pour étonner le public par le saisissant spectacle d'un homme qui se précipite courageusement dans l'espace, du plus haut des airs. C'est une sorte de vaste parasol, qui a ordinairement 5 mètres de rayon, et qui est formé de trente-six fuseaux de taffetas cousus ensemble et réunis, au sommet, à une rondelle de bois. Plusieurs cordes partant de cette rondelle soutiennent la nacelle destinée à recevoir l'aéronaute. Au sommet du parachute se trouve pratiquée une ouverture, qui permet à l'air, comprimé par la rapidité de la descente, de s'échapper sans imprimer à l'appareil des secousses dangereuses. Le parachute modère la rapidité de la descente par la large surface qu'il présente à la résistance de l'air.

Jacques Garnerin, aéronaute français, osa le premier se précipiter du haut des airs avec un parachute. Le 22 octobre 1797, en présence d'une foule étonnée de son courage, Jacques Garnerin se précipita, protégé par cet appareil, d'une hauteur de 1 000 mètres. Ce spectacle a été depuis prodigué aux yeux des spectateurs par sa nièce, Elisa Garnerin, par Mme Blanchard, et plus tard, c'est-à-dire de 1840 à 1850, par Godard et Poitevin. Du reste la première idée du parachute appartient à un professeur de physique de Montpellier, Sébastien Lenormand, qui se jeta, le 26 novembre 1783, muni d'un énorme parasol, du haut de la tour de l'Observatoire de Montpellier.

A propos d'aérostation militaire, nous avons parlé de ballons maintenus captifs par des cordes. Le célèbre ingénieur Henri Giffard fit une application particulière du ballon captif pendant l'Exposition universelle de 1867, en offrant aux profanes les émotions d'une ascension sans danger. En 1878, à l'occasion de l'Exposition universelle, le même ballon captif revit le jour et reprit les airs.

Et d'abord il avait fallu donner au câble destiné à retenir la masse énorme de l'aérostat captif une résistance relativement prodigieuse. Il était en chanvre, mais d'une extraordinaire solidité ; il mesurait 0 m. 085

Fig. 82. — Emploi des aérostats aux armées ; le ballon du capitaine Coutelle.

de diamètre à sa partie supérieure : il n'avait plus que 0 m. 065 de diamètre à sa partie inférieure. Sa longueur était de 600 mètres.

L'étoffe du ballon était composée de sept tissus superposés et solidarisés de manière à former un tout homogène. Le filet se composait de 60 000 mailles, formées à l'aide de cordes passées les unes dans les autres. La nacelle, qui pesait 1 800 kilogrammes, pouvait contenir 50 personnes. C'était une sorte de tonneau évidé à son centre. Dans la galerie circulaire résultant de cet évidement se plaçaient les voyageurs : le câble passait dans l'espace vide.

Pour retenir une pareille masse attachée au sol, et pour combattre l'effet du vent, il fallait un effort mécanique prodigieux, et aussi pour le ramener à terre. Il y avait donc, dans la cour des Tuileries, deux machines à vapeur pour développer la puissance de retenue, et un treuil pour enrouler le câble. Ce treuil n'avait pas moins de 14 mètres de longueur, 1 m. 75 de hauteur et un poids de 42 000 kilogrammes. Il pouvait faire 30 tours à la minute. On avait creusé dans le sol une cavité circulaire, dans laquelle descendait la nacelle. Le câble partant du treuil venait aboutir à cette cavité par un grand tunnel souterrain, et passait sur une poulie de renvoi. Depuis lors on a vu des ballons captifs dans bien des circonstances.

Dès qu'on eut inventé les ballons, même à air chaud, on se demanda s'il ne serait pas possible de les diriger à son gré à travers les airs. Et les premiers aéronautes avaient songé, bien inutilement, à munir les ballons de rames et de gouvernails. Mais on n'obtenait rien, l'effort exercé par des rames n'étant rien par rapport à la vitesse du moindre vent, qui a toujours tendance à emporter le ballon avec lui. Il fallait trouver un moyen de donner à l'aérostat (qui deviendrait alors un aéronat, véritable bateau aérien) une vitesse très supérieure à celle du courant aérien où il se trouverait baigner.

Dès 1784, un officier de génie qui était alors le lieutenant, et qui devait devenir le général Meusnier, concevait la plupart des dispositifs qui allaient, plus d'un siècle seulement après, faire la fortune de la navigation aérienne au moyen des ballons dirigeables. Il avait trouvé les conditions qui assureraient non seulement la marche, mais encore la stabilité d'un ballon allongé, et non plus sphérique, se déplaçant au sein de la masse aérienne. Naturellement il ne pouvait disposer de moteur mécanique pour fournir la force motrice indispensable à la propulsion de l'*aéronat* ; et il estimait qu'on utiliserait pour cela la force musculaire d'hommes embarqués dans la nacelle de cet aéronat. Cette force aurait été employée à mettre en rotation une hélice ; c'était un appareil en somme analogue à celui qui a donné de si brillants résultats en matière de navigation ordinaire, dans l'eau, et aussi à celui qui est employé maintenant dans nos dirigeables modernes. De plus une des découvertes géniales de Meusnier avait été le *ballonnet à air*. On devait en placer plusieurs à l'intérieur du ballon gonflé de gaz ; et quand le gaz contenu dans l'enveloppe du ballon se dilaterait, on laisserait échapper une partie de l'air contenu dans les ballonnets, ce qui n'entraînerait pas de perte de gaz ; et ce qui pourtant donnerait toute la place voulue à cette dilatation. Si au contraire on voyait le gaz se contracter, on avait la possibilité d'envoyer mécaniquement de l'air dans les ballonnets. Et de la sorte l'enveloppe demeurait toujours aussi pleine dans son ensemble, et aussi rigide ; cette rigidité est une nécessité dans un ballon dirigeable ; il ne faut pas qu'il se plie, comme cela est arrivé à un des ballons de

M. Santos-Dumont, car cela empêche alors le navire aérien de pouvoir se diriger dans l'air. De plus l'envoi d'air comprimé dans les ballonnets alourdit forcément le ballon, puisque l'air est lourd, a un poids propre; et si l'on veut descendre, on n'a qu'à augmenter la quantité d'air dans les ballonnets; cela fait le même effet que si l'on laissait s'échapper du gaz.

Fig. 83. — Le ballon captif de Henri Giffard.

On obtient maintenant la rigidité d'un dirigeable parfois autrement que par des ballonnets à air : c'est ainsi que les célèbres aéronats imaginés par M. Zeppelin sont dotés d'une charpente intérieure rigide, faite de métal léger, enveloppée d'une enveloppe principale, sous laquelle se logent, à l'intérieur de la charpente, une série de ballons contenant le gaz susceptible de donner la force ascensionnelle à l'ensemble. Mais le dispositif conçu pour la première fois par Meusnier est employé dans la majorité des dirigeables.

En fait, c'est seulement en 1852 que l'homme de génie appelé Giffard réussit à construire et à faire marcher, à une faible vitesse il est vrai, un dirigeable où la puissance de propulsion était fournie par un moteur à vapeur, audacieusement installé en dessous de l'enveloppe pleine de gaz explosif. Il avait réussi à combiner un moteur à vapeur qui, tout compris, ne pesait pas beaucoup plus de 50 kilogrammes par cheval. Il avait installé en dessous du ballon allongé une sorte de grande poutre raidissant le tout; un gouvernail était disposé à l'arrière. Toutefois il fallait bien plus de vitesse que n'en donnait son moteur pour réaliser la navigation aérienne ; il fallait pouvoir décrire un circuit fermé, revenir à son point de départ.

Un second essai bien intéressant fut fait dans la même voie par Dupuy de Lôme ; son ballon fit une ascension en 1872, où il se montra très stable ; mais l'hélice mue à bras d'homme donnait trop peu de vitesse. Nous arrivons en 1883, et nous assistons à un progrès considérable réalisé, en cette matière de la direction des ballons, par les frères Tissandier, dont le nom est demeuré si justement célèbre en aérostation. Ils songent à recourir au moteur électrique, qui n'offre pas les dangers d'inflammation inhérents à un foyer chauffant une chaudière de machine à vapeur ; et ils installent dans la nacelle de leur dirigeable une batterie de piles au bichromate de potasse. Plus de filet, mais une housse enveloppant le ballon en fuseau, comme on le voit ; une hélice naturellement actionnée par le moteur électrique recevant son courant des piles.

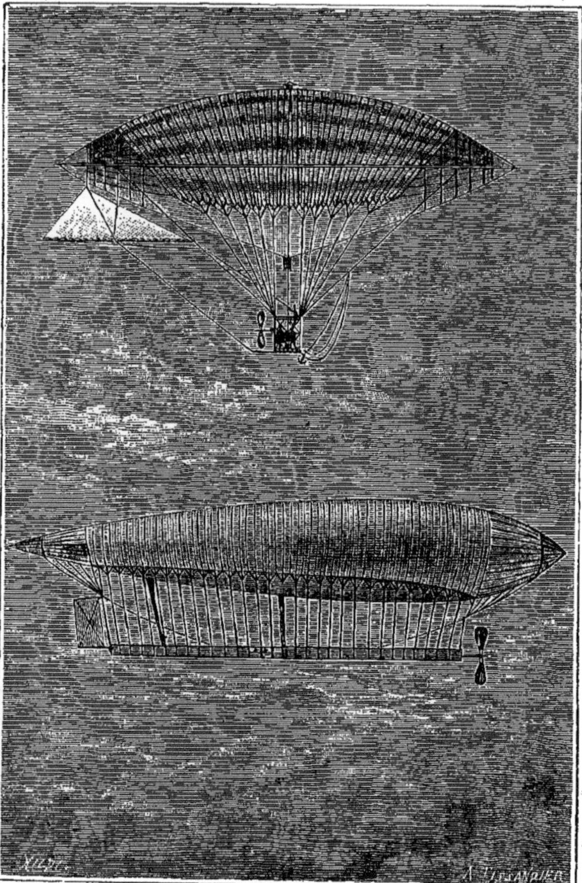

Fig. 84. — Aérostats dirigeables.

A. — L'aérostat électrique dirigeable de MM. Gaston et Albert Tissandier (longueur 28 mètres) 1883.

B. — L'aérostat électrique dirigeable des capitaines Renard et Krebs (longueur 52 mètres) 1884.

Le ballon Tissandier réussit notamment à faire une sortie de deux heures, tournant à gauche, à droite, mais n'ayant pas assez de vitesse pourtant pour remonter contre le vent.

C'était un premier succès tangible. L'année suivante, deux officiers de l'établissement d'aérostation militaire réinstallé à Meudon, le commandant Renard et le capitaine Krebs, se lançaient dans la même voie et construisaient un dirigeable qui allait, pour la plus grande partie de ses dispositifs, servir de modèle aux dirigeables que nous employons maintenant, et qui ont réellement résolu le problème de la navigation aérienne. C'était *la France* que s'appelait leur ballon, il n'avait pas moins de 51 mètres de long. On l'avait doté de deux gouvernails ; l'un pour aller à droite ou à gauche, l'autre, un gouvernail de profondeur, pour monter ou descendre sous l'action de l'hélice. La nacelle prenait une forme bien particulière inspirée pourtant des recherches de Giffard :

Fig. 85. — Lilienthal s'essayant à voler.

faite d'un treillis de bambou, elle rappelait les formes allongées et minces d'un bateau de course ; elle constituait une poutre à jour de plus de 30 mètres de longueur. On retrouvait dans *la France* le moteur électrique ; mais le courant était fourni par des piles de l'invention même du commandant Renard, et qui étaient bien plus légères que celles des frères Tissandier. De la sorte, on pouvait doter *la France* d'une puissance relativement très élevée. Le moteur commandait une hélice de fort diamètre qui se trouvait à l'avant, et non plus à l'arrière de la nacelle, et tirait le ballon au lieu de le pousser.

La vitesse obtenue était très grande par rapport à ce qu'on avait réalisé auparavant ; et c'est ainsi que le ballon en question put effectuer des parcours en circuit fermé, venir par exemple faire un vrai voyage au-dessus de Paris, et rentrer ensuite dans son hangar. La navigation aérienne était réalisée pour la première fois. Mais il fallut encore bien des années (puisqu'on était en 1884) pour rendre pratique cet emploi d'un ballon dirigeable. Aussi bien la vitesse donnée par le moteur ne pouvait suffire que par temps calme, et l'on n'aurait su trouver mieux avec le moteur électrique et les piles ou accumulateurs électriques.

Fig. 86. — *L'Avion* d'Ader.

Comme nous l'avons dit plus haut, c'est au moteur automobile que l'on doit la réalisation du ballon dirigeable marchant à une allure très supérieure. Il était du reste nécessaire que le moteur utilisé fût sensiblement autre que celui qu'on montait sur les voitures. Et c'est pour cela

Fig. 87. — Le *Zeppelin*.

qu'un homme généreux, M. Deutsch, fonda un prix pour encourager les perfectionnements du moteur à pétrole appliqué aux ballons, et aussi les améliorations générales du dirigeable. Un de ceux qui ont fait le plus dans cette voie fut M. Santos-Dumont, que nous allons retrouver aussi dans le domaine de l'aviation. Le premier, avec un petit aérostat entièrement combiné par lui, il réussit à diriger exactement la marche d'un navire aérien : puisque, partant de Saint-Cloud, il vint exactement faire le tour de la tour Eiffel, et rentra ensuite à son garage. M. Santos-Dumont a constamment joué avec sa vie, mais il a été plus heureux que beaucoup d'autres, qui ont péri dans des essais d'aérostation à l'aide de dirigeables.

Les progrès s'accentuèrent, et l'on vit, en 1902, MM. Lebaudy faire construire un grand dirigeable de près de 60 mètres de long par les soins de M. Julliot, aidé de M. Surcouf. Extrêmement allongé, présen-

Fig. 88. — Départ d'un dirigeable.

tant par en dessous une surface plane qui s'appuie sur un cadre, complété d'ailleurs par une poutre, ce type de dirigeable a montré tout de suite des qualités exceptionnelles. Naturellement il a été doté d'un moteur à pétrole, tout comme le ballon primitif de M. Santos-Dumont, et comme tous ceux que l'on construit maintenant.

Une série de dirigeables ont été lancés depuis lors ; comme par exemple le *Patrie*, où l'on a muni l'arrière de surfaces planes empêchant les oscillations de l'aéronat dans l'air. Cela a été ensuite le *République*, puis la *Ville de Paris*, le *Bayard Clément*, qui diffèrent quelque peu des précédents par les sortes de petits ballonnets allongés dont ils sont dotés à l'arrière, et qui remplacent les surfaces planes dont nous venons de parler.

Il y en a aujourd'hui bien d'autres que nous ne pouvons même mentionner. Assurément des accidents se sont produits avec les dirigeables les plus récemment construits ; tout simplement parce que cette invention est encore bien nouvelle et qu'on ne peut pas espérer qu'elle soit parvenue à la perfection absolue. Néanmoins la navigation aérienne est chose maintenant simple. En dehors de la France, on s'est mis à construire également bon nombre de dirigeables. Le plus grand nombre sont établis sur les principes qui ont été mis en lumière par les inventeurs et

Fig. 89. — Le *Wright* au lancement.

ingénieurs français. Cependant nous devons signaler d'un mot ces aérostats Zeppelin que nous avons déjà mentionnés, et qui sont particulièrement appréciés en Allemagne. Ce type d'aérostat est énorme, il a quelque 130 mètres de long ; il a la forme d'un cylindre terminé à chaque bout par un cône. Cet immense cigare est rigide grâce à sa carcasse ou charpente en aluminium, et il se trouve partagé par des cloisons en 17 compartiments contenant chacun un ballon gonflé de gaz. Il faut bien reconnaître que les ballons Zeppelin ont fait des voyages de longueur considérable.

Des perfectionnements ne sont plus guère nécessaires en la matière qu'au point de vue de l'augmentation de la puissance du moteur, donnant au ballon une rapidité de déplacement encore plus élevée.

L'invention de ce qu'on appelle maintenant l'aviation, c'est-à-dire le déplacement de l'homme au milieu de l'air à l'aide d'un appareil « plus lourd que cet air », et non susceptible de s'élever par la seule légèreté

Fig. 90. — Santos-Dumont dans ses essais.

d'un gaz, est toute récente ; mais il faut noter que les progrès se sont faits avec une rapidité surprenante. Disons tout de suite qu'on nomme cela aviation, ce qui supposerait que l'on imiterait les oiseaux ; mais il en est bien différemment, en ce sens qu'on ne bat point des ailes, et que toutes les tentatives faites jusqu'ici pour mouvoir des ailes mécaniques et se soulever, se déplacer à l'instar des oiseaux, ont piteusement échoué. Ce que l'on fait, c'est imiter quelque peu l'effet produit par le cerf-volant. Et c'est pour cela qu'il est si juste d'appeler aéroplanes les appareils que l'on utilise, puisqu'ils permettent de prendre appui sur l'air au moyen de vastes plans dont ils sont munis.

Pour peu qu'on ait vu ou fait voler un cerf-volant, on a bien compris que s'il se soutient en l'air, c'est qu'il prend appui sur l'air. Ordinairement l'air se déplace sous lui, parce qu'il fait du vent, ce qui signifie de l'air en mouvement ; mais si le vent vient à manquer ou à faiblir, on a une ressource connue pour assurer la sustentation du cerf-volant malgré tout : on n'a qu'à courir en tirant sur la corde de retenue. Le cerf-volant est alors poussé en avant tout comme s'il était doté d'un moteur et d'un appareil de propulsion, mettons d'une hélice. Et il glisse et prend si bien appui sur l'air, qu'il se soutient là-haut au lieu de tomber. Mais, pour faire un véritable appareil d'aviation, il était indispensable qu'il fût indépendant et non point qu'on eût à le tirer avec un câble, quand bien même ce câble aurait été tiré lui-même par une automobile roulant sur le sol.

Fig. 91. — Un voyage en aéroplane.

Par conséquent il fallait un moteur et un appareil propulsif ; il était indispensable que l'appareil fût bien équilibré, car on allait lui confier l'existence de l'aviateur ; il fallait aussi que ce dernier eût la possibilité de diriger la machine qui le soulèverait en l'air ; et cela de manière à monter ou à descendre, à tourner à gauche ou à droite, à revenir en arrière. Il y avait donc une foule d'études à faire, de dispositifs à inventer ; on devait apprendre ce que font certains oiseaux lorsqu'ils planent, savoir les inclinaisons diverses qu'il y a à donner à la machine ou à telle ou telle de ses parties, pour obtenir les effets poursuivis.

Il y a bien longtemps du reste que des hommes de génie avaient pressenti ou constaté que l'hélice pourrait permettre de faire avancer un appareil planant au milieu de l'air, tout comme l'hélice des bateaux qui se visse dans l'eau ; et le commandant Renard en particulier avait annoncé positivement que l'aviation deviendrait une possibilité, du moment où l'on aurait un moteur suffisamment léger actionnant une hélice bien établie. Ce qui est bien curieux, c'est qu'un Anglais, au commencement du XIXe siècle, Sir George Cayley, avait prévu tous les organes indispensables à un aéroplane. D'autre part, vers 1856, un marin français, Le Bris, avait réussi à se faire enlever par une sorte d'appareil de planement ressemblant considérablement au cerf-volant dont nous avons parlé tout à l'heure, et que traînait un véhicule roulant sur une route. Nadar, Ponton d'Amécourt s'étaient occupés de la question, et le second avait construit un appareil, de petites dimensions il est vrai, et ne portant aucun passager, qui s'était élevé et soutenu dans l'air un certain temps, mais en volant ou mieux en glissant dans l'air en ligne droite. Il nous faudrait citer aussi, parmi ceux qui ont apporté leur contribution à la solution de ce problème que l'humanité poursuivait depuis si longtemps, Pénaud, Tatin, et surtout Langley, un Américain, qui fit glisser dans l'air sur une distance de 1 kilomètre et demi une sorte d'aéroplane muni d'un petit moteur, à vapeur du reste. Sir Hiram Maxim, un Anglais, construisit une machine analogue des plus intéressantes, et enfin le célèbre Français Ader fit voler son *avion*, pour lequel il n'avait pourtant pas la ressource des moteurs modernes.

Fig. 92. — Le *Bayard-Clément* au-dessus de Paris.

D'autre part une foule de gens s'essayaient à faire leur apprentissage d'oiseau, comme on l'a dit pittoresquement, c'est-à-dire qu'ils se lançaient dans l'air en y faisant des glissades à l'aide d'aéroplanes sans moteur ni propulseur ; ils montaient pour cela au sommet d'une éminence, d'une tour et se jetaient bravement dans le vide, de manière à ne regagner la terre que peu à peu, suivant une pente, en glissant sur un matelas incliné d'air. C'était leur poids et la pesanteur qui leur servait de moteur ; mais naturellement cette puissance tendait continuellement à les ramener plus près du sol. Du moins apprenaient-ils une foule de choses dans ces vols planés, reconnaissant quelle devait être la meilleure forme des plans, des ailes fixes dont on doterait un appareil d'aviation, pour lui permettre de prendre appui sur l'air. Il trouvaient également les règles à suivre pour l'équilibre de ces machines volantes élémentaires.

Ce qui démontre bien l'utilité de ces vols sans moteur, de ces glissades aériennes, c'est que les fameux inventeurs américains qui ont fait faire tant de progrès à l'aviation, les frères Wright, ont commencé par exécuter longtemps des glissades de ce genre, avant de se hasarder à construire l'appareil qui a si bien réussi. Ces essais n'étaient pas sans danger, et la preuve en est qu'un de ceux qui les a poursuivis le plus longtemps et dans les conditions les plus utiles pour le développement de l'aviation, l'Allemand Otto Lilienthal, y a trouvé finalement la mort. Il a été suivi dans ses essais par d'autres savants qui ont apporté les contributions les plus utiles au problème : le Français établi en Amérique Chanute, puis le capitaine Ferber, mort plus tard si malheureusement.

C'est grâce à tous ces efforts qu'on est arrivé à réaliser les aéroplanes qui se construisent maintenant dans des types divers, mais suivant des dispositions assez analogues les unes aux autres. On doit mentionner tout particulièrement les Wright, qui, en 1903 et 1904, réalisèrent de véritables vols, dans le mystère le plus complet, vols de plusieurs kilomètres, alors qu'on n'arrivait timidement qu'à des résultats bien plus modestes en France. Nous rappelons d'un mot que ce qui caractérise l'aéroplane Wright, c'est l'existence de deux plans superposés prenant appui sur l'air, tandis qu'il y a nombre d'aéroplanes qui sont des monoplans, présentant un seul plan servant au glissement de l'appareil sur l'air.

Les aviateurs français poursuivaient leurs essais sans se douter de la solution trouvée par les frères américains ; mais les nécessités physiques allaient les mener, de leur côté, à une solution toute semblable, du moins par le principe. Nous retrouvons là l'audacieux Santos-Dumont, qui le premier en Europe réussissait à parcourir 100 mètres en l'air emporté par un appareil plus lourd que l'air, un aéroplane de sa construction. On était à la fin de 1906. Peu de temps après, Santos-Dumont était dépassé au point de vue de la longueur du vol par Delagrange et Blériot. Puis, sous l'influence de généreux donateurs qui fondaient des prix, les progrès s'accusaient avec une rapidité extraordinaire : on ne se contentait plus de vols en ligne droite, et Henri Farmain réussissait à parcourir un kilomètre en l'air sur un parcours formant une boucle fermée, en revenant à son point de départ.

Au bout de bien peu de temps on est arrivé à compter par kilomètres les parcours que l'on évaluait en mètres auparavant ; les divers pays se sont lancés dans la construction des machines volantes, les inventeurs américains sont venus montrer leurs appareils au Vieux-Monde ; les détails de construction se sont perfectionnés ; les moteurs se sont allégés ; les appareils d'équilibre se sont modifiés pour donner plus de sécurité aux aviateurs. Il va de soi que ce n'était pas instantanément qu'on allait assurer la stabilité, l'équilibre absolument parfait à ces audacieux aéroplanes inventés d'hier.

Où l'on s'est bien aperçu que la conquête de l'air par les appareils « plus lourds que l'air » était un fait accompli, c'est quand les aviateurs ont commencé d'effectuer de véritables voyages avec leurs machines, et à ne plus se contenter de tourner en rond sur une piste. Et ce sont des dates à se rappeler que celles où Farman d'une part et Blériot de l'autre, accomplirent deux véritables voyages aériens au-dessus des champs, des villages, des villes, des voies de fer, en suivant cette « Route de l'air » qui nous était jadis interdite. En octobre 1908, Farman alla ainsi du Camp de Châlons à Reims ; le lendemain de ce haut fait, Blériot se rendait d'Artenay à Toury et revenait ensuite à Artenay à l'aide de son aéroplane. Nous pourrions enfin rappeler la sensationnelle traversée du Pas de Calais, exécutée en 1909 par Blériot, réussissant sans peine un voyage aérien qui n'avait été accompli que bien rarement à l'aide d'un ballon.

VII

LA MACHINE ÉLECTRIQUE

La science de l'électricité dans l'antiquité et le moyen âge. — Guillaume Gilbert et Otto de Guericke. — La machine électrique d'Hauksbee. — Découverte du transport de l'électricité à distance. — Travaux de Dufay. — Modifications successives de la machine électrique jusqu'à nos jours. — Machine électrique de l'abbé Nollet. — Machine de Ramsden. — *L'expérience de Leyde.* — Vitesse de transport de l'électricité. — Construction définitive de la bouteille de Leyde. — Analyse physique de la bouteille de Leyde.

La science de l'électricité est entièrement moderne, et elle se transforme même encore de jour en jour. Tout ce que les anciens nous ont transmis à ce sujet, c'est la connaissance de la propriété, qui est propre à l'ambre jaune, d'attirer les corps légers, après friction préalable. Thalès, chez

Fig. 93. — Première machine électrique (machine d'Otto de Guericke).

les Grecs, 600 ans avant Jésus-Christ, Pline, chez les Romains, au premier siècle de l'ère chrétienne, ne connaissaient rien de plus que ce fait vulgaire de l'attraction des corps légers par l'ambre et la résine. Il faut attendre jusqu'à la fin du XVIe siècle pour voir naître l'étude de l'électricité.

Guillaume Gilbert, de Colchester, médecin de la reine Élisabeth d'Angleterre, après avoir étudié le phénomène de l'attraction du fer par l'aimant, eut l'idée d'examiner l'attraction des corps légers par l'ambre, qui lui semblait, avec juste raison, un phénomène du même ordre. Pour se livrer à ces expériences, il plaçait sur un pivot une aiguille légère, composée d'un fétu de paille ou de bois très mince. Ainsi disposée, cette aiguille était excessivement mobile, et la petite attraction électrique la faisait tourner sur son pivot. Il eut ensuite l'idée de s'assurer si d'autres corps que l'ambre et les résines jouiraient de la propriété d'attirer les corps légers. Il reconnut alors que le diamant, le saphir, le rubis, l'opale, l'améthyste, le cristal de roche, le verre, le soufre, la cire d'Espagne, etc., après des frictions préalables, attiraient son aiguille de paille. Mais il lui manquait un instrument pour faire des observations rigoureuses.

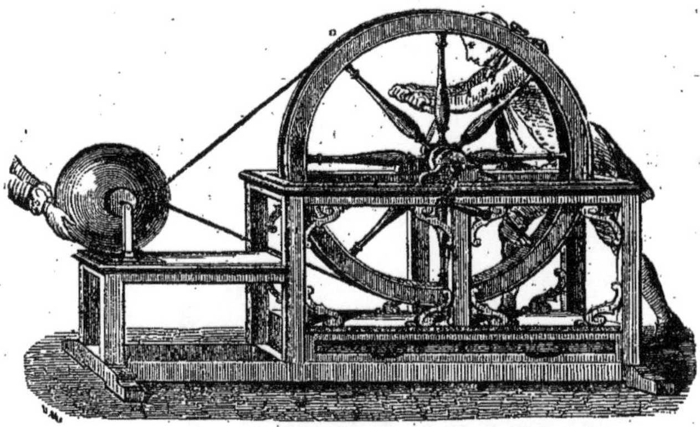

Fig. 94. — Machine électrique de l'abbé Nollet.

Fig. 95. — Machine électrique de Ramsden.

C'est un bourgmestre de la ville de Magdebourg, Otto de Guericke, qui, vers 1650, construisit la première machine électrique que les physiciens aient eue à leur disposition. Elle consistait en un globe de soufre qu'on faisait tourner rapidement d'une main, avec une manivelle, et que l'on frottait, de l'autre main, avec une pièce de drap.

A la boule de soufre on substitua un cylindre de résine, puis un cylindre de verre. Vers 1740, Winckler, professeur de langues grecque et latine à l'Université de Leipzig, employa comme frottoir un coussin de soie rembourré de crin. Plus tard, dans les machines de Boze et de l'abbé Nollet, le globe de verre, et dans celle de Hauksbee, le cylindre de verre, étaient mis en mouvement par un système de roues. Des améliorations successives furent apportées à cet appareil.

En 1727, Grey et Wehler, physiciens anglais, firent une découverte capitale : celle du transport de l'électricité le long de certains corps, qu'ils nommèrent *conducteurs*. Ils furent amenés à diviser les corps en corps *conducteurs* et *non conducteurs* de l'électricité ; et aussi en électrisables ou non électrisables. Mais Dufay, naturaliste et physicien français, prouva que tous les corps sont électrisables, à la condition d'être isolés, c'est-à-dire tenus avec un manche non conducteur. Depuis, Dufay établit que les corps électrisés attirent tous ceux qui ne le sont pas, et les repoussent dès qu'ils sont devenus électriques par le voisinage ou par le contact d'un corps électrisé ; d'autre part, qu'il y a deux sortes d'électricité, différentes l'une de l'autre : l'électricité *vitrée* ou positive et l'électricité *résineuse* ou négative. La première est celle du verre, des pierres précieuses, du poil des animaux, de la laine, etc. ; la seconde est celle de l'ambre, de la soie, du fil, etc. Le caractère de ces deux électricités est de se repousser elle-mêmes et de s'attirer l'une l'autre. Aujourd'hui on envisage différemment l'électricité, mais ces principes sont encore commodes comme explication courante des phénomènes qui se produisent.

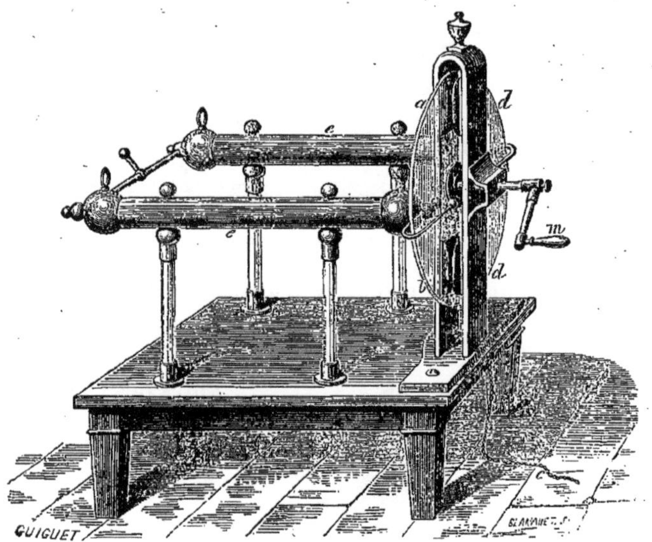

Fig. 96. — Machine électrique moderne.

Le physicien Dufay montra en outre que le corps humain peut fournir des étincelles électriques. Il s'était placé sur une petite plate-forme, soutenue par des cordons de soie, qui servaient à l'isoler, et il se faisait toucher avec un gros tube de verre frotté, pour électriser son corps. Un jeune savant, l'abbé Nollet, lui servait d'aide et tirait de vives étincelles quand il approchait son doigt de la jambe du Dufay. C'est Nollet qui inventa la machine électrique à frottement longtemps en usage en France.

Vers l'année 1768, un opticien anglais, Ramsden, substitua au globe de verre de la machine de Nollet un plateau circulaire de la même substance. Le plateau frottait en tournant contre quatre coussins de peau rembourrés de crin ; l'électricité développée sur ce plateau de verre passait ensuite sur deux conducteurs métalliques isolés par des pieds de verre.

La forme de cette machine électrique peu modifiée se retrouve encore à notre époque. Du reste ces machines électriques ont perdu de leur intérêt au profit des dynamos.

Fig. 97. — Électrisation de l'eau. — Expérience de Musschenbroek qui amena à construire la *bouteille de Leyde*.

Nous avons dit qu'on pouvait considérer qu'un corps mauvais conducteur, étant électrisé négativement, et mis en contact avec un autre corps, attire l'électricité positive sur la face qui est en contact avec lui ; sur l'autre se porte alors l'électricité négative. Ainsi, le fluide neutre du corps non électrisé se décompose, pour donner deux électricités de noms contraires, et l'on dit que le corps s'électrise *par influence*. C'est là le principe de l'instrument connu sous le nom d'*électrophore de Volta*.

Ce principe a été appliqué premièrement par Bertsch à la construction d'une machine électrique à influence. De même la machine de Carré, construite au milieu de notre siècle, est composée de deux plateaux, dont le plus petit, en verre, se charge par frottement et agit par influence sur le second plateau, en ébonite, qui tourne plus lentement. Derrière ce second plateau se trouve un peigne métallique, relié à un conducteur ;

le petit plateau électrise ce peigne positivement, par influence. L'électricité négative se reverse sur le plateau en ébonite, lequel, à son tour, agit par influence sur un second peigne relié à un autre conducteur. Les deux conducteurs se trouvent chargés d'électricités contraires, et entre eux éclate une étincelle, dont la force augmente avec la grandeur des plateaux.

Les machines de Holtz, qui sont aujourd'hui très employées, sont de deux espèces : la première espèce (plateaux verticaux) et la seconde

Fig. 98. — L'abbé Nollet fait éprouver la commotion électrique à une compagnie de gardes françaises.

(plateaux horizontaux) sont des modifications heureuses de la machine Carré.

Les corps électrisés exposés librement à l'air y perdent rapidement leur électricité, parce que l'air est bon conducteur de l'électricité. Un physicien de Leyde, Musschenbroek, s'occupait un jour d'électriser de l'eau dans une fiole de verre, espérant qu'en raison de la mauvaise conductibilité du verre, l'eau recevrait une plus grande masse d'électricité et la conserverait plus longtemps. Comme l'expérience ne présentait rien de particulier, Musschenbroek voulut retirer la fiole : il la saisit d'une main, et approcha l'autre main du conducteur métallique qui amenait dans l'eau l'électricité de la machine. Quels ne furent pas sa surprise et son effroi de se sentir frappé d'un coup violent sur les bras et la poitrine! La figure 85 montre clairement comment l'expérience fut exécutée.

Nollet répéta à Versailles, devant le roi et la cour, l'*expérience de Leyde*, en l'agrandissant singulièrement. Il donna la commotion électrique à toute une compagnie de gardes françaises, composée de 240 hommes, qui se tenaient par la main, formant ce qu'on appela dès lors la *chaîne électrique*. La commotion se fit sentir au même instant à tous les soldats. C'est ce que représente la figure 99. La bouteille de Musschenbroek prit désormais le nom classique de bouteille de Leyde.

Fig. 99. — Bouteille de Leyde en communication avec le conducteur d'une machine électrique.

Bientôt on voulut lui donner une forme commode, et accroître sa puissance de condensation de l'électricité. Ces recherches furent faites par Nollet, Waston, Bevis ; on remplaça d'abord l'eau par de la grenaille de plomb, puis par des feuilles d'or battu ; et, ainsi modifiée, elle prit la forme que représente la figure 100. Une feuille d'étain A, qui enveloppe la bouteille, remplace la main de l'opérateur, et constitue l'*armature extérieure*. L'*armature intérieure* est constituée par les feuilles d'or. Une chaîne métallique D donne l'écoulement à l'électricité contraire à celle de l'intérieur. La bouteille de Leyde se charge en faisant communiquer l'une des armatures avec le sol et l'autre avec une source électrique. Si c'est l'armature intérieure, l'électricité positive s'accumule sur les feuilles d'or, l'électricité négative sur la feuille d'étain. L'explication de ce phénomène a été donnée par Franklin. Chaque fois qu'on charge une bouteille de Leyde, le fluide neutre de l'armature se décompose par influence. L'électricité de même nom, repoussée par celle de l'armature chargée, s'écoule dans le sol, et l'électricité de nom contraire, empêchée par le verre (mauvais conducteur) de se réunir à celle de l'armature chargée, reste *condensée* sur l'armature non chargée.

La bouteille de Leyde a été le plus ancien des *condensateurs* et en est toujours le plus usité. Si l'on fait communiquer les deux garnitures au moyen d'un arc métallique, pourvu d'un manche isolant, nommé *excitateur*, les deux électricités se précipitent au-devant l'une de l'autre et se combinent, pour reformer du fluide neutre, en donnant une brillante étincelle. S'il a l'imprudence de réunir les deux garnitures avec les mains l'opérateur reçoit une vive secousse, parce que la recomposition des fluides se fait à l'intérieur même de son corps, en provoquant un ébranlement physique considérable.

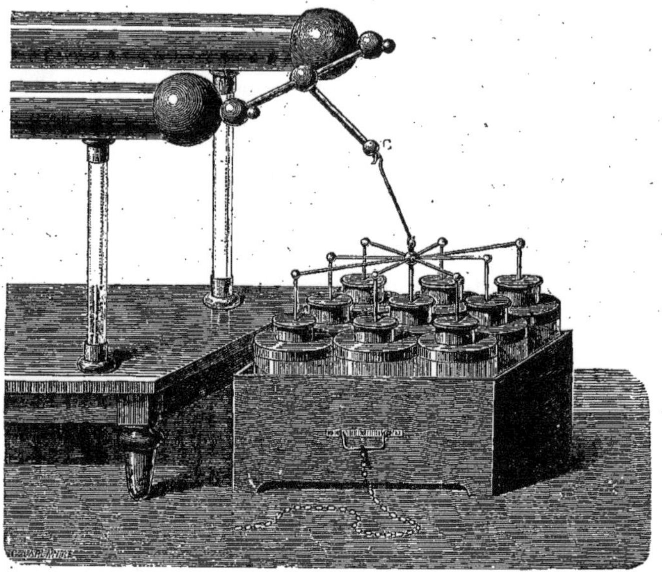

Fig. 100. — Batterie électrique composée de la réunion de neuf bouteilles de Leyde.

Quand on rassemble dans une boîte un certain nombre de bouteilles de Leyde, on augmente la masse d'électricité produite, et l'on obtient ce que l'on nomme une *batterie électrique,* qu'on charge à l'aide d'une machine électrique.

En déchargeant cette batterie, on produira une étincelle énorme et un choc à l'avenant.

Tout cela n'a plus guère qu'un intérêt de laboratoire ; mais c'est sur ces découvertes que s'est fondée la science électrique moderne.

VIII

LE PARATONNERRE

Opinion des anciens sur la nature de la foudre. — Étude scientifique du phénomène de la foudre entreprise dans les temps modernes. — Découverte de l'analogie de la foudre et de l'électricité. — Franklin et ses découvertes. — Démonstration de la présence de l'électricité dans l'atmosphère. — Expérience de Marly. — Mort du physicien Richmann, à Saint-Pétersbourg. — Les cerfs-volants électriques. — Le premier paratonnerre. — Principe et règles pour la construction d'un paratonnerre. — La tige, le conducteur. — Manière de faire perdre dans le sol l'électricité soustraite par le paratonnerre.

Dès l'origine des sociétés, le tonnerre fut considéré comme une arme vengeresse aux mains de la Divinité. Aujourd'hui la science a établi la véritable nature du tonnerre. Elle a démontré que les éclairs, le tonnerre et la foudre ne sont dus qu'à la décharge, opérée au sein des airs, de plusieurs nuages inversement et fortement électrisés.

Pour soumettre à une étude fructueuse le phénomène de la foudre et des orages, il fallait nécessairement posséder des notions scientifiques. Ce n'est donc qu'après le xvie siècle, c'est-à-dire à l'époque de la création des sciences d'observation, que des recherches sérieuses furent entreprises pour expliquer la nature et la cause de ce météore. Descartes attribuait ce phénomène à la chaleur qui serait résultée de la chute d'un nuage tombant sur un autre nuage placé plus bas.

Boerhaave, l'illustre médecin de Leyde, rapportait la cause du tonnerre à l'inflammation, qui se produisait au sein de l'air, des différents gaz ou vapeurs émanés de la surface de la terre. Tout inexacte qu'elle était, cette théorie obtint une faveur universelle. L'analogie de la foudre et de l'étincelle électrique ne pouvait être saisie avant la connaissance exacte des phénomènes de l'électricité. Au commencement du xviiie siècle, le Dr Wall, physicien anglais, signala la ressemblance de l'étincelle électrique avec l'éclair, et la singulière analogie du craquement de cette étincelle avec le bruit du tonnerre. En 1735, le physicien Gray exposait plus formellement la même analogie, puis en France, l'abbé Nollet. En 1750, l'Académie de Bordeaux couronna un mémoire de Barberet, médecin de Dijon, qui admettait l'analogie de la foudre avec l'électricité, mais sans invoquer aucune expérience de physique.

Benjamin Franklin, qui avait eu le mérite d'analyser et d'expliquer les effets de la bouteille de Leyde, rendit aux sciences un service tout aussi signalé en faisant ressortir clairement l'extrême analogie que la foudre présente avec l'étincelle électrique. Il exposa, dans ses *Lettres sur l'électricité,* les motifs justifiant l'hypothèse.

Il alla plus loin. Il mit en avant cette *hypothèse* qu'une verge de fer pointue élevée dans les airs, communiquant avec un conducteur métallique, en contact lui-même avec le sol, pourrait peut-être enlever l'électricité aux nuages orageux et prévenir ainsi l'explosion de la foudre. Dans le but de vérifier la justesse des idées de Franklin, notre grand naturaliste Buffon fit placer sur la tour de son château de Montbard une longue barre, de fer pointue à son sommet, et isolée à sa base par de la résine. En même temps, sur le conseil de Buffon, un physicien de Paris, Dalibard, disposait un appareil tout semblable dans le jardin de sa maison de campagne, située à Marly, près de Paris. Et le 10 mai 1752, un orage éclatant sur Marly, Coiffier, à qui il avait donné ses instructions, rapprocha de la barre une petite tige de verre emmanchée dans une bouteille de verre, afin d'isoler le métal et de préserver l'opérateur ; il en vit partir deux étincelles. Il appela aussitôt ses voisins, et fit venir le curé de Marly qui vérifia le phénomène. Quelques jours après, Dalibard lut sur ce sujet, à l'Académie des sciences de Paris, un mémoire, qui fut reçu par les savants avec de véritables transports de joie.

Fig. 101. — Expérience de Marly, faite pendant un orage sur une barre de fer isolée.

Le 19 mai 1752, Buffon put, à son tour, tirer de la barre de fer élevée sur son château un grand nombre d'étincelles électriques. Bientôt même Lemonnier découvrit la présence de l'électricité dans une atmosphère sereine. A Nérac, Romas reconnut qu'une barre plus élevée qu'une autre donnait de plus fortes étincelles. Il songea dès lors « à porter ses conducteurs le plus haut possible dans la région des nuages,

Fig. 102. — Mort du physicien Richmann, à Saint-Pétersbourg, le 6 août 1753.

afin d'augmenter le feu du ciel ». Toutes ces expériences n'étaient pas sans danger, car le Pr Richmann, membre de l'Académie impériale des sciences de Saint-Pétersbourg, périt frappé du tonnerre, en répétant l'expérience.

Pour recueillir de l'électricité dans des régions très élevées de l'air, deux physiciens imaginèrent alors, chacun de son côté, le *cerf-volant électrique*. Ces deux physiciens étaient Franklin et Romas. Romas fit sa première expérience le 14 mai 1753. Mais elle ne réussit pas, parce que la corde attachée au cerf-volant n'était pas assez conductrice. Pour remédier à ce défaut il enroula un fil de cuivre autour de la corde sur toute sa longueur ; et le 7 juin 1753, il fit une expérience magnifique.

Fig. 103. — Expérience de Romas : cerf-volant lancé pendant un orage, le 7 juin 1753

Il attacha à la partie inférieure de la corde du cerf-volant un cordonnet de soie se fixant, lui, à une pierre très lourde. On tira d'abord de faibles étincelles du cordonnet. Mais bientôt l'orage devint plus violent, Romas s'empressa d'écarter les curieux ; des lames de feu partaient à plus d'un pied de distance, on en entendait le bruit à plus de deux cents pas. Bientôt survint une violente explosion qui était comme un petit coup de tonnerre : l'électricité des nuages accumulée sur le conducteur se déchargeait sur le sol. En 1757, Romas arrivait à tirer de la corde d'un cerf-volant des lames de feu de 9 à 10 pieds de longueur, dont l'explosion ressemblait à un coup de pistolet.

Toutes ces expériences démontraient suffisamment la présence de l'électricité libre dans l'atmosphère, la véritable nature de la foudre et la possibilité d'en prévenir les effets désastreux au moyen de la barre pointue dressée en l'air, proposée par Franklin, c'est-à-dire au moyen du *paratonnerre*.

C'est en 1760 que Franklin fit construire le premier paratonnerre, à Philadelphie. C'était une baguette de fer, de 9 pieds et demi de long, et de plus d'un demi-pouce de diamètre, qui allait en s'amincissant vers son extrémité supérieure. L'extrémité inférieure portait une seconde tige de fer, dont le bas communiquait avec un long conducteur de fer pénétrant dans le sol jusqu'à une profondeur de 4 ou 5 pieds. A peine installé, ce paratonnerre fut frappé par le feu du ciel, qui ne causa aucun dommage à la maison défendue par le nouvel instrument.

Jusqu'en 1782, la France repoussa l'introduction de cet appareil, considéré comme dangereux pour la sûreté publique. C'est à Lyon et dans les provinces du midi de la France, que les premiers paratonnerres furent établis. Rapidement toutes les nations de l'Europe mirent à profit l'invention américaine, qui n'est pas encore utilisée autant qu'elle le devrait.

Un paratonnerre se compose d'une tige de fer pointue élevée dans l'air, et d'un conducteur du même métal, qui descend de l'extrémité inférieure de la tige et aboutit dans un partie du sol occupée par une vaste nappe d'eau. La pointe de la tige doit être suffisamment aiguë, et cependant assez résistante pour n'être pas fondue par un coup de foudre ; le conducteur doit communiquer parfaitement avec le sol ; depuis la pointe jusqu'à l'extrémité inférieure du conducteur, il ne doit exister aucune solution de continuité. Généralement la tige d'un bon paratonnerre se composera de trois pièces ajoutées bout à bout : une barre de fer de 8m,60 de longueur par exemple, une baguette de laiton de 60 centimètres, une aiguille de platine de 5 centimètres (fig. 104). Le platine est un métal qui ne s'oxyde pas a l'air ; c'est pour cela qu'on l'a adopté pour taire la pointe de l'instrument. Le platine peut être remplacé par du cuivre rouge. Le cercle de protection d'un paratonnerre a un rayon égal à une fois et trois quarts la hauteur de la tige. Le conducteur du paratonnerre est une longue barre de fer formée en réalité d'un nombre suffisant de barres. On entoure chaque point de jonction des barres d'un bourrelet de soudure à l'étain, et les barres sont maintenues en place par des supports de fer.

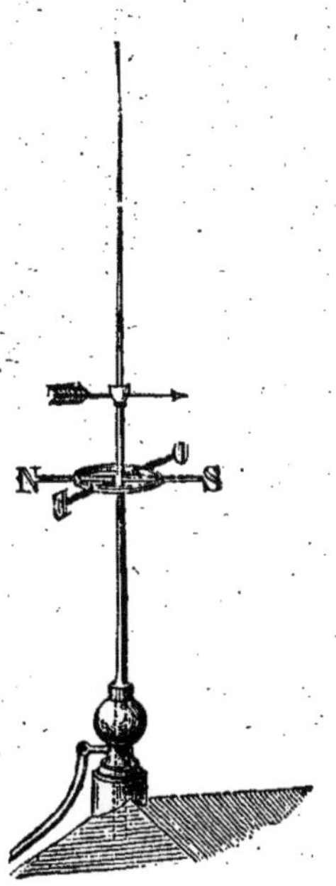

Fig. 104. — Extrémité d'un paratonnerre.

Le conducteur doit aboutir à un cours d'eau, ou dans un puits, ou dans une nappe d'eau souterraine. De la base inférieure du mur de l'édifice jusqu'au cours d'eau, le conducteur passe dans un tuyau en fonte dont l'extrémité supérieure est fermée par un tampon de bois ; de là le conducteur passe dans un petit canal en briques, entièrement rempli de braise de boulanger, substance qui conduit très bien l'électricité, et qui facilite par conséquent l'écoulement rapide du fluide. De plus, elle défend le conducteur du contact de l'air, qui l'oxyderait et nuirait considérablement à sa conductibilité. La partie inférieure du conducteur est reliée à un cylindre de tôle, appelé *perdfluide,* qui baigne dans la nappe d'eau.

Le paratonnerre empêche l'effet désastreux de l'électricité par une action physique assez simple. Les nuées chargées d'électricité agissent à distance sur les objets terrestres ; selon l'explication vulgaire, elles tendent à décomposer le *fluide électrique naturel* de ces objets, à attirer l'électricité positive si elles sont électrisées négativement, l'électricité négative si elles sont électrisées positivement. Or la tige pointue d'un paratonnerre fournit à l'électricité de la terre un écoulement extrêmement facile. Il arrive dès lors que, par la pointe du paratonnerre, il s'écoule constamment une masse d'électricité contraire à celle du nuage, et qui provient du sol. Cette électricité vient neutraliser l'électricité contraire dont le nuage est surchargé, et, détruisant peu à peu le fluide libre, elle ramène le nuage à l'état *neutre,* c'est-à-dire à l'état d'équilibre électrique.

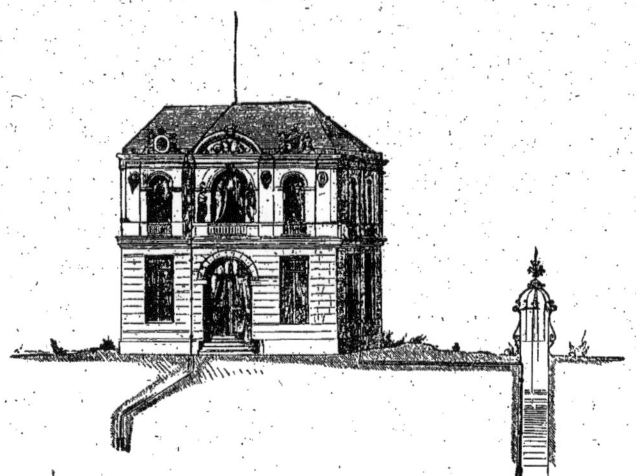

Fig. 105. — Conducteur de paratonnerre dont la tige communique avec l'eau d'un puits.

Ainsi, l'action du paratonnerre est généralement silencieuse, lente et tranquille.

Quand un édifice renferme de grandes surfaces métalliques, comme le toit de plusieurs monuments, on fait communiquer toutes ces surfaces métalliques avec les paratonnerres, dont on multiplie le nombre. Parfois on leur donne l'apparence d'aigrettes métalliques.

IX

LA PILE ET LES ACCUMULATEURS

L'électricité dynamique. — Travaux de Galvani. — La pile de Volta. — Décomposition de l'eau par la pile. — Suite des applications de la pile à la décomposition électro-chimique des corps. — Travaux de Davy. — Découverte de la pile à auges. — Formes nouvelles données à la pile de Volta. — Théorie de la pile. — Ses effets. — Piles diverses. — Découverte de M. Gaston Planté ; piles secondaires ou accumulateurs. Leurs emplois.

Jusqu'à la fin du XVIIIe siècle, les physiciens n'ont connu que l'électricité obtenue par les machines à frottement, ou l'*électricité statique*. En 1791, Aloysius Galvani, professeur d'anatomie à Bologne, publia un travail dans lequel était révélée l'existence de l'électricité sous la forme de courant continu. Le 20 septembre 1786, voulant étudier l'influence de l'électricité atmosphérique sur les contractions musculaires de la grenouille, il avait passé un crochet de cuivre au travers de la moelle épinière d'une grenouille préparée comme l'indique la figure 106, et suspendu l'animal par ce crochet, à la balustrade de fer de la terrasse de sa maison. Le soir, ennuyé de l'insuccès de cette expérience, il frotta vivement le crochet de cuivre contre le fer de la balustrade, pour rendre plus complet le contact des deux métaux. Il vit aussitôt les membres de l'animal se contracter, et ces mouvements se répétaient chaque fois que l'anneau de cuivre venait à toucher le fer du balcon de la terrasse. Cependant les instruments de physique n'indiquaient pas

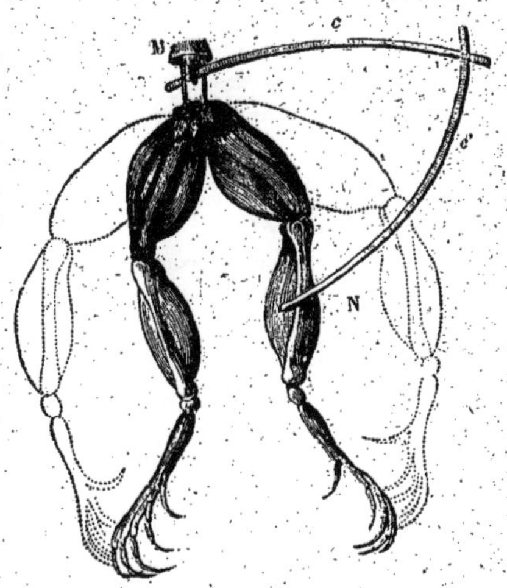

Fig. 106. — Expérience des pattes de grenouille se contractant par le contact d'un arc composé de deux métaux.

dans l'air la présence de l'électricité. La contraction était donc indépendante des causes extérieures. Il y avait donc une *électricité animale.*

Il répéta cette expérience dans son laboratoire. Il plaça sur un plateau de fer les pattes d'une grenouille nouvellement préparée, et passa un petit crochet de cuivre à travers la masse des muscles lombaires et des faisceaux nerveux de la moelle épinière. A chaque contact du cuivre et du fer, les contractions se produisaient. Il varia l'expérience en prenant un arc double *c c'* (fig. 95) composé de cuivre et de fer. En touchant, avec cet arc, composé de deux métaux, les muscles M, de la grenouille et le nerf N, il provoquait des contractions dans le membre amputé. Il crut pouvoir poser en principe que le muscle de l'animal est *une bouteille de Leyde organique,* que le nerf joue le rôle d'un simple conducteur, et que l'électricité positive circule de l'intérieur du muscle au nerf et du nerf au muscle, quand on fait communiquer ces deux parties au moyen d'un arc métallique.

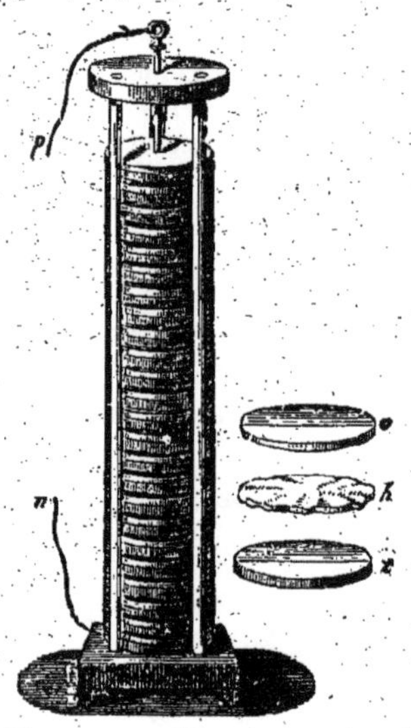

Fig. 107. — Pile à colonne construite par Volta en 1800.

Les idées de Galvani trouvèrent un adversaire redoutable dans un physicien d'Italie, déjà connu dans la science, et qui allait promptement devenir célèbre, Alexandre Volta. Il plaçait dans les métaux l'origine de l'électricité que Galvani plaçait dans le corps de l'animal.

Il y avait alors dans la science européenne deux camps opposés : les *galvanistes* et les *voltaïstes.*

Un savant italien, Fabroni, qui n'appartenait ni à l'un ni à l'autre des deux camps, attribua tous les effets observés à une action chimique exercée par les liquides du corps de l'animal sur le métal qui forme l'arc excitateur. Mais sa théorie passa inaperçue.

La lutte des deux doctrines continua jusqu'en 1799. A cette époque, Volta inventa l'appareil qui porte son nom.

Volta avait remarqué que deux disques de zinc et d'argent, isolés par une tige de verre, mis en contact, puis séparés, se chargeaient d'une quantité d'électricité faible, mais appréciable. C'est en rassemblant plusieurs couples de ces disques métalliques que Volta construisit l'admirable instrument qui reçut le nom de *pile électrique.* La figure ci-contre représente cet appareil producteur du courant électrique. On voit à part les disques de cuivre, de zinc et de drap mouillé, *c*, *z* et *h*, qui constituent un élément, ou un *couple*. L'assemblage de ces couples superposés en *pile* forme l'appareil, qui reçut, pour cette raison, le nom de *pile de Volta*. L'électricité dégagée par la réunion de tous ces éléments s'accumule aux deux extrémités de l'appareil, lesquelles portent le nom de *pôles*. L'électricité positive se réunit au pôle zinc, terminé par le fil conducteur *p* ; l'électricité négative se concentre au pôle cuivre, terminé par le fil conducteur *n*.

Nicholson et Carlisle, expérimentateurs anglais, réalisèrent, le 8 mai 1800, l'expérience capitale qui servit de point de départ à toutes les applications chimiques de la pile : nous voulons parler de la décomposition de l'eau. Ayant pris un tube de verre rempli d'eau et fermé par des bouchons de liège, Nicholson et Carlisle firent passer un fil de cuivre à travers chacun des bouchons. Après avoir placé le tube plein d'eau verticalement, le fil de cuivre inférieur fut mis en communication avec le disque d'argent qui formait la base (pôle) d'une petite pile à colonne, et le fil supérieur avec le disque de zinc du sommet de la pile. Alors ils approchèrent à une petite distance l'une de l'autre les deux extrémités des fils. « Aussitôt, dit Nicholson, une longue traînée de bulles, excessivement fines, s'éleva de la pointe du fil de cuivre inférieur, tandis que la pointe du fil de cuivre opposé devenait terne, puis jaune orangé, puis noir. »

L'eau avait été décomposée en ses deux éléments, à savoir : le gaz hydrogène, qui s'était dégagé en bulles au fil négatif, et l'oxygène, qui s'était porté sur le fil supérieur attaché au pôle positif et l'avait oxydé. Nicholson substitua bientôt aux fils de cuivre des fils de platine et d'or. Ces métaux n'étant pas oxydables, on put recueillir le gaz oxygène à l'état de liberté. On démontre aujourd'hui encore la composition de l'eau au moyen de l'appareil de Nicholson légèrement modifié.

A l'époque des expériences de Nicholson, William Cruikshank démontrait que le courant voltaïque décompose également les oxydes métalliques, dans les sels dont ces composés font partie ; en sorte que quelquefois le métal se dépose en petits cristaux sur le pôle négatif.

L'illustre chimiste anglais Humphry Davy fit un faisceau de tous les faits observés jusque-là sur l'action chimique de la pile, et par ses travaux et son génie il donna à cette suite de faits l'unité qui leur manquait. Davy montra que, sous l'influence de la pile, tous les corps composés peuvent se séparer en leurs éléments. Il découvrit la véritable nature des alcalis et des *terres*, c'est-à-dire de la chaux, de la potasse et de la soude. Il sépara ces divers corps en deux éléments : un métal et de l'oxygène.

A l'aide d'un appareil très puissant, c'est-à-dire composé de six cents couples voltaïques, qu'il devait à une souscription nationale, Davy reconnut que si l'on termine les deux fils conducteurs de la pile par deux pointes de charbon, et qu'on approche ces charbons, à une petite distance l'un de l'autre, on voit jaillir entre eux une étincelle resplendissante d'éclat. En éloignant peu à peu les charbons l'un de l'autre, le jet de lumière formait un arc lumineux de 3 à 4 pouces de longueur, dont l'éclat était comparable à celui de la lumière solaire. Ce phénomène lumineux est purement physique ; l'oxygène de l'air n'y a point de part, car l'expérience réussit aussi bien dans le vide. Ces remarquables effets sont le résultat de la chaleur développée par le courant de la pile.

De nos jours, cet arc lumineux a été appliqué à l'éclairage, comme nous le verrons en traitant de l'*éclairage électrique*.

Avec la *pile à colonne*, due à Volta, il était impossible d'obtenir des effets proportionnés au nombre des couples ; car la pression des disques supérieurs sur les rondelles de drap de la partie inférieure de la colonne en faisait écouler l'acide. Les physiciens songèrent donc à modifier l'instrument de Volta. En 1802, Cruikshank fit très heureusement cette modification en rendant cette pile horizontale. Il remplaça les couples circulaires par des plaques rectangulaires de cuivre et de zinc, placées en contact l'une avec l'autre, et scellées au fond d'une boîte, de manière à former de petites auges dans lesquelles on plaça le liquide. Ce fut la pile dite *à auges*, que représente la figure 108. Au moyen du courant fourni par la *pile à auges*, on put brûler des fils de fer et de platine, des tiges de plomb, d'argent, etc., produire enfin divers effets physiques et chimiques très intenses.

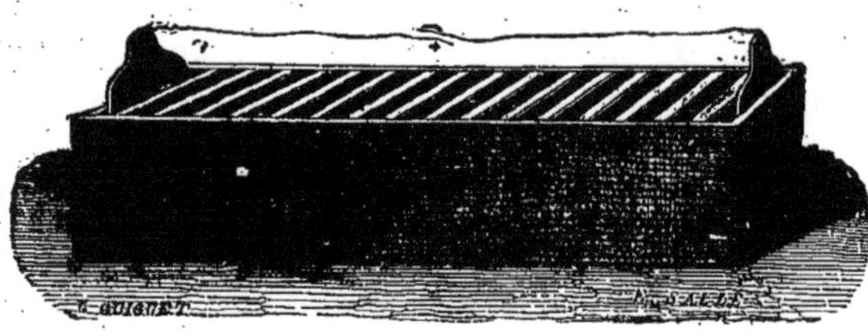

Fig. 108. — Pile à auge.

La pile à auges se perfectionna sous la forme de la *pile de Wollaston*. En 1836 et 1839, les physiciens anglais Daniell et Grove firent subir à l'instrument producteur de l'électricité de nouvelles et profondes modifications. Puis vint la *pile de Bunsen*, qui est aujourd'hui presque exclusivement employée dans les ateliers pour la dorure, l'argenture ou le cuivrage des métaux, et dans les laboratoires de physique.

Chaque élément de la pile de Bunsen se compose de quatre pièces, qui rentrent les unes dans les autres. Ces pièces sont (fig. 109) : 1° un vase de faïence ou de verre *v*, contenant de l'eau étendue de dix fois son poids d'acide sulfurique ; 2° une lame de zinc *z*, munie d'une tige de cuivre, qui doit servir de conducteur pour le fluide négatif ; 3° un vase de terre perméable *p*, qui peut se laisser traverser par les gaz, et contient de l'acide azotique ; 4° un cylindre de charbon *c*, muni en haut

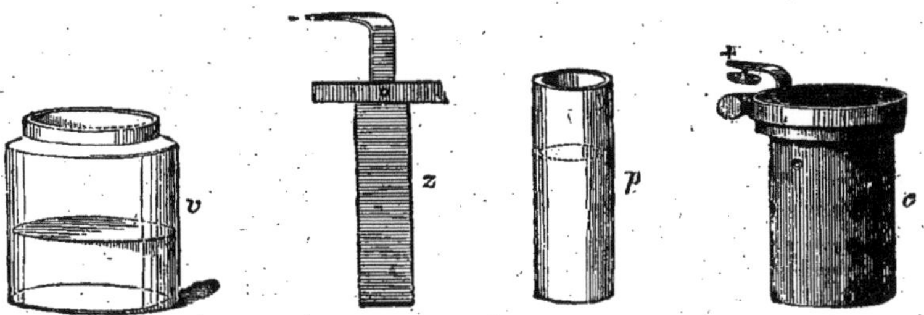

Fig. 109. — Composition d'un élément de la pile de Busen.

d'un anneau de cuivre, sur lequel est soudée une tige de cuivre, qui est le conducteur du fluide positif. Ces pièces sont placées les unes dans les autres. Dès que le zinc et le charbon communiquent par un conducteur,

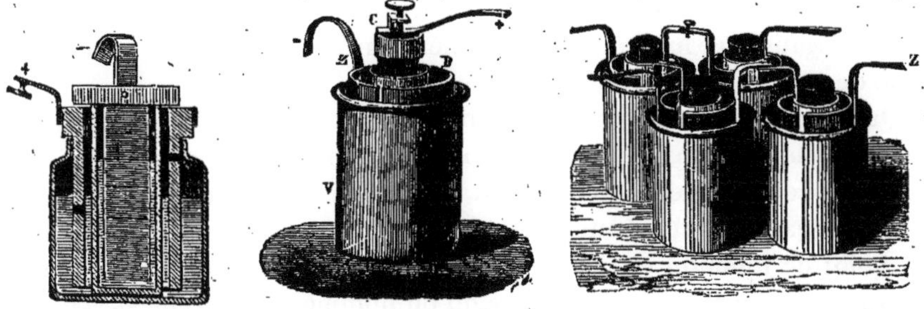

Fig. 110. — Élément d'une pile de Bunsen monté. Fig. 111. — Pile de Bunsen de 4 éléments

la pile devient active. On compose une *batterie* d'une série de ces piles reliées les unes aux autres.

Il est reconnu que le développement de l'électricité par la pile est le résultat de l'action chimique qui s'exerce entre les acides et les métaux ; de l'électricité prend naissance toutes les fois que s'accomplit une réaction chimique quelconque.

Dans la pile de Bunsen, l'acide sulfurique étendu d'eau qui remplit le vase extérieur V (fig. 102) attaque la lame de zinc Z, qui plonge dans ce liquide. Sous l'influence de l'acide sulfurique, l'eau est décomposée en ses éléments, à savoir l'hydrogène et l'oxygène : l'oxygène, se portant sur le zinc, forme de l'oxyde de zinc, lequel, se combinant avec l'acide sulfurique, produit du sulfate de zinc, sel soluble dans l'eau et qui demeure dissous dans l'eau du vase V.

Cette première réaction produit un grand dégagement d'électricité. Mais le gaz hydrogène provenant de la décomposition de l'eau par le zinc ne se dégage pas purement et simplement à l'extérieur. Le vase intérieur D, qui est fait en porcelaine non vernie, est perméable aux gaz ; il peut donner passage, à travers la porosité de sa substance, au gaz hydrogène qui s'est formé dans le vase extérieur V. Ce gaz passe à travers le vase D, et, parvenu à l'intérieur de ce vase, il se trouve en contact avec l'acide azotique qui le remplit. Il s'établit alors une action chimique entre le gaz hydrogène et l'acide azotique : l'hydrogène, se combinant à une partie de l'oxygène de l'acide azotique, forme de l'eau et ramène l'acide azotique à l'état d'acide hypo-azotique, ou de bioxyde d'azote. Cette nouvelle action chimique entre l'hydrogène et l'acide azotique a pour résultat nécessaire de produire un nouveau développement d'électricité, qui s'ajoute à l'électricité déjà produite par la première réaction. Les deux courants ajoutent leurs effets, parce qu'ils marchent dans le même sens. Le bloc de charbon, C, corps inattaquable par l'acide azotique et très conducteur, reçoit l'électricité positive, qui s'écoule par le fil métallique fixé sur cet élément ; le zinc Z reçoit l'électricité négative, et lui donne l'écoulement par le fil métallique soudé à la lame de zinc et qui représente le pôle négatif.

Quand on réunit entre eux, au moyen d'un fil métallique, le pôle négatif et le pôle positif de l'instrument, la pile entre en action, et il se forme un courant électrique continu, parce que les deux électricités positive et négative, qui viennent se neutraliser et se détruire mutuellement au point de jonction des deux conducteurs interpolaires, se reforment sans cesse, et constituent ainsi ce qu'on nomme un *courant électrique.*

Dans les piles, il faut lutter contre la *polarisation,* réaction particulière qui peut s'effectuer dans le circuit de certaines piles, en sens contraire du courant électrique à produire.

Le nombre des piles voltaïques est presque infini. Construire une pile voltaïque, c'est simplement utiliser une réaction chimique, pour engendrer un courant électrique. La seule condition est d'empêcher la polarisation du corps réagissant, c'est-à-dire de s'opposer à la création d'un courant contraire, qui vienne neutraliser une partie du courant principal. On obtient la dépolarisation au moyen de l'oxygène formé par la décomposition de certains acides, au moyen d'oxydes métalliques ou de sels désoxydants. La description de toutes ces piles ne peut évidemment trouver place dans cet ouvrage. On pourrait signaler les piles au bichromate de potasse, les piles Leclanché, certaines piles à gaz, dans lesquelles le courant électrique est dû à la combinaison de deux gaz ; puis les piles thermo-électriques, qui transforment directement la chaleur en électricité.

Rappelons que les effets de la pile voltaïque sont de trois ordres : *physiques, chimiques* et *physiologiques* ; on les retrouve dans le courant fourni par les machines électro-magnétiques.

Fig. 112. — Un élément de la pile Bunsen.

Si l'on réunit les deux pôles d'une pile en activité par un fil métallique de faibles dimensions, ce fil s'échauffe, rougit, fond et disparaît. Aucune matière ne résiste à la puissante action calorifique de la pile de Volta ; les métaux les plus réfractaires entrent en fusion et même se volatilisent quand on les place, sous la forme de fils fins, entre les deux pôles d'une pile assez puissante. Cet instrument, qui est une source de chaleur, est aussi une source de lumière. Si l'on termine les deux conducteurs d'une pile très puissante par deux pointes de charbon, et qu'on les tienne éloignés seulement de quelques centimètres, on obtient une lumière d'un éclat prodigieux. Comme nous le verrons, la pile peut également devenir un agent mécanique, c'est-à-dire servir à transformer des barres d'acier en aimants, qui attirent

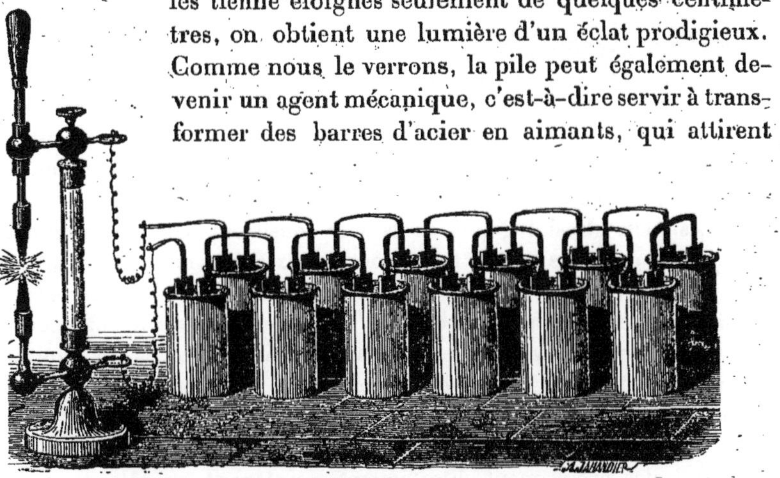

Fig. 113. — Production de l'arc voltaïque éclairant.

des masses de fer d'un poids considérable et produisent ainsi un véritable effet dynamique. Son courant, comme tout courant électrique, permet la création d'électro-aimants.

La pile est encore un agent énergique de décompositions chimiques. Plongez dans la dissolution d'un sel, dans une dissolution de sulfate de soude par exemple, les deux pôles d'une pile en activité, et vous verrez les deux éléments de ce sel se séparer, sous l'influence décomposante de l'électricité : l'acide sulfurique libre apparaîtra au pôle positif, et la soude, c'est-à-dire la base, se portera au pôle négatif. Souvent même la base de ce sel sera décomposée à son tour : elle se réduira en ses deux éléments, oxygène et métal. Faites arriver dans une dissolution de sulfate de cuivre les deux pôles d'une pile en activité : l'acide sulfurique sera mis en liberté et se portera au pôle positif, et l'oxyde de cuivre qui s'est rendu au pôle négatif sera décomposé lui-même en ces deux éléments : cuivre et oxygène. L'oxygène se dégagera à l'état de gaz au pôle positif avec l'acide sulfurique et le métal ; le cuivre se déposera au pôle négatif. C'est sur ce fait que reposent les opérations de la *galvanoplastie.*

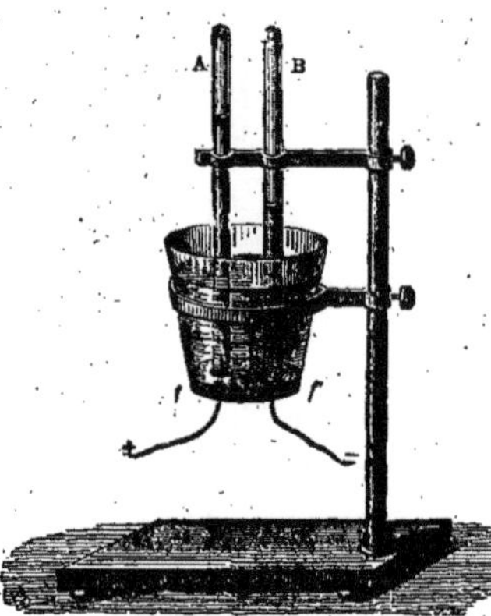

Fig. 114. — Décomposition de l'eau par le courant électrique.

L'action décomposante de la pile est mise en parfaite évidence par l'expérience classique de la décomposition de l'eau. On prend un verre contenant de l'eau, et dont le fond renferme une masse de cire traversée par deux fils de platine *ff*. L'extrémité de ces fils s'engage dans deux éprouvettes de verre A B, pleines d'eau ; on les met en rapport avec les pôles d'une pile. L'eau se décompose, et l'on recueille dans une des éprouvettes (B) un volume de gaz hydrogène double du volume de l'oxygène obtenu dans l'autre éprouvette (A).

Les effets physiologiques de la pile consistent dans les commotions que le courant de la pile fait éprouver aux divers organes des animaux.

En 1793, Larrey, Dupuytren, Richerand et autres chirurgiens excitèrent des contractions musculaires sur des membres nouvellement amputés. Bichat essaya, le premier, de galvaniser le corps des suppliciés ; Guillotin et bien d'autres se livrèrent à de nombreuses expériences du même genre.

Les piles proprement dites jouent maintenant un rôle de moins en moins important, par suite de la facilité qu'il y a de produire du courant avec les machines *dynamos*. Mais il en est différemment de ces appareils remarquables qu'on nomme *piles secondaires,* ou *accumulateurs*. Ces appareils n'ont plus pour but de produire des courants électriques, mais de les emmagasiner.

C'est en 1860 que Gaston Planté arriva à construire la première *pile secondaire*. La *pile secondaire* se compose d'un vase cylindrique en verre ou en gutta-percha, dans lequel sont enroulées et placées parallèlement l'une à l'autre deux lames de plomb, séparées par des bandes de caoutchouc, et plongées dans une solution d'acide sulfurique au dixième. La pile est hermétiquement fermée, et sur le couvercle sont placées deux bornes. La pile secondaire est chargée par passage de courant.

Pendant le chargement, la lame positive se couvre graduellement d'une couche poudreuse d'oxyde de plomb ; sur la lame négative se fixent des bulles gazeuses, en même temps qu'il s'y forme un dépôt noirâtre de plomb ou bioxyde. Au moment de la décharge, l'hydrogène de l'électrode négative se combine à l'oxygène de l'oxyde de plomb, en formant ainsi de l'eau, ce qui augmente la force électro-motrice de la pile. Cette décharge se fait quand on réunit les lames de plomb par un fil : il se produit un courant intense.

Ces *éléments secondaires* s'associent, soit en quantité ou surface, soit en tension ou série. Dans le premier groupage, tous les pôles de nom semblable sont reliés ; là, les divers éléments se comportent comme un seul dans lequel les lames de métal auraient une surface proportionnelle au nombre des éléments. Dans le second groupage, on relie le pôle positif d'un élément avec le pôle négatif de l'autre ; là, les forces électromotrices s'ajoutent les unes aux autres. La durée de la décharge des piles secondaires dépend des dimensions des lames de plomb employées, de l'épaisseur des dépôts produits, et de la résistance extérieure du circuit. La décharge est d'une grande énergie ; elle est d'abord de courte durée ; mais, à la suite d'une série de charges et de décharges, le métal se pénétrant de plus en plus de peroxyde de plomb réduit, la durée de la décharge est sensiblement augmentée. On forme l'élément de la sorte, comme on dit.

Les *piles secondaires* peuvent du reste garder longtemps la charge qu'elles contiennent. Elles accumulent et emmagasinent le courant qu'on leur confie. On les utilise constamment aujourd'hui sous le nom unique d'*accumulateurs*. Tous ces accumulateurs sont des dérivés de la *pile secondaire* de Gaston Planté.

Les accumulateurs sont aujourd'hui étrangement perfectionnés ; ils sont on peut dire uniquement à base de plomb. Bien entendu, dans l'industrie, on les charge constamment au moyen du courant produit par les machines électriques dont nous allons parler.

Ces accumulateurs ont l'avantage de permettre de garder du courant en réserve ; c'est comme une source temporaire d'électricité qu'on transporte d'un milieu à un autre pour y fournir l'électricité, sans qu'on ait besoin d'y installer une machine électrique. C'est pour cela que souvent on les installe dans des voitures, dans des véhicules de tramways, quand on ne peut placer extérieurement un conducteur sur lequel un frottoir donnerait le moyen à ce véhicule de prendre le courant au fur et à mesure de son déplacement. Ils peuvent notamment s'installer à bord de bateaux, pour actionner un moteur électrique qui fera tourner l'hélice. Ils peuvent servir à assurer l'éclairage électrique ; on les emploie de plus en plus à la place des piles. Souvent on en tire parti dans les usines de production de courant électrique pour mettre en réserve une partie du courant que produisent les machines, et que l'on ne pourrait pas utiliser tout de suite en totalité ; on le fera sortir ultérieurement de ces accumulateurs.

Ils ont bien des inconvénients pourtant. Ils sont fort lourds ; ils perdent leur charge d'électricité quand on les laisse trop longtemps inutilisés ; de plus ils se détériorent assez facilement sous l'influence des secousses. Ils ont besoin encore d'être perfectionnés par des inventions nouvelles.

Édison a déjà réalisé de précieuses améliorations en la matière.

X

L'ÉLECTRO-MAGNÉTISME ET SES APPLICATIONS

Expériences d'Œrsted et loi d'Ampère. — Multiplicateur de Schweigger. — Galvanomètre. — Action des courants sur les aimants et actions réciproques. — Électro-aimants. — Magnétisme rémanent. — Loi de Lenz. — Machines d'induction. — Machine de Clarke. — Machine de Nollet. — Machine de la compagnie l'*Alliance*. — Armature ou induit, et inducteurs. — Anneau de Gramme. — Machines dynamos à courant continu et à courants alternatifs ; à excitation indépendante et à auto-excitation. — Divers types de machines dynamos. — Les alternateurs. — Grandes stations électriques modernes.

L'électro-magnétisme est l'étude des actions exercées par les courants sur les aimants, et des actions réciproques des aimants sur les courants. Ces actions furent observées, pour la première fois, par le physicien Œrsted, professeur à Copenhague.

Œrsted découvrit, en 1820, qu'un courant voltaïque circulant autour d'une aiguille aimantée écarte cette aiguille de sa position naturelle.

La figure ci-contre montre comment on dispose l'expérience. Dès que le courant électrique est établi dans le fil AB, qui passe par-dessus l'aiguille aimantée C, on voit cette aiguille se mettre en mouvement, prendre une direction opposée à sa direction habituelle et indiquer la ligne est-ouest, au lieu du nord. Le sens de la déviation observée dépend de la direction du courant et de sa position par rapport à l'aiguille.

Fig. 115. — Déviation de l'aiguille aimantée par le courant de la pile.

Ampère a résumé ces résultats dans l'énoncé suivant, qu'on nomme la *loi d'Ampère* : « Un courant rectiligne agissant sur un aimant tend toujours à le placer dans une position perpendiculaire à la sienne, et de manière que le pôle austral soit à la gauche du courant. » En disant la gauche du courant on suppose que l'observateur est placé suivant la direction même du conducteur, de manière que le courant entre par ses pieds et sorte par sa tête, le visage regardant l'aiguille ; la gauche et la droite du courant sont alors la gauche et la droite de l'observateur.

Grâce aux découvertes d'Œrsted et d'Ampère, on pouvait donc, non seulement constater l'existence d'un courant, mais encore en déterminer la direction. Toutefois de tels effets étaient très faibles; il fallait en augmenter l'intensité. Une nouvelle découverte vint fournir le moyen cherché.

Schweigger ayant enroulé sur lui-même le fil conducteur d'une pile, en l'isolant par une enveloppe de soie, et ayant placé une aiguille aimantée au centre de ce système, remarqua que la déviation de cette aiguille augmentait avec le nombre de tours du fil conducteur. Cet appareil prit le nom de *multiplicateur de Schweigger*. Tous les tours du fil étant parcourus dans le même sens par le courant, ils exercent des actions concordantes sur l'aiguille, pour amener le pôle austral à la gauche du courant. On augmente encore beaucoup la sensibilité du *multiplicateur* en se servant, ainsi que l'a indiqué Nobili, d'un système de deux aiguilles, d'intensité égale, placées parallèlement, et dont les pôles contraires se correspondent, ces aiguilles reliées par une petite tige métallique perpendiculaire étant l'une à l'intérieur et l'autre à l'extérieur du *multiplicateur*. Ce système a pour effet, d'une part de diminuer l'action directrice de la terre, et d'un autre côté d'augmenter l'action du courant.

Le *galvanomètre* n'est autre chose qu'un multiplicateur construit sur ce dernier principe, et auquel on a ajouté un cercle divisé, qui permet de mesurer les déviations de l'aiguille; à l'aide d'une table, on en déduit l'intensité des courants qui agissent.

Grâce à leurs expériences, Biot et Savart ont reconnu que les forces qui tendent à déplacer les pôles d'un aimant, en présence d'un courant, varient en raison inverse de la distance des pôles au courant lui-même. Suivant les conditions dans lesquelles les aimants sont placés, l'action d'un courant peut lui donner soit une orientation, soit un mouvement de translation ou de rotation continue. Ces diverses expériences sont faites dans les cours de physique, et elles sont le fondement de l'électricité moderne.

Mais d'autre part les courants peuvent développer l'aimantation dans les corps magnétiques placés à une faible distance. En 1820, Arago découvrit ce fait fondamental que l'électricité, circulant autour d'une lame de fer *doux*, c'est-à-dire très pur, communique à cette lame les propriétés de l'aimant.

Et si l'on enroule un grand nombre de fois, autour d'une tige de fer *doux* A, disposée en forme de fer à cheval, comme le montre la figure 116, un fil de cuivre recouvert de soie, substance isolante, et qu'on mette les deux extrémités de ce fil en rapport avec les pôles d'une pile, aussitôt le fer devient un aimant, et peut attirer un autre morceau de fer B, placé à peu de distance. Qu'on interrompe le courant, c'est-à-dire la communication du fer avec la pile, aussitôt le fer perd ses propriétés d'aimant, revient à son état naturel, et le morceau de fer B qu'il avait attiré se détache de lui. En une seconde, on peut ainsi changer plusieurs fois un morceau de fer en aimant, ou plutôt électro-aimant, pour lui rendre ensuite ses propriétés naturelles.

Fig. 116. — Aimantation artificielle d'une tige de fer par le courant électrique.

A noter qu'un électro-aimant servant à assurer un contact ne se détache pas à l'instant où le courant est interrompu ; quelquefois il supportera encore longtemps une portion de la charge qu'il portait quand le courant circulait. Ce magnétisme qui persiste est le *magnétisme rémanent* ; il est d'autant plus faible que le fer est plus pur et mieux travaillé.

On appelle *courants magnéto-électriques* des courants produits sous l'influence des aimants. Supposons une bobine reliée à un galvanomètre, et dans laquelle on place un barreau de fer doux. Si l'on approche vivement de son extrémité supérieure l'un des pôles d'un aimant, le barreau s'aimante par influence et l'aiguille du galvanomètre est fortement déviée. Cette déviation est inverse du sens des courants particuliers développés dans le fer. Toutefois l'aiguille revient presque aussitôt à sa position première, et y reste tant que le fer demeure aimanté. Si l'on enlève l'aimant, le magnétisme du fer disparaît, et l'aiguille du galvanomètre indique un courant induit direct, c'est-à-dire de même sens que les courants particuliers qui avaient été engendrés dans le fer. Supposons maintenant qu'on enlève de la bobine le barreau qui y avait été placé, et qu'on y introduise rapidement le même aimant : l'aiguille accuse encore un courant inverse ; en retirant l'aimant on obtient un courant direct.

Fig. 117. — Électro-aimant, ou aimant artificiel.

Et l'on résume ces faits dans la *loi de Lenz* : « Toutes les fois qu'on déplace un circuit fermé dans le voisinage d'un aimant, il se développe dans ce circuit un courant de sens contraire à celui qui eût été capable de produire ce déplacement. »

Quand un courant parcourt un circuit, si l'on rompt ou si l'on rétablit ce circuit, il se forme à chacune de ces opérations un courant d'induction dans tout le circuit fermé voisin du premier. Chacun des éléments d'un courant doit naturellement produire une action inductrice semblable sur les éléments voisins de son propre circuit, et cette action est d'autant plus grande que le circuit est plus enroulé sur lui-même. Ces courants d'induction sont appelés *extra-courants*. L'*extra-courant* de rupture, de même sens que le courant principal, en augmente momentanément l'intensité, tandis que l'extra-courant de fermeture, de sens contraire, diminue cette intensité dans les premiers instants, les courants d'induction étant, ainsi que nous l'avons vu, de peu de durée.

Tous les courants d'induction offrent cette particularité d'avoir une durée très courte et une très grande intensité.

Les *machines d'induction* sont fondées sur les principes ci-dessus exposés. Elles ont pour objet de produire de l'électricité par le mouvement rapide d'un corps conducteur, en présence d'un aimant, par exemple par le mouvement d'un fil métallique tournant devant un corps aimanté. Si le conducteur se déplace devant un aimant permanent, on appelle cette machine *magnéto-électrique* ; si le conducteur se déplace devant un électro-aimant, elle se nomme *dynamo-électrique*.

Une des premières machines *magnéto-électriques* fut construite en 1832 par le physicien anglais Clarke. Cette machine se compose d'un aimant formé de plusieurs fers à cheval superposés et fixés à une planchette, devant lequel tournent, au moyen d'une manivelle, deux bobines de fil de cuivre recouvert de soie. Il se développe ainsi une série de courants d'induction, alternativement directs et inverses, ou positifs et négatifs, produits par le rapprochement et l'éloignement alternatifs des bobines, des pôles de l'aimant. Les deux courants de sens contraire qui parcourent les fils des bobines peuvent être transformés en un seul courant de même sens, au moyen d'un appareil joint à la machine, et qui porte le nom de *commutateur*.

Un peu avant Clarke, un constructeur de Paris, Pixii, avait exécuté une machine à peu près semblable, mais dans laquelle les bobines étaient fixes et l'aimant tournait. Le résultat était évidemment le même.

En 1849 Nollet, descendant du savant abbé Nollet, et professeur de physique à Bruxelles, modifia d'une manière ingénieuse la machine de Clarke. Il prit soixante gros aimants permanents en fer à cheval, et les plaça en face d'un arbre horizontal, garni d'un nombre égal de bobines de fil de cuivre recouvert de soie. Une rotation très rapide fut donnée aux bobines autour des aimants fixes, au moyen d'une machine à vapeur. C'était la première machine industrielle transformant le mouvement en électricité. Perfectionnée par Van Malderen et par le physicien français Masson, la machine magnéto-électrique de Nollet reçut sa forme définitive quelques années plus tard, et fut alors connue sous le nom de *machine de la compagnie l'Alliance*, compagnie dirigée par Auguste Berlioz. Construites, au début, pour remplacer la pile de Bunsen dans les ateliers de galvanoplastie, elles furent, en 1855, appliquées aux premiers essais d'éclairage électrique. Elles furent bien longtemps employées pour les phares français. Elles ont été peu à peu supplantées par les machines dynamo-électriques avec électro-aimants. Dans celles-ci on appelle, au moins primitivement, *armature* ou *induit* la partie tournante. Elle est formée d'un grand nombre de bobines invariablement reliées à l'arbre de la machine. Les courants qui y sont formés par leur rotation devant les puissants pôles magnétiques d'électro-aimants sont recueillis par des conducteurs multiples, appelés *balais*, et amenés au circuit extérieur. Le type fondamental d'armature des machines dynamos est l'*anneau de Gramme*, que nous allons décrire. On appelle *inducteurs* les électro-aimants fixés au bâti de la machine, et entre les pôles desquels tourne l'armature.

Fig. 118. — Machine dynamo-électrique Gramme.

Voici comment est composé l'*anneau* de Gramme : soit un anneau de fer doux, sur lequel est enroulé un fil de cuivre sans fin, et placé entre deux pôles magnétiques ; il s'aimantera par influence, et prendra des pôles respectivement de noms contraires à ceux de l'inducteur. Supposons maintenant qu'on fasse tourner l'anneau, ses pôles resteront fixes dans l'espace, et seront, par conséquent, toujours en regard des pôles inducteurs. Tout se passera comme si le fil tournait seul sur l'anneau.

On remarquera que, dans ce mouvement, toutes les spires de fil situées, à un instant donné, du même côté du diamètre perpendiculaire à la ligne des pôles sont parcourues par des courants induits de même sens. Toutes les spires situées de l'autre côté seront également parcourues par des courants de même sens, mais de sens contraire à celui des premières spires.

En considérant une spire dans un quart de révolution, le courant induit qui la parcourt varie constamment d'intensité, et atteint un maximum quand la spire est vis-à-vis du pôle correspondant de l'inducteur. Dans chaque moitié de l'anneau, tous les courants induits, étant de même sens, s'ajoutent, pour donner un courant résultant égal à leur somme. Il en est de même dans l'autre moitié de l'anneau ; les courants résultants sont donc égaux, mais de sens contraire. On voit qu'il y a ainsi réunion, en batterie, des deux séries d'éléments.

L'anneau de Gramme est réellement formé d'un faisceau de fils de fer doux. Le fil induit qui recouvre l'anneau est composé de bobines distinctes, placées les unes à côté des autres et réunies en tension, le bout finissant de l'une étant relié au bout commençant de l'autre.

Pour recueillir les courants produits dans les deux portions de l'appareil, on a une série de lames de cuivre égale à celle des bobines et isolées les unes des autres. A chaque lame de cuivre on attache l'extrémité terminale d'une spirale et l'extrémité initiale de la suivante. Le système de ces pièces de cuivre est assujetti à l'anneau de façon à tourner avec lui autour de l'axe, et constitue le collecteur de la machine. Deux ressorts frotteurs, formés de fils fins métalliques et appelés *balais,* recueillent le courant, pour le transmettre au fil extérieur qui leur est fixé. L'un est le balai positif et l'autre le balai négatif. Il existe entre eux une différence de tension, qui constitue la force électro-motrice de la machine.

La disposition du collecteur fait qu'on recueille un courant dont le sens est toujours le même, ne subissant pas d'interruption complète, et d'une intensité sensiblement constante.

Dans d'autres machines, au contraire, les courants sont utilisés tels qu'ils sont formés dans les bobines. Comme ils changent de sens, de part et d'autre du diamètre, le courant résultant est renversé et jusqu'à 20 ou 30 000 fois par minute, en passant chaque fois par zéro. Ce sont les *machines dynamos à courants alternatifs*. On y fait redresser les courants à l'aide d'un commutateur, de façon à les ramener de même sens, mais leur intensité n'est pas constante.

Il y a deux genres de dynamos : les unes sont à excitation indépendante, et le courant qui parcourt les électro-aimants est produit par une autre machine magnéto ou dynamo ; les autres sont auto-excitatrices, et fournissent elles-mêmes ce courant. On doit alors considérer le noyau de l'électro-aimant inducteur comme possédant, avant que le mouvement de la machine soit produit, une aimantation faible qui est due soit à l'action du magnétisme terrestre, soit au magnétisme rémanent dont nous avons parlé, et qui suffit pour produire un courant induit. La machine mise ensuite en mouvement acquiert, d'une façon presque instantanée, une puissance qui va alors en augmentant avec la vitesse de rotation.

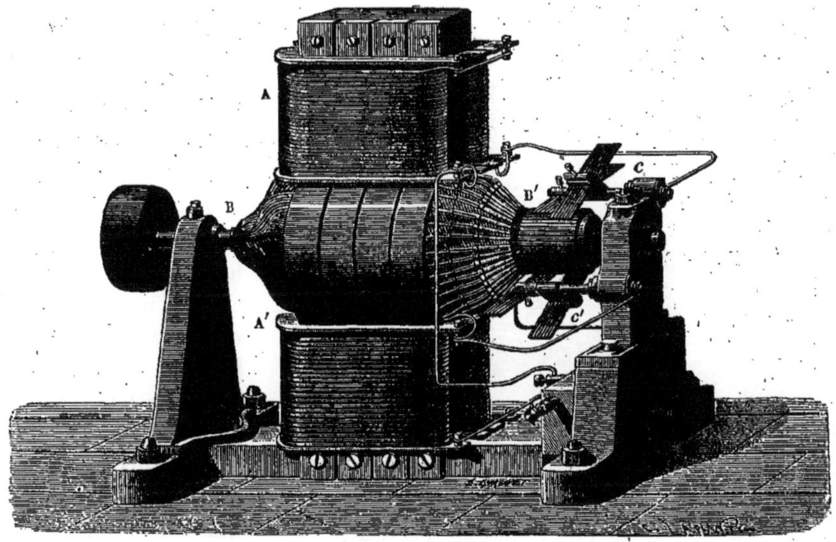

Fig. 119. — Machine dynamo-électrique Siemens.

Pour les machines à courants alternatifs, elles ne peuvent être auto-excitatrices qu'autant qu'on aura pris soin de redresser les courants avant de les envoyer dans le fil des électro-aimants.

Parmi les machines auto-excitatrices, il y a encore des distinctions à faire. La machine est à excitation simple ou en série, si l'inducteur est parcouru par une simple dérivation du courant principal ; enfin, elle est à excitation en double circuit si l'inducteur est excité à la fois par le courant total et par une dérivation. Dans ce dernier cas, la machine est dite à enroulement *compound* ou composé.

Il y actuellement une foule de machines génératrices d'électricité : Gramme, Bréguet, Edison, Siemens, Brush, Schuckert, Harston, Elmore, Mather, Thomson, etc. Nous pouvons jeter de plus près un coup d'œil sur les machines Gramme, dont nous avons déjà décrit l'anneau, ou Siemens et Edison.

Dans la première machine Gramme à courants continus qui ait été créée en vue de l'usage industriel, l'inducteur comporte deux électro-aimants placés horizontalement et montés l'un en face de l'autre, de manière à avoir les pôles de même nom en regard. La bobine d'induction, ou anneau, renferme 30 bobines de fils de cuivre, et est placée entre les électro-aimants ; les courants sont recueillis par deux *balais* et le collecteur. Le mouvement rapide de rotation est produit au moyen d'une machine à vapeur qui fait tourner, par une courroie et une poulie A, l'anneau, lequel produit ainsi des courants d'induction d'une grande puissance. Le gros électro-aimant est en B, recourbé en forme de fer à cheval et solidement établi sur un socle de fonte très lourd ; les balais et les collecteurs C envoient le courant électrique aux appareils d'éclairage par le fil qui est apparent sur notre dessin.

Fig. 120. — Machine dynamo-électrique Edison.

La machine dynamo-électrique Siemens, également très répandue, est verticale ou horizontale. Les inducteurs AA' sont deux électro-aimants doubles en forme de fer à cheval. La bobine d'induction BB' diffère de l'anneau de Gramme par le mode d'enroulement du fil. Les balais et les collecteurs *cc'* sont les mêmes que ceux de la machine Gramme.

La machine Edison, qui est d'un grand usage pour l'éclairage électrique, se compose d'un gros électro-aimant recourbé AA', entre les deux branches duquel passe un induit, qui n'est autre que la bobine Gramme, munie de l'enroulement Siemens et des collecteurs Gramme. La poulie C fait tourner la bobine au moyen d'une courroie attachée à l'arbre de la machine à vapeur.

Les machines à vapeur à grande vitesse sont les meilleurs moteurs pour actionner les machines dynamos. Cependant une machine à vapeur de vitesse moyenne, en usage dans les ateliers, peut fournir également de bons résultats, pourvu qu'elle soit munie d'un régulateur très sensible, qui puisse donner une grande uniformité de marche. De plus en plus on recourt aux turbines à vapeur, qui précisément tournent si vite. Les moteurs à gaz donnent également de réels avantages, grâce à leur facilité d'installation. On peut également se servir de l'air comprimé, ou de turbines hydrauliques actionnées par des chutes d'eau, suivant le cas où l'on se trouve.

Depuis un certain nombre d'années, les machines génératrices d'électricité, les dynamos, comme on les nomme maintenant couramment, se sont étrangement perfectionnées, et surtout ont pris des proportions énormes ; elles se présentent du reste suivant des aspects très variables, suivant les préférences des constructeurs, en ce sens notamment que les unes auront des inducteurs mobiles et des induits fixes, et que, dans les types combinés pour les autres, ce sera le contraire. Mais le principe est toujours le même, et c'est pour cela qu'il faut surtout faire honneur à ceux qui ont imaginé les grands principes, et qui ont ainsi permis la production en grande masse, de façon économique, de ce courant électrique qui nous rend tant de services, sous des formes et pour des applications innombrables.

Aujourd'hui toutes les grandes stations électriques, les centrales, comme on les nomme, nous fournissent des exemples de ces énormes génératrices, auxquelles on donne le nom d'alternateurs, quand elles fournissent ce courant alternatif dont nous parlions il y a un instant. Paris en particulier possède de ces grandes centrales, comme celle qui a été installée à Saint-Denis, dans la banlieue, pour desservir et les lignes métropolitaines parisiennes, et les consommateurs divers de courant qui l'utilisent pour mouvoir des moteurs, pour s'éclairer, etc.

Si nous entrions dans cette usine de Saint-Denis, nous y verrions précisément d'énormes machines à vapeur dotées de volants pesant 35 000 kilogrammes ; et c'est sur leur arbre et sur ce volant qu'est disposée la partie tournante, mobile, de la machine électrique qui engendre le courant qu'on distribuera ensuite dans toute l'agglomération parisienne. Pour se rendre compte de la puissance de ces génératrices, il est bon de songer que le volant sur lequel elles sont montées a 7 mètres de diamètre.

Partout maintenant on installe des stations électriques où les dynamos sont susceptibles de fournir continuellement une quantité de courant électrique correspondant à des milliers et des milliers de chevaux-vapeur de puissance. Nous parlerons plus loin un peu plus en détail des usines où l'on utilise la puissance des chutes d'eau pour actionner des dynamos et produire du courant, des usines hydro-électriques : c'est là surtout que nous trouverons des puissances énormes.

Ce qui du reste a permis ce développement de la production et des usages du courant électrique, c'est la faculté que l'on a de l'envoyer commodément à longue distance, pour le distribuer à des consommateurs souvent fort éloignés, à des dizaines et même des centaines de kilomètres. Cela grâce à ce qu'on appelle le transport du courant électrique ; et aussi à la réversibilité des machines électriques. Nous parlerons de l'un comme de l'autre dans un autre chapitre. Ils ont révolutionné le monde moderne.

XI

LA GALVANOPLASTIE ET LES DÉPOTS ÉLECTRO-CHIMIQUES

La galvanoplastie. — Opérations pratiques de la galvanoplastie. — Préparation du moule. — Manière d'effectuer le dépôt du cuivre à l'intérieur du moule. — Applications de la galvanoplastie à la gravure, à la typographie, etc. — Son origine. — Les dépôts électro-chimiques. — Dorure et argenture des métaux. — Le cuivrage et le nickelage. — Substitution des machines dynamos électriques et des accumulateurs aux piles dans les grandes industries. — L'électrolyse.

La galvanoplastie est une des applications les plus utiles qui aient été faites de la chimie aux opérations des arts. Elle permet d'obtenir, par de simples dissolutions salines, et grâce à l'action de l'électricité, des objets en cuivre et argent que l'on n'avait pu produire jusqu'ici que par le travail du ciseau ou par la fonte de la matière métallique. Elle sert à reproduire un objet quelconque. Pour cela on opère sur un moule qu'on a pris sur l'original à reproduire. Le dépôt de cuivre ou d'argent s'obtient en décomposant par le courant d'une pile voltaïque une dissolution du sel contenant le métal à déposer : une dissolution de sulfate de cuivre s'il s'agit de provoquer un dépôt de cuivre, une dissolution d'azotate d'argent si l'on veut obtenir par la pile une reproduction en argent.

Aujourd'hui les moules sont faits presque exclusivement en *gutta-percha,* qui se ramollit par la chaleur, et prend avec la plus grande facilité les formes d'un objet, quand, après l'avoir ramollie par la chaleur, on l'applique contre le modèle à reproduire, ou qu'on la coule sur ce modèle. On peut aussi se servir de gélatine, de plâtre.

Mais comme ces matières ne conduisent point l'électricité, on rend conductrice la surface intérieure du moule en la recouvrant de *plombagine* réduite en poudre.

Ensuite on attache le moule au pôle négatif d'une batterie de Bunsen, et l'on dépose ce moule dans une cuve de bois contenant une dissolution de sulfate de cuivre, les fils conducteurs plongeant dans le bain, comme le montre la figure 114. Par l'action du courant électrique, le sel de cuivre est décomposé, son oxyde est réduit en ses éléments, cuivre et oxygène ; l'oxygène se porte au pôle positif et se dégage dans l'air, le cuivre se porte au pôle négatif et se précipite à l'état métallique. Mais comme le moule de gutta-percha est attaché au fil négatif de la pile, c'est dans son intérieur que s'effectue la précipitation du métal. Les creux du moule se trouvent ainsi, au bout de quelques heures, remplis d'un dépôt de cuivre. Ce dépôt augmentant sans cesse, la capacité inférieure du moule se trouve bientôt occupée tout entière par un dépôt de métal, qui reproduit avec une fidélité extraordinaire les détails les plus délicats de l'original. On place dans la cuve un sac contenant des cristaux de sulfate de cuivre qui se dissolvent dans l'eau, à mesure qu'une partie du sel dissous est détruite par le courant, et de cette manière on entretient toujours le bain au même état de saturation. Quand le dépôt métallique a pris l'épaisseur nécessaire, on le retire du bain, on détache le dépôt du moule, auquel il n'adhère que faiblement, et l'on obtient ainsi une reproduction du modèle.

Fig. 121. — Moule d'une médaille obtenu avec le plâtre.

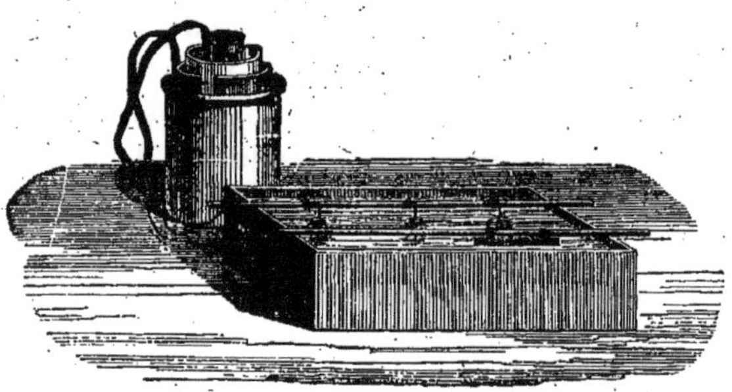

Fig. 122. — Dépôt du cuivre dans l'opération galvanoplastique.

On peut obtenir des dépôts d'argent, en faisant agir le courant de la pile sur les dissolutions d'azotate d'argent ; on a réussi à produire des dépôts de nickel, d'or, etc.

La galvanoplastie a des applications fort étendues.

L'art de la typographie et celui de la gravure reçoivent de très importants services de la galvanoplastie. Elle permet de reproduire une composition, des gravures sur bois, et les clichés servent à imprimer les figures dans le texte des livres, afin de conserver sans altération la gravure. On peut aussi obtenir plusieurs reproductions semblables d'une planche de cuivre gravée, qui serait vite mise hors d'usage au bout d'un tirage plus ou moins long.

On doit se rappeler que c'est, en 1807, Brugnatelli, physicien de Padoue, élève de Volta, qui fit le premier connaître la manière d'obtenir par la pile des dépôts d'or et d'argent. Mais la galvanoplastie n'a été créée que vers 1837, par les travaux d'un physicien russe, H. Jacobi.

La dorure et l'argenture des métaux s'obtenaient autrefois uniquement par l'intermédiaire d'un amalgame d'or ou d'argent, mélange de mercure et d'or ou d'argent dont on barbouillait la pièce à dorer ou à argenter ; on l'exposait ensuite au feu : la chaleur volatilisait le mercure, et l'or ou l'argent restaient appliqués sur la pièce. Ce procédé est très malsain.

La dorure électro-chimique, qui a été imaginée en 1841, en Angleterre, par Elkington, est une application des plus heureuses de l'électro-chimie. La dorure et l'argenture électro-chimiques ne sont autre chose qu'une opération de galvanoplastie dans laquelle on emploie, au lieu du moule, l'objet à argenter ou à dorer. La façon d'opérer est identique. On ne dépose du reste qu'une très faible couche de métal. Pour dorer, le bain renferme du cyanure d'or dissous dans du cyanure de potassium.

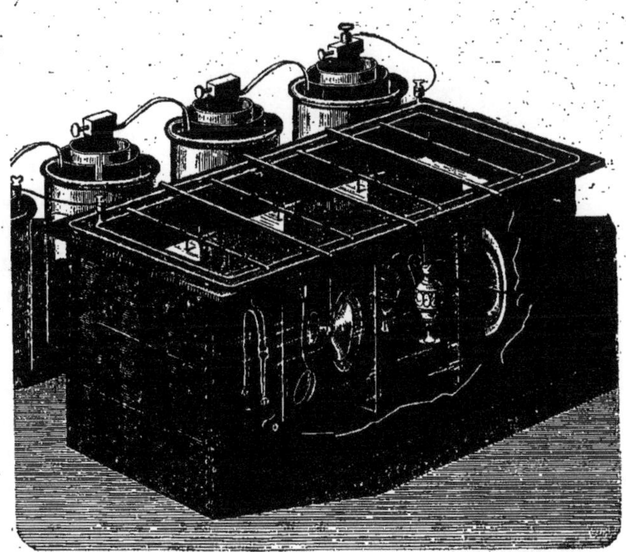

Fig. 123. — Dorure par la pile (appareil composé).

Quand on a une grande quantité d'objets à dorer, pour rendre l'opération continue, on fait usage de l'*électrode soluble*, une lame de métal, que l'on attache, non plus au pôle négatif, comme quand on veut recueillir le dépôt du métal, mais bien au pôle positif de la pile. L'or se dissout au pôle positif de la pile, à mesure qu'il se précipite au pôle négatif, et la dorure s'effectue sans interruption.

Pour argenter, on remplace le cyanure d'or par du cyanure d'argent, et dissout ce cyanure dans du cyanure de potassium. L'application industrielle la plus importante de l'argenture électro-chimique consiste dans la préparation des couverts en métal non précieux.

On peut déposer par la pile le cuivre en couche mince, comme pour le cuivrage des candélabres des rues de Paris ; ces candélabres sont en fonte.

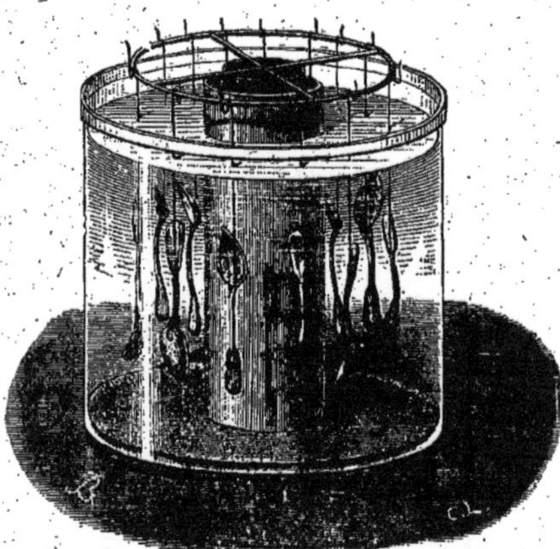

Fig. 124. — Appareil pour l'argenture électro-chimique.

Le dépôt de nickel par voie électrique est constamment utilisé maintenant sur une foule d'objets en cuivre, en fer, qu'on veut préserver de l'oxydation.

A noter que maintenant, pour la galvanoplastie, les piles ne sont plus employées que chez les petits industriels ; l'électricité est fournie par une *dynamo*. Les machines dynamo employées dans les ateliers de galvanoplastie sont semblables à celles qui sont utilisées pour l'éclairage électrique. Le courant fourni par ces machines est économique ; on se sert aussi d'accumulateurs.

A côté de la galvanoplastie on emploie le courant électrique à une multitude d'opérations industrielles. C'est par exemple l'*éléctrolyse,* qui utilise la décomposition des sels métalliques sous le passage du courant en vue d'applications industrielles, ou l'*électro-métallurgie,* industrie toute nouvelle, qui a pour but d'extraire les métaux à l'état de pureté parfaite, par l'action d'un courant électrique sur les minerais naturels, et par suite de l'action calorifique que cause toujours le passage d'un courant, en proportion de la résistance qu'il trouve à son passage.

Nous reparlerons plus loin de l'électro-métallurgie, qui se rattache intimement au four électrique ; et il est légitime d'insister un peu longuement sur cette admirable découverte du four électrique.

Comme exemple d'industrie faisant appel couramment à l'électrolyse, nous citerons celle du raffinage du cuivre ; la plus grande partie du cuivre qu'on emploie maintenant est du cuivre électrolytique. Le cuivre impur extrait des minerais est suspendu baignant dans une solution de sulfate de cuivre que contient un bac en bois recouvert intérieurement d'un revêtement de plomb. Le cuivre impur est relié au pôle positif d'une dynamo, tandis que le pôle négatif est relié, lui, à une feuille de cuivre pur suspendue dans le bain. C'est là que le cuivre pur enlevé pour ainsi dire aux blocs de cuivre impur viendra se déposer, sous l'influence du passage du courant, les impuretés tombant au fond du bac en bois.

XII

LA TÉLÉGRAPHIE ÉLECTRIQUE ET LA TÉLÉGRAPHIE TRANSATLANTIQUE
LA TÉLÉGRAPHIE PNEUMATIQUE
LA TÉLÉGRAPHIE SANS FILS ET LA PHOTOTÉLÉGRAPHIE

Historique. — Première mention du télégraphe électrique. — Georges Lesage, à Genève, construit le premier télégraphe électrique. — Télégraphie aérienne de Chappe. — Télégraphie optique. — Les découvertes de la pile de Volta et de l'aimantation temporaire du fer. — Principe général de tous les télégraphes électriques. — Télégraphe de Morse. — Télégraphe à aiguilles. — Télégraphe à cadran. — Télégraphe imprimant. — Les télégraphes perfectionnés. — Le télégraphe sous-marin. — La télégraphie pneumatique. — La télégraphie sans fils ; Branly et Marconi. — La phototélégraphie ; appareils Korn, Belin, Semat, etc.

La pensée d'appliquer l'électricité à une correspondance télégraphique s'est présentée à l'esprit des physiciens dès qu'on eut connaissance des phénomènes électriques, et qu'on eut constaté que l'électricité se transmet d'un point à un autre, dans un espace de temps inappréciable. En 1760, Lesage, professeur de mathématiques à Génève, conçut le projet d'un télégraphe électrique, et il construisit cet instrument en 1774. Ce premier télégraphe électrique se composait de vingt-quatre fils métalliques, séparés les uns des autres, et enfermés dans une substance non conductrice. Chaque fil aboutissait à une tige portant une petite balle de sureau suspendue à un fil de soie. Quand on touchait un des fils, à l'une des stations, avec un bâton de cire électrisé par le frottement, la balle de sureau était repoussée à l'autre station, et ce mouvement désignait une lettre de l'alphabet. D'autre part Lhomond, en France, en 1787, — Bettancourt, en Espagne, en 1788, — Reiser, en Allemagne, en 1794, — François Salva, médecin de Madrid, en 1796, — mirent cette idée en pratique, par différentes dispositions. Mais ces divers instruments étaient des curiosités de cabinet de physique. L'électricité statique mise à contribution ne réside qu'à la surface des corps et tend toujours à abandonner les conducteurs.

Sur ces entrefaites, un système parfait de télégraphie aérienne ayant été découvert par l'abbé Claude Chappe, les signaux aériens furent adoptés en France, à partir de 1793, comme moyen de télégraphie, et cette méthode se propagea bientôt dans l'Europe entière. La télégraphie aérienne de Claude Chappe consistait à exécuter des signaux au moyen de lames mobiles placées dans diverses positions, que l'on regardait avec des longues-vues ; ces signaux correspondaient à un alphabet déterminé. Aujourd'hui cette télégraphie aérienne est abandonnée ; mais l'on a imaginé pour les armées et l'on utilise encore la télégraphie optique, qui consiste également à exécuter des signaux à de grandes distances, et à les lire au moyen de lunettes d'approche : ces signaux étant formés par l'apparition et la disparition de lumières qui correspondent à des traits ou à des points, et constituent un véritable alphabet.

Fig. 125. — Télégraphe électrique de Georges Lesage, construit en 1774.

La découverte de la pile de Volta vint rendre possible la télégraphie électrique. Le moyen de provoquer, grâce à l'électricité, l'action mécanique nécessaire pour créer un bon télégraphe électrique, fut du reste apporté par la découverte du physicien danois Œrsted. Œrsted découvrit, en 1820, qu'un courant voltaïque circulant autour d'une aiguille aimantée écarte cette aiguille de sa position naturelle. Bientôt Ampère donna la description d'un appareil de correspondance télégraphique basé sur les déviations d'autant d'aiguilles aimantées qu'il y a de lettres dans l'alphabet.

Mais de tels effets étaient très faibles ; il fallait en augmenter l'intensité. Une seconde découverte en physique fournit le moyen cherché. On tira parti de la découverte de Schweigger, signalée plus haut, et aussi de la découverte des électro-aimants par Arago. C'est en effet sur l'aimantation temporaire du fer par le courant électrique que sont fondés les appareils de la télégraphie électrique.

On va comprendre comment on peut produire, à distance, un effet mécanique, au moyen de l'aimantation temporaire du fer par le courant électrique. Soit à Paris une pile en activité. Le fil conducteur de cette pile s'étend jusqu'à Calais, par exemple, et là il s'enroule autour d'une lame de fer : puis il est ramené à la pile située à Paris. Le fluide électrique partant de Paris aimante la lame de fer placée à Calais (fig. 126); et si, au-devant de cette lame, on place un disque de fer mobile, ce disque, aussitôt attiré, s'appliquera sur notre aimant artificiel et temporaire. Maintenant, supprimons, à Paris, la communication du fil conducteur avec la pile, la lame de fer qui se trouve à Calais est désaimantée ; elle ne retient plus le disque de fer mobile, qui reprend alors sa position primitive, et cela d'autant plus aisément qu'un ressort *r* pourra favoriser son mouvement en arrière, comme on le voit dans la figure ci-contre. Ainsi, en établissant et en interrompant successivement le courant à Paris, on obtient, à Calais, un mouvement de va-et-vient du disque de fer. Ce mouvement est le fait fondamental sur lequel repose le mécanisme du télégraphe électrique.

Fig. 126.

Toutefois, la construction d'une ligne télégraphique a été beaucoup simplifiée dès que l'on a reconnu que l'on peut supprimer le fil de retour vers la pile. La terre, corps éminemment conducteur, sert de conducteur de retour. On place dans le sol humide une plaque métallique en rapport avec le fil conducteur qui doit faire revenir le courant à la pile d'où il provient, et l'on en fait autant au lieu où la pile est installée. Le courant de retour s'opère par la terre.

On a construit nombre de télégraphes électriques, fondés sur l'aimantation temporaire du fer, mais ils diffèrent les uns des autres par le mécanisme qui sert à appliquer ce phénomène à la production des signaux.

Les plus employés pendant longtemps ont été les suivants :

L'appareil américain, ou *appareil Morse* ; l'appareil à aiguilles, usité en Angleterre ; l'appareil à cadran ; l'appareil imprimant.

Samuel Morse, physicien des États-Unis, mort en 1872, est généralement considéré comme le créateur de la télégraphie électrique. Il imagina, dit-on, cet instrument, le 19 octobre 1832, en retournant de France en Amérique, à bord du navire le *Sully*.

Voici la disposition essentielle du télégraphe Morse. En A (fig. 127) est un électro-aimant double. Chaque électro-aimant (*e*, *f*) se compose d'un long fil de cuivre entouré de soie, enroulé autour d'une lame de fer. Au-dessus et à peu de distance, on voit la lame de fer B, qui sera attirée par l'électro-aimant A. Cette lame est liée à un levier métallique coudé CD. Quand on fait passer le courant, la plaquede fer B vient s'appliquer sur l'électro-aimant A. Cette plaque étant attachée au levier coudé CD, et ce levier basculant autour du centre auquel il est lié, son extrémité C s'abaisse et son extrémité libre D, qui porte un poinçon, s'élève et se met en contact avec une bande de papier X, laquelle, à l'aide de rouages d'horlogerie H, possède un mouvement continu et uniforme. Si l'on interrompt le courant, la lame B n'est plus attirée, et un ressort à boudin E a pour effet d'abaisser le levier CD, et par conséquent de relever la pièce B dès qu'elle n'est plus retenue par l'influence temporaire de l'électro-aimant. Ainsi, par l'établissement et l'interruption alternatifs du courant électrique, la tige D est animée d'un mouvement alternatif d'élévation et d'abaissement, et peut former une série d'empreintes, traits ou points, sur la bande de papier X, qui se déroule continuellement et d'un mouvement uniforme. Ce *récepteur des signaux* est naturellement à la station d'arrivée. La pile, ainsi que l'instrument qui sert à établir et à interrompre successivement le courant, c'est-à-dire l'*expéditeur*, sont à la station de départ.

Fig. 127. — Télégraphe électrique Morse. — Disposition typique de l'appareil récepteur des signaux.

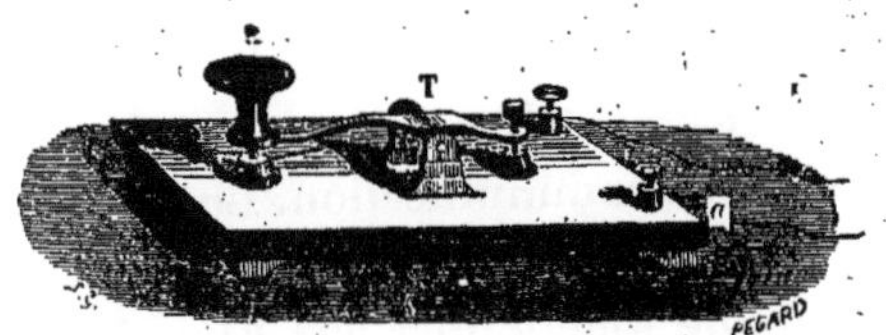

Fig. 128. — Télégraphe électrique de Morse. — Appareil expéditeur des signaux.

Ce dernier appareil se compose d'un petit bouton métallique B (fig. 128), fixé à l'extrémité d'une tige métallique T. Par son élasticité, cette tige métallique tend constamment à se relever. Si l'on presse le bouton avec le doigt, on applique ce bouton contre une petite virole métallique, laquelle communique, au moyen d'une lame conductrice métallique placée au-dessous du plateau, avec deux petites viroles *aa*, auxquelles sont attachés les deux fils conducteurs de la pile. Ainsi, en pressant le ressort et l'abandonnant ensuite à son élasticité, on établit et l'on interrompt successivement pendant un temps plus ou moins long le passage de l'électricité dans l'appareil télégraphique, placé à l'autre station (fig. 127). D'où les traits ou les points reçus à l'autre bout de la ligne.

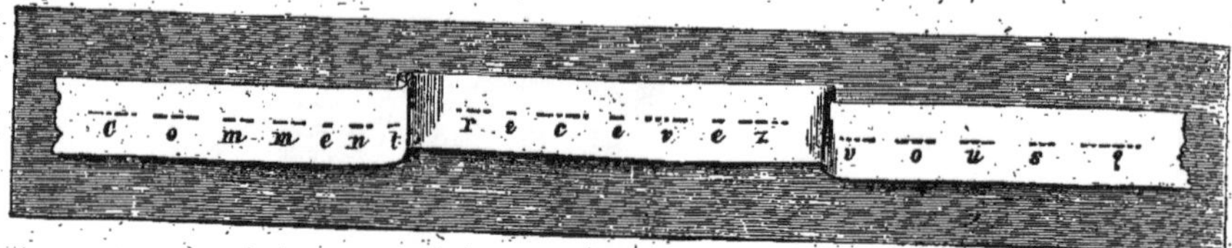

Fig. 129. — « Comment recevez-vous ? »

Le trait et le point fournissent autant de combinaisons qu'il est nécessaire pour une correspondance, suivant un alphabet de convention, dit *alphabet Morse*, dans lequel (.—) représentera par exemple A ; (..—) B,... etc. La figure 129 traduit la phrase « Comment recevez-vous ? »

Le télégraphe électrique que nous venons de décrire est le premier qui ait fonctionné aux États-Unis. C'est au mois de mai 1844 que fut inaugurée, aux États-Unis, la première ligne télégraphique. Elle fut établie entre Washington et Baltimore, première ligne télégraphique mettant deux villes en communication. Le télégraphe Morse n'a pas cessé, depuis cette époque, de fonctionner aux États-Unis. Il est aujourd'hui d'un usage courant en Europe.

Fig. 130. — Télégraphe électrique anglais ou appareil à deux aiguilles.

Le télégraphe anglais, ou *à deux aiguilles*, a été imaginé par Wheatstone, physicien anglais mort en 1875, à qui l'on doit l'établissement de la télégraphie électrique en Angleterre.

Ce télégraphe (fig. 130) se compose de deux aiguilles aimantées, qui peuvent se mouvoir et s'arrêter par l'action du courant électrique, établi ou interrompu. On met à volonté chacune de ces aiguilles en mouvement à l'aide de deux poignées, qui laissent circuler le courant autour d'elles. Sous l'influence du courant électrique, l'aiguille aimantée est déviée de sa direction vers le nord, et exécute un déplacement, qui sert de signe télégraphique. En effet ces aiguilles étant au nombre de deux, on a pu former un alphabet d'après le nombre de coups frappés par l'aiguille de droite, par celle de gauche, ou par toutes les deux simultanément. La lettre E, par exemple, est représentée par un coup de l'aiguille de gauche, et de deux de l'aiguille de droite; la lettre F par un coup de l'aiguille de gauche et trois de l'aiguille de droite, etc.

Fig. 131. — *Expéditeur* du télégraphe à cadran.

Si le télégraphe anglais a l'avantage de la simplicité, il n'a point celui de l'économie ni de l'exactitude; nulle trace du message ne peut y être conservée.

Le télégraphe électrique à cadran a été imaginé par Wheatstone. Ce système, assez compliqué, a été longtemps affecté à l'usage des chemins de fer, où l'on tend à le remplacer par le Morse. A la station de départ est disposé un cadran circulaire, sur lequel sont inscrits les 24 lettres de l'alphabet et les dix chiffres de la numération. Ce cadran est mis en relation, par le fil de la pile, avec un autre cadran tout semblable, placé à la station d'arrivée, et sur lequel se répètent exactement les mouvements exécutés sur le premier. Veut-on transmettre une dépêche à la station de départ, on amène successivement les diverses lettres qui composent les mots devant un point d'arrêt du cadran de l'appareil *expéditeur*, et par l'établissement ou la rupture alternative du courant qui fait mouvoir l'aiguille, ces mêmes lettres apparaissent, au même moment, sur le cadran *récepteur*, à la station d'arrivée, par l'effet de l'établissement ou de l'interruption du courant voltaïque à cette station. A l'aide de la poignée M (fig. 131),

Fig. 132. — *Récepteur* du télégraphe à cadran.

on amène le levier sur une des lettres, puis sur une autre, et l'on compose ainsi tous les mots de la dépêche.

On désigne sous le nom de télégraphe imprimant, un appareil qui trace sur le papier, en caractères d'imprimerie, la dépêche envoyée. Par la force électro-magnétique qu'engendre la pile, un caractère d'imprimerie recouvert d'encre est poussé contre une bande de papier, qui se déroule continuellement.

Des perfectionnements nombreux ont été apportés aux appareils télégraphiques qui ont permis d'accroître beaucoup le nombre des dépêches transmises dans un temps donné. Il y a par exemple (quoique peu employés) les *transmetteurs automatiques,* qui lancent les dépêches au moyen de bandes de papier perforées à l'avance par un employé, les trous correspondant aux caractères de l'alphabet Morse. Des services précieux sont rendus par les systèmes *à transmissions multiples* : on s'y sert de plusieurs appareils transmetteurs, qui sont manœuvrés à la fois par autant d'employés, utilisant alternativement les courants positif et négatif de la pile. On peut ainsi expédier plusieurs dépêches sur le même fil. Dans le troisième système, dit *à transmission simultanée,* on envoie plusieurs dépêches à la fois sur le même fil, dans le même sens ou en sens contraire, à l'aide d'appareils spéciaux.

Nous ne pouvons donner ici des détails sur tous ces appareils, assez compliqués dans leur mécanisme, et que nous ne faisons que mentionner. Un des plus connus est le télégraphe français Baudot. Il y a des appareils duplex, quadruplex, envoyant simultanément deux ou quatre dépêches.

Le télégraphe sous-marin. — La science a réalisé une des merveilles des temps modernes, en continuant au delà des terres les communications télégraphiques au moyen de fils conducteurs déposés sur le fond des mers.

La télégraphie électrique sous-marine a présenté longtemps de grandes difficultés, par suite de l'insuffisance et de la cherté des différentes matières dont on pouvait faire usage pour obtenir l'isolement du fil au milieu de la masse éminemment conductrice des eaux de la mer. Ce n'est qu'en 1849 que la gutta-percha permit de résoudre le problème.

C'est en 1850 que fut immergé le premier télégraphe sous-marin, entre Douvres et Calais. Le conducteur était un câble métallique, souple et solide à la fois. Quatre fils de cuivre, contenus dans une gaine de gutta-percha, étaient entrelacés avec quatre cordes de chanvre. Le tout était réuni par un mélange de goudron et de suif. Une corde de chanvre enroulée servait de fourreau au câble, qui était fortement serré à l'extérieur avec des fils de fer. Le câble, déposé dans la cale d'un navire à vapeur, en fut sorti partiellement et on le fit passer sur le pont du navire, autour d'une immense bobine de bois, placée près du tambour des roues du bâtiment. Alors les matelots, dévidant le fil de cette énorme bobine, le jetaient à la mer. Le câble, par son propre poids, descendait rapidement, jusqu'à ce qu'il eut touché le fond.

C'est là une opération extrêmement délicate, et qui exige des marins très adroits. Il arrive trop souvent qu'une brusque secousse imprimée

Fig. 133. — Bateau poseur de câbles sous-marins.

au bâtiment par les vagues brise le conducteur au moment où on le déroule.

Cependant l'expérience acquise aujourd'hui, et les bâtiments spéciaux construits pour cette opération, l'ont rendue infiniment plus facile aujourd'hui, de sorte que l'on arrive à jeter au fond de la mer avec beaucoup de rapidité, et sans le rompre, un câble d'une longueur énorme.

Ce système de communication sous-marine a fait en peu d'années de rapides progrès. Des télégraphes sous-marins réunissent aujourd'hui tous les continents.

Cela n'empêche que, quand les ingénieurs qui avaient posé le câble franco-anglais voulurent en établir un semblable entre la Sardaigne et l'Algérie, on vit ce câble, au bout de deux années seulement, se refuser complètement à transmettre la moindre dépêche. De même, quand on eut posé un premier câble de 3 600 kilomètres entre l'Europe et l'Atlantique, toutes les dépenses faites devinrent inutiles au bout de dix-sept jours seulement. Bien d'autres échecs se produisirent, mais on ne se découragea pas pour cela, et l'on trouva encore des gens pour risquer leurs fonds dans de semblables entreprises. Une commission anglaise rechercha les moyens de résoudre le problème.

C'est à la suite de ces études que l'illustre Cyrus Field fonda une nouvelle compagnie pour immerger un nouveau câble entre l'Europe et les États-Unis. L'honneur d'avoir réalisé la télégraphie transocéanique revient donc à l'Américain Cyrus Field. En 1864, le Congrès des États-Unis vota des remerciements publics à Cyrus Field, et lui offrit, au nom du peuple, une médaille d'or. L'ingénieur américain obtint le grand prix de l'Exposition internationale de Paris de 1867. Il est mort en 1892. La véritable méthode avait été trouvée, qu'on ne fait guère que suivre avec des améliorations de détail. Néanmoins ce n'est qu'en 1870 et 1871 que des communications directes ont été établies entre l'Angleterre et l'Inde, entre l'Europe et la Chine, le Japon et l'Australie.

Fig. 134. — Pose du câble sous-marin à bord.

La construction et la pose de ces conducteurs sont devenues aujourd'hui tellement simples que la mer n'est plus un obstacle à la création de communications sous-marines. La mer Rouge et la mer des Indes ont reçu des conducteurs sous-marins, qui permettent d'établir une communication télégraphique depuis Londres jusqu'aux possessions anglaises des Indes, et même jusqu'à la Chine et l'Indo-chine. Les télégraphes de terre se relient aux lignes immergées.

Dès 1866 l'Angleterre était reliée au continent américain par un câble continu, et en 1876 cinq câbles anglais partaient de Valentia (Irlande) pour aboutir à Terre-Neuve. En 1868 une ligne transatlantique française partait de Brest et allait à l'île Saint-Pierre, d'où un autre câble reliait la

France à l'Amérique. En 1880, à l'instigation de Pouyer-Quertier, de Rouen, un autre câble atlantique français a été jeté du Havre à New-York ; ce câble, le plus long conducteur sous-marin, dépasse 4 200 kilomètres et atteint une profondeur maxima de 5 000 mètres.

Nous donnons plus loin (fig. 13-7138) des coupes du câble transatlantique de Brest à l'île de Saint-Pierre.

Fig. 135. — Atterrissage du câble.

Le diamètre et l'armature résistante ne sont pas les mêmes, on le remarquera, dans le câble des profondeurs moyennes et dans celui des eaux profondes. Là, en raison de la pression d'eau, beaucoup plus forte, il a fallu armer le pourtour du câble d'une seconde gaine, contenant des fils conducteurs, afin de prévenir l'écartement ; et l'on a diminué le diamètre, pour faciliter son déroulement dans les grands fonds. Les profondeurs de 3 000 mètres ne sont pas rares, en effet, sur le lit de l'Océan, de l'île Saint-Pierre à Brest, et l'on comprend quelle énorme pression détermine cette hauteur d'eau. La profondeur va même, ainsi qu'il est dit plus haut, jusqu'à 5 000 mètres.

Il faut donc que, dans les parties du câble avoisinant les côtes, on augmente encore la force de l'armature, afin de remédier aux chocs et tiraillements qui peuvent résulter du passage des barques et navires, ainsi que du frottement contre les cailloux du rivage. Généralement un câble transatlantique comporte au centre une cordelette de fil de cuivre fin, noyée dans de la gutta-percha. Autour de cette âme est un ruban de toile en hélice; puis deux couches de toile de jute, pardessus un ruban de cuivre enroulé; une armature faite de fils d'acier tordus, enfin une double toile, du brai, du goudron. Un grand câble revient généralement à 7 000 francs du mille marin de 1 852 mètres.

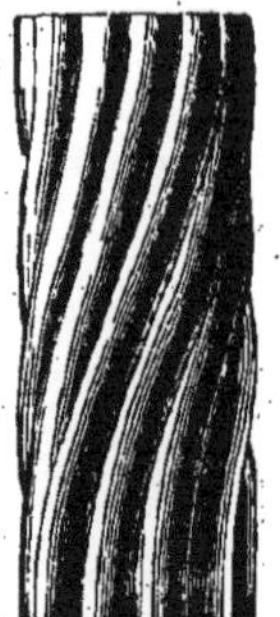

Les câbles qui sillonnent les mers représentent une valeur de plus de 1 200 millions de francs. A noter qu'on emploie des appareils très particuliers pour expédier les messages télégraphiques par les câbles sous-marins, principalement l'appareil Thomson-Kelvin.

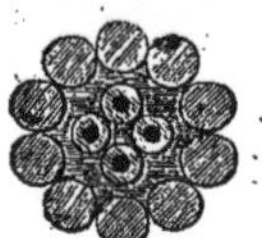

Fig. 136. — Coupe d'un câble sous-marin pour de petites distances.

Comme suite à la télégraphie aérienne et sous-marine, nous devons dire quelques mots de la *télégraphie pneumatique*.

Ader et Galy-Cazalat en France, Varley en Angleterre, Siemens et Halske en Allemagne, étudièrent successivement les moyens de transmettre des messages écrits en se servant de l'impulsion de l'air, ou de sa raréfaction, pour les lancer dans des tubes souterrains. L'établissement des tubes pneumatiques pour le service urbain de la télégraphie commença à Paris en 1867.

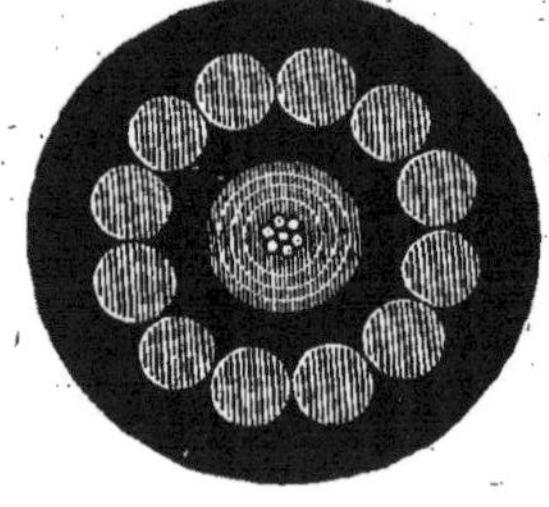

Fig. 137. — Coupe du câble transatlantique français de Brest à l'île Saint-Pierre de Terre-Neuve (câble des profondeurs moyennes).

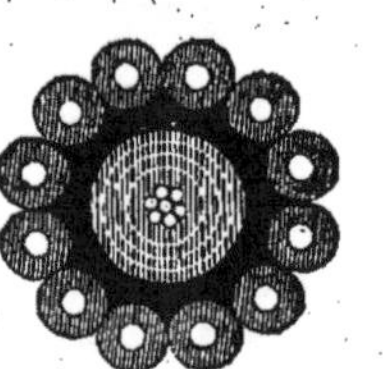

Fig. 138. — Coupe du câble transatlantique français de Brest à l'île Saint-Pierre de Terre-Neuve (câble des eaux profondes.

On se servit d'abord de l'eau de la ville, comme moyen de comprimer l'air, mais ce système était fort coûteux. On lui substitua, en 1880, des machines à vapeur actionnant des pompes à air.

Aujourd'hui la poste pneumatique est très bien organisée à Paris. Les dépêches sont placées dans des étuis cylindriques en fer, garnis de feutre, qui ont 4,5 centimètres de diamètre; cinq ou six boîtes placées à la file constituent un petit train. L'étui de tête sert de piston; il est garni, à sa partie antérieure, d'une rondelle de cuir flexible de 8 centimètres de diamètre, dont les bords viennent s'appuyer contre les parois du tube, quand il y a pression. La ligne qui sert à l'envoi et à la réception des étuis est double : dans l'une on aspire les étuis au moyen du vide, dans la seconde on les pousse par l'air comprimé. Ces tubes sont en fonte ; ils ont 6,5 centimètres de diamètre et sont parfaitement alésés à l'intérieur. Leur rayon de courbure dépasse toujours 3 mètres, et leur pente est inférieure à 5 centimètres par mètre dans le parcours des rues. Ces conduites sont placées aux voûtes des égouts. Ce système de transport fonctionne également à Londres, Birmingham, Manchester, Liverpool et Berlin, aux États-Unis Il a l'avantage d'exiger peu de surveillance et d'être économique.

Une des découvertes les plus sensationnelles de la science moderne a été celle de la télégraphie électrique sans fils. D'un point à un autre, et à des distances énormes, comme nous allons le voir, on peut envoyer et recevoir des signaux électriques mettant en action un de ces appareils récepteurs dont nous avons parlé tout à l'heure, sans qu'entre le transmetteur et le récepteur soit interposé, pour le transport du fluide électrique, un de ces conducteurs solides qu'on avait tenus jusqu'ici pour nécessaires. Il y a là une application véritablement admirable de cette induction dont nous avons déjà vu le rôle en expliquant le fonctionnement des machines dynamos.

Fig. 139. — Marconi à son appareil de télégraphie sans fil.

C'est surtout à un Français, M. Branly, et à un Italien, M. Marconi, que nous devons les bases et les rapides progrès de cette télégraphie nouvelle, qui permet à des navires en pleine mer de demeurer en communication durant tout un voyage à travers l'Atlantique avec les autres navires qui sillonnent l'Océan, ou encore avec l'un ou l'autre continent ; de la sorte l'isolement disparaît. A bord d'un transatlantique on est tenu plus ou moins directement, et toute la semaine que dure la traversée, au courant des faits qui surviennent dans les différents pays du monde ; un navire menacé de naufrage peut signaler de tous côtés le péril qu'il court, et appeler à l'aide. Il est maintenant de multiples exemples de bateaux et de passagers qui ont été sauvés de la sorte.

Le principe de cette transmission merveilleuse du courant électrique à travers l'atmosphère, tient à ce que, quand une décharge électrique se produit, par exemple entre les électrodes d'une bobine d'induction, des oscillations se propagent comme une série d'ondes à travers cette atmosphère. Et si l'on a un appareil susceptible d'envoyer des ondes de manière à former des signaux répondant à une sorte d'alphabet; que, d'autre part, ces ondes trouvent au loin sur leur route un appareil récepteur qui les reçoive de façon à reconstituer les signaux, on dispose dès lors d'un système de communication électrique à distance, et sans fils. C'est la télégraphie sans fils, expliquée, bien entendu, sommairement.

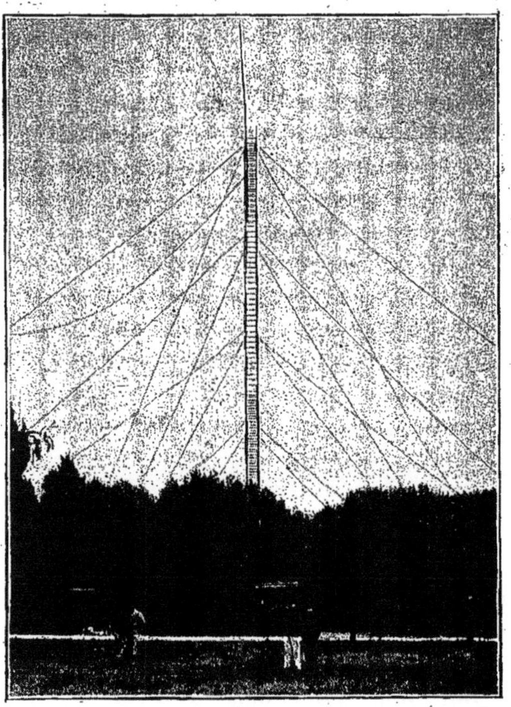

Fig. 140. — Poste de télégraphie sans fil; l'échelle porte-antenne.

On installera donc au poste transmetteur une bobine de Ruhmkorff, recevant le courant d'une dynamo, par exemple; puis un manipulateur, qui sert à envoyer les ondes comme on le veut dans la bobine, pour les combinaisons de traits ou de points. Des étincelles éclatent régulièrement, grâce à un autre appareil qu'on nomme l'oscillateur, et pendant le temps qu'on tient le manipulateur abaissé. Et comme ces étincelles déterminent des oscillations, il se produit des ondes électriques qui sont diffusées dans l'atmosphère grâce à un mât et à des câbles métalliques, disposés de façon plus ou moins compliquée, en se rattachant à ce mât. Souvent, du reste, ces antennes sont installées de manière plus complexe; elles formeront par exemple une espèce de gigantesque armature métallique, rappelant un peu celle d'un parapluie, et dont le rôle est de bien diffuser les ondes électriques assez haut dans l'atmosphère pour qu'elles aillent franchir des dizaines et des centaines de kilomètres, et influencer l'appareil récepteur à la station installée dans ce but.

Ce poste de réception comporte plusieurs organes, dont le principal est ce qu'on appelle le radioconducteur, inventé par l'illustre savant français Branly. Cela s'appelle aussi un cohéreur, et nous devons dire que maintenant on fait usage en télégraphie sans fils de bien des cohéreurs qui sont différents du premier dispositif imaginé par M. Branly. Le radioconducteur était fait primitivement d'un tube dans lequel il y a de la limaille métallique; normalement, il est intercalé dans un circuit, et les petits morceaux de métal, par suite des vides qui sont entre eux, s'opposent au passage de tout courant électrique ; tout au contraire, si cet appareil est frappé par une onde électrique, il présente cette particularité curieuse qu'instantanément il devient conducteur. Les brins de limaille deviennent pour ainsi dire cohérents, et c'est comme si tout l'ensemble formait une tige métallique homogène. On comprend donc que si, à la station réceptrice, il y a des antennes captant dans l'espace les ondes électriques qui sont parvenues à travers l'atmosphère de la station transmettrice, et que, d'autre part, ces ondes soient amenées à frapper le radioconducteur ou cohéreur, celui-ci va laisser passer le courant d'une pile, par exemple, tant qu'il demeurera cohéré ; et, par suite, un appareil Morse pourra imprimer un trait sur une bande de papier tant que les ondes continueront de se succéder du poste de transmission. Autre bizarrerie du radioconducteur, c'est qu'il sera décohéré si un choc vient à se faire sentir sur son tube ; c'est-à-dire que

Fig. 141. — La station de télégraphie sans fil de la tour Eiffel

ce choc empêchera alors le courant de continuer à passer. Sous l'influence des ondes émises, et grâce à leur action sur le radioconducteur, on arrive de la sorte, suivant le temps pendant lequel on appuie sur le manipulateur, à ce que l'appareil Morse récepteur nous donne des signaux télégraphiques.

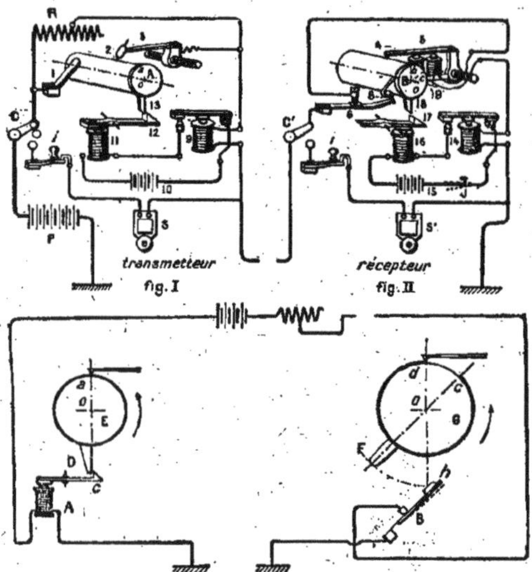

Fig. 142. — Dispositions schématiques de l'appareil Semat.

Bien entendu, nous n'entrerons pas dans le détail des modifications innombrables apportées aux dispositifs de la télégraphie sans fils depuis ses débuts. On en comprend le principe, qui consiste à faire agir à distance les ondes électriques traversant l'atmosphère, sur un dispositif qui, de son côté, laissera passer un courant local agissant sur un appareil télégraphique récepteur. Les montagnes

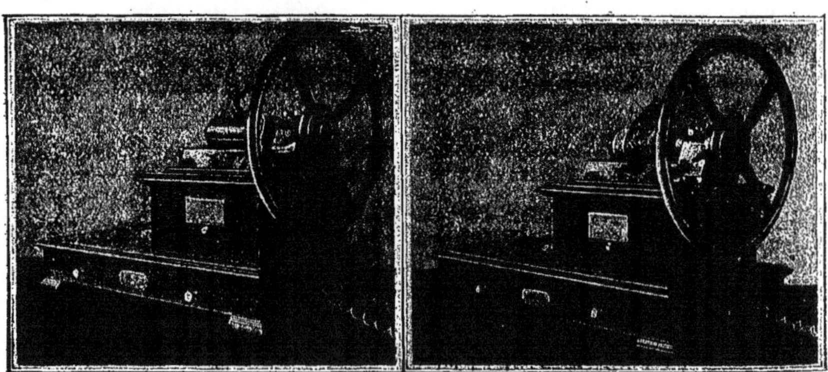

Fig. 143. — Télautocopiste de Semat. — Appareils transmetteurs.

ni la rotondité de la terre ne gênent ces ondes ; ce qui importe surtout, c'est d'installer des antennes assez hautes.

On perfectionne tous les jours cette télégraphie nouvelle, en rendant les signaux plus nets et sûrs, en prenant des précautions pour qu'ils soient perçus uniquement par ceux auxquels ils sont destinés. On l'applique même à la commande à distance d'appareils mécaniques.

Ce que nous ne devons pas non plus oublier de signaler, comme une des grandes inventions modernes, c'est la faculté que l'on a maintenant de télégraphier à distance des images, des photographies, des dessins, des surfaces présentant des blancs, des noirs et aussi les demi-teintes les plus diverses. C'est ce qu'on appelle la phototélégraphie, ou parfois la téléphotographie : mot bien moins exact, puisqu'il signifie photographie à distance, tandis qu'ici il s'agit bien de transmettre à distance une photographie déjà prise.

Fig. 144. — Portrait t. l graphié.

Voilà bien longtemps que ce problème tente les inventeurs ; et Caselli en particulier était parvenu à télégraphier, à envoyer à distance par un fil télégraphique, un dessin plus ou moins compliqué, mais au trait. Pour des surfaces où se rencontrent des teintes diverses, des blancs, des noirs, des gris plus ou moins foncés, c'était autrement difficile ; il faut reconnaître d'ailleurs que c'est indirectement, et par une sorte de décomposition, qu'on arrive à obtenir au poste récepteur et d'arrivée ces teintes, et que l'invention de Caselli n'est pas sans avoir aidé considérablement les chercheurs contemporains ; et du reste, ce qu'on reçoit n'est qu'approximativement la reproduction de la photographie confiée au poste et à l'appareil transmetteurs. La reproduction est, en fait, constituée d'une multitude de traits plus ou moins rapprochés les uns des autres ; une surface noire sera formée de traits se touchant tous, ou très accentués, et donnant l'impression d'une sur-

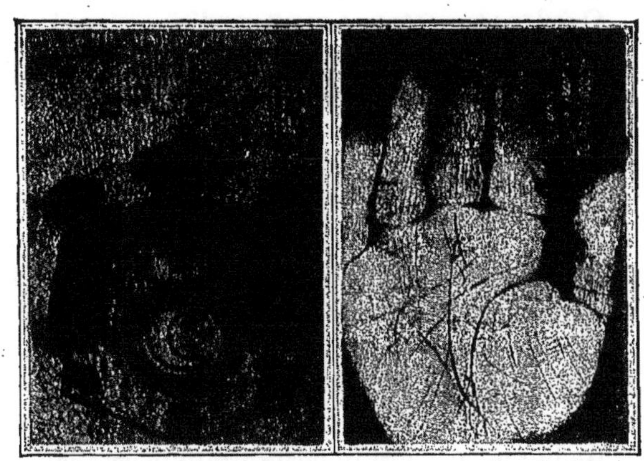

Fig. 145. — Images reçues des armes de l'Égypte et d'un signalement anthropométrique.

face continue par suite du phénomène qu'on appelle la continuité optique ; pour une surface grise, la reproduction présentera en réalité une multitude de traits qui seront très clairs avec certains appareils, ou qui seront plus ou moins rapprochés dans tels autres.

Nous n'allons pas passer en revue les divers appareils qui sont maintenant en usage pour cette phototélégraphie, comme les dispositifs Berjonneau, Selencq, Belin ou autres. Nous en prendrons seulement deux, pour faire comprendre un peu mieux le fonctionnement et les combinaisons caractéristiques qui permettent cette transmission précieuse des images à distance.

Voici, par exemple, l'appareil allemand Korn. On y met à contribution une substance qui a des particularités tout à fait surprenantes : c'est le sélénium. Celui-ci a la propriété de n'être conducteur du courant électrique que quand il est frappé par des rayons lumineux ; et il est d'autant plus conducteur que les ondes lumineuses qui le frappent sont plus intenses ; cela rappelle un peu ces cohéreurs dont nous avons parlé tout à l'heure, et dont la conductibilité dépend des ondes électriques qui les frappent ou non. On comprend donc, dans ces conditions, que du sélénium peut traduire électriquement par un passage de courant l'intensité lumineuse, et par suite les noirs, les blancs, les demi-teintes diverses d'une photographie ou d'un cliché photographique.

Or, dans le poste transmetteur d'un appareil phototélégraphique Korn, on dispose, sur un cylindre de verre, une pellicule photographique représentant l'image à transmettre ; ce cylindre est enfermé dans une chambre noire portant une petite ouverture par laquelle on peut diriger le faisceau lumineux d'une lampe électrique. Et comme le cylindre de verre se déplace d'un mouvement de rotation continue, en s'élevant peu à peu verticalement, il en résulte que tous les points pour ainsi dire de la pellicule viennent passer en face de la petite fenêtre, et sont éclairés par le faisceau lumineux. C'est comme une exploration de toute la pellicule. Mais, en chaque point, la quantité de lumière qui peut traverser la pellicule est proportionnelle à la teinte foncée ou claire de la pellicule, et par suite de l'image. Et, par conséquent, les divers points de l'image se traduisent par des intensités lumineuses faibles ou intenses. D'autre part, chaque impression lumineuse ainsi produite vient frapper du sélénium ; et celui-ci joue son rôle de traducteur. Il laisse passer peu de courant ou au contraire beaucoup, quand l'exploration se fait sur une partie sombre ou sur une partie claire.

Au poste récepteur, il y a un appareil pour ainsi dire inverse, les courants variables qui proviennent du poste transmetteur arrivant dans un galvanomètre ; et là ils font osciller plus ou moins un petit miroir d'aluminium : suivant la position de ce dernier, la lumière émise par une lampe électrique sera renvoyée en quantité variable à travers une petite fenêtre, et sur une pellicule, sensible cette fois, qui est disposée à l'intérieur d'un cylindre se déplaçant en spirale tout comme l'autre. Chaque point de la première pellicule est donc traduit électriquement, et impressionne lumineusement un point de la pellicule sensible. Finalement, celle-ci aura subi sur toute sa surface des traînées lumineuses plus ou moins intenses et parallèles, dont l'ensemble donnera bien l'impression d'une photographie continue.

Un dispositif tout différent est le dispositif Semat, qui est construit par la maison française Ducretet. Ici, on prépare sur une feuille métallique très mince une impression, faite au moyen d'encres spéciales, de l'image qu'on veut transmettre. Et on enroule cette feuille sur un cylindre tournant un peu à la façon des cylindres de verre dont nous venons de parler. A la surface de cette image, se promène une pointe quelque peu analogue au style des phonographes ; elle est disposée de telle manière que le courant passe dans la ligne électrique reliant le poste transmetteur au poste récepteur, chaque fois que le style passe sur un endroit qui n'a pas reçu d'encre et qui est demeuré conducteur du courant. Tout au contraire, là où se trouve une couche d'encre, le courant ne passe point, cette encre étant mauvaise conductrice. On a pris des mesures pour que ce passage ou cette interruption du courant se traduise au poste récepteur par le relèvement ou l'appui d'une autre pointe ; celle-ci peut tailler directement du métal disposé en feuille sur le cylindre récepteur ; elle peut aussi faire décalquer du papier calque sur une feuille de papier blanc enroulée autour du cylindre. On obtient de toute façon des traits parallèles qui traduiront au poste récepteur toutes les parties encrées de l'image disposée au poste transmetteur. Et l'ensemble de tous ces traits donnera une reproduction de l'image primitive. On peut parfaitement de la sorte envoyer télégraphiquement à distance l'empreinte, prise sur une plaque métallique, des menus sillons qui se présentent sur la peau de l'intérieur de notre main et de nos doigts ; cela sert couramment aujourd'hui à identifier les criminels, et c'est un des services que peut rendre cette phototélégraphie.

XIII

LE TÉLÉPHONE

Phénomènes acoustiques et découvertes scientifiques qui ont conduit à l'invention du téléphone. — La musique galvanique. — Expériences de Page en 1837. — Le *télégraphe à ficelle.* — Le téléphone de Philippe Reis. — Travaux de M. Graham Bell qui ont amené la découverte du téléphone magnétique. — Description du téléphone de Graham Bell : le *transmetteur* et le *récepteur*. — Le téléphone Gower n'est qu'une modification de forme du téléphone de Bell. — Le téléphone d'Édison, principe de sa construction. — Description de ce téléphone. — Découverte du microphone et application de cet instrument comme récepteur du téléphone Bell. — Quelle théorie faut-il donner de la transmission des sons à distance ? — Application du téléphone à la correspondance instantanée dans les villes. — État actuel du service téléphonique en Amérique. — Le service téléphonique en France. — Téléphonie interurbaine.

Le téléphone fit sa première apparition à l'Exposition de Philadelphie, en 1876, mais ce n'est qu'en 1877 que des expériences publiques furent faites à Boston. On savait depuis longtemps que le son peut se transporter d'une extrémité à l'autre d'un tuyau métallique de plusieurs kilomètre de longueur, sans rien perdre de son intensité. Vers 1837, le physicien américain Page découvrit qu'une tige métallique, quand elle est aimantée ou désaimantée rapidement, émet des sons, lesquels sont en rapport avec le nombre des émissions et interruptions des courants qui les déterminent. C'est ce qu'on appela la *musique galvanique.* Les physiciens nous ont appris que les notes de musique dépendent du nombre de vibrations imprimées à l'air, et que les notes ne sont perceptibles par notre oreille que quand le nombre des vibrations sonores surpasse seize par seconde. Page reconnut que, si les courants qui parcourent un électro-aimant sont établis et interrompus plus de seize fois en une seconde, les vibrations sonores transmises à l'atmosphère par le barreau aimanté engendrent des sons. L'air est mis en vibration par le barreau de fer, qui se déforme chaque fois qu'il reçoit ou perd son aimantation. Auguste de la Rive augmenta l'intensité des sons qu'avait su produire Page, en employant de longs fils métalliques qui étaient soumis à une certaine tension et qui traversaient l'axe de bobines d'induction entourées d'un fil métallique isolé.

En 1847 et en 1852, des *vibrateurs électriques* furent construits par Froment et Petrina d'après les idées de Mac Gauley, Wagner, Neef, etc., afin de produire des sons musicaux par le courant électrique ; mais ce fut seulement en 1854 qu'un physicien français, M. Charles Bourseul, vint démontrer théoriquement la possibilité de transmettre la parole à distance, sous l'influence de l'électricité. Cette idée ne fut pas prise au sérieux par nos savants. N'oublions pas non plus que, vers 1875, on vendait à Paris, pour 50 centimes, un appareil grossier à l'aide duquel on se parlait presque à voix basse, à une distance de 10 mètres environ. Cela s'appelait le *télégraphe à ficelle*. Tout se réduisait à deux embouchures en carton, reliées entre elles par une ficelle attachée au fond de chaque embouchure; ce fond était une membrane de parchemin. Une personne parlait en approchant l'une des membranes de ses lèvres, tandis qu'une seconde personne plaçait l'autre embouchure contre l'oreille, en ayant soin de tenir la ficelle bien tendue. Les paroles étaient ainsi transmises assez facilement. Ce fut le germe du téléphone actuel. Son inventeur est ignoré.

Fig. 146. — Le télégraphe à ficelle.

Le premier appareil un peu scientifique transportant à distance des sons musicaux fut construit, en 1861, par Philippe Reis, simple professeur de physique dans un pensionnat d'outre-Rhin, à Friedrichsdorf. Il disposa un diaphragme de manière que ses vibrations pussent établir et interrompre rapidement un circuit voltaïque. Il prenait une petite caisse en bois, y plaçait un diaphragme métallique en rapport avec le circuit voltaïque, et parlait ou chantait devant une embouchure de la caisse. Le son de la voix produisait, dans le diaphragme, des vibrations rapides, et chacune de ces vibrations établissait ou interrompait un contact avec le fil du courant, contact formé d'une pointe de platine : cela donnait autant d'aimantations et de désaimantations d'un électro-aimant lié au diaphragme. Ainsi on reproduisait le son initial.

Ce *téléphone de Reis* comportait deux instruments distincts : le *trans-*

metteur des sons et le *récepteur*. Le *transmetteur* est destiné à vibrer par l'effet des sons. Un courant électrique, qui le traverse, subit de rapides modifications sous l'influence de ses vibrations. Il se compose (fig. 147) d'une boîte sonore Z, présentant à sa partie supérieure une large échancrure circulaire, fermée par un morceau de vessie tendue *o*. Cette membrane vibre sous l'influence des sons, et, par ses vibrations, établit ou interrompt le contact avec la tige métallique à deux branches *ab*, *cb*, et consécutivement établit ou interrompt le circuit électrique que forme la pile P, laquelle est en rapport avec un électro-aimant A, par le fil conducteur *f*. Le *récepteur* est constitué par une mince tige d'acier, espèce d'aiguille à tricoter, d'environ deux millimètres de diamètre, entourée d'une bobine de fils conducteurs *g*, qui est portée sur deux chevalets *d*, *d*, fixés sur une caisse sonore B. Un couvercle D aide à amplifier les sons. Transmetteur et récepteur sont réunis par le fil *f* allant du récepteur au transmetteur, et continué par les fils des bobines de ces deux appareils. Il revient à la pile, ainsi que nous le représentons, ou bien par la terre servant de conducteur de retour, comme dans les circuits télégraphiques.

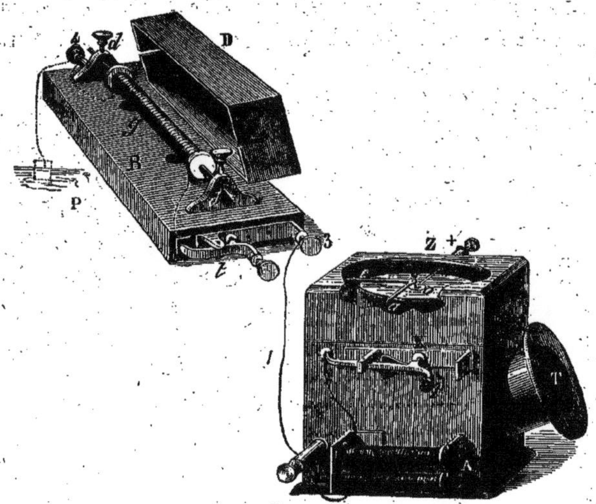

Fig. 147. — Le téléphone de Reis.

Quand on émet des sons auprès de l'embouchure T, les vibrations qu'éprouve la membrane *o*, par l'effet des mouvements de l'air contenu dans la caisse sonore et vide Z, agissent sur l'interrupteur *t*, au moyen du fil conducteur *f*. Il se produit, entre la double tige *abc* et la pointe *o*, une série de contacts et de disjonctions qui, fermant ou rompant le courant de la pile, causent, grâce à l'interrupteur *t*, les aimantations et les désaimantations successives de la tige du récepteur *g*, et lui impriment des vibrations correspondant à celles de la membrane du transmetteur.

Philippe Reis ne put, en raison de ses faibles ressources, donner de la publicité à son appareil, qui demeura ignoré.

Il restait à découvrir la transmission de la parole articulée. C'est à un physicien anglais d'origine, naturalisé Américain, M. Graham Bell, qu'est due la découverte du *téléphone* (Elisha Gray était arrivé au résultat en même temps que lui). En 1876, on vit à l'Exposition de Philadelphie le premier modèle du téléphone Bell. En 1877, M. Graham Bell installa son téléphone à Boston, et, se servant d'un fil télégraphique, il put entretenir une conversation avec une personne placée à l'autre extrémité du fil, à Malden, à une distance de 9 kilomètres. Il entretint ensuite une conversation avec Salem, à 22 kilomètres. En août 1877, son appareil était présenté à l'Académie des sciences de Paris et aux sociétés savantes de Londres, et excitait l'admiration générale.

Fig. 148. — Expérience faite au mois de juin 1877, de Boston à Salem, par M. Graham Bell.

Réception de la dépêche téléphonique à Salem.

Le téléphone, tel que Bell l'a imaginé, se compose d'une petite boîte circulaire en bois, portée par un long manche, également en bois, et contenant un long barreau aimanté. Une bobine magnétique est fixée à l'extrémité libre du barreau. Les bouts du fil de cette bobine aboutissent à l'extrémité inférieure du manche par deux tiges de cuivre, qui traversent le manche dans toute sa longueur, pour venir se relier à deux boutons d'attache, où sont fixés les fils du circuit voltaïque. La lame vibrante est en fer très mince, revêtu d'étain. Elle est placée au-dessus de l'extrémité polaire de la tige aimantée. Sa forme est celle d'un disque, dont les bords sont appuyés sur une bague de caoutchouc, qui la fixe fortement sur le contour de la boîte, laquelle est formée de deux parties s'ajustant l'une sur l'autre. La lame vibrante doit être le plus près possible de l'extrémité de l'aimant, mais pas assez pour entrer en contact avec lui sous l'action des vibrations de la voix.

En NS est la tige d'acier aimantée, fixée à sa place par une petite vis, *t*, qui permet de régler l'appareil, c'est-à-dire de placer la tige aimantée au point le plus convenable en regard du diaphragme, ou lame vibrante. La petite bobine électro-magnétique est en B. C'est là que se développent la série de courants d'induction, par suite de l'interruption et du rétablissement successifs du courant. Les fils de la bobine sont attachés à deux boutons, I, I'. La lame vibrante est en LL; la paroi extérieure se trouve en face de l'embouchure RR'V. Quand on parle dans l'embouchure RR'V, les vibrations résultant de l'émission de la voix provoquent, dans la lame de fer LL, des vibrations correspondantes. Les mouvements de cette lame font naître, dans la bobine B, des courants semblables, lesquels se transportent le long des fils conducteurs C, C.

L'appareil que nous venons de décrire est le *transmetteur*. Un autre appareil, en tout semblable, est placé à la station où l'on veut transmettre le son. C'est le *récepteur*, qui reçoit des impressions vibratoires identiques à celles qu'a déterminées la voix à la station du départ, et ces vibrations reproduisent les paroles prononcées dans le *transmetteur*.

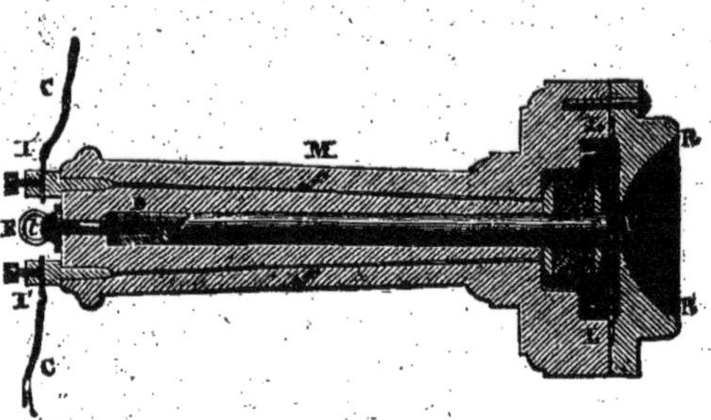

Fig. 149. — Coupe intérieure du téléphone de Graham Bell.

Un seul fil suffit pour opérer la transmission si l'on fait communiquer les deux appareils avec la terre, qui sert de conducteur de retour. Il est bon de pouvoir disposer de deux appareils à chaque station. On peut alors en avoir un à l'oreille, tout en parlant dans l'autre.

Le téléphone de M. Graham Bell est d'une prodigieuse sensibilité. Cette sensibilité est telle que, si le fil télégraphique qui transmet les sons passe dans le voisinage d'autres fils télégraphiques, le téléphone subit, à distance, l'action des courants qui parcourent ces derniers. Il fait alors entendre des sons qui rappellent le bruit de la grêle : c'est ce qu'on appelle la friture.

Des perfectionnements secondaires ont été apportés à cet appareil Bell. Un constructeur américain, M. Gower, eut l'idée de replier l'aimant en demi-arc de cercle, de manière à présenter ses deux pôles en regard de la membrane de fer sur laquelle ils doivent agir. L'action est plus énergique. Il donna aussi à la membrane vibrante plus de surface. Dans la figure 150 en coupe intérieure, le diaphragme est en A. A l'intérieur de la caisse BB on voit l'aimant C. Ses deux pôles sont munis de deux semelles de fer, sur lesquelles se trouvent les deux petites bobines électro-magnétiques. Ce téléphone n'a pas d'embouchure, mais le couvercle de la boîte est percé d'un trou vis-à-vis du centre du diaphragme. Dans ce trou on visse un tube acoustique, D, terminé par une embouchure, E.

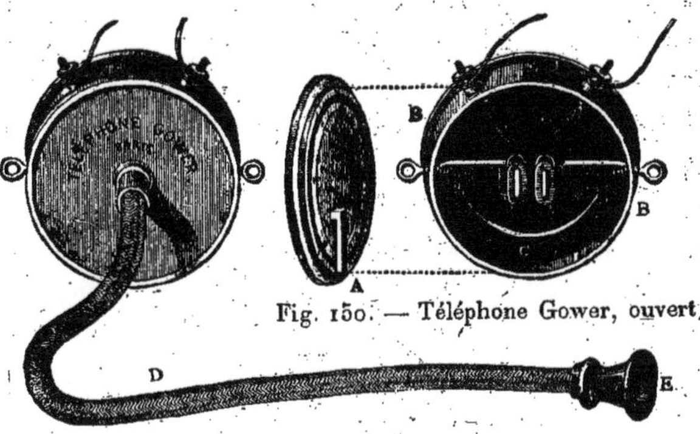

Fig. 150. — Téléphone Gower, ouvert.

Fig. 150. — Téléphone Gower, fermé, et muni de son tube acoustique.

L'illustre inventeur Thomas Edison s'occupa lui aussi de modifier le téléphone Bell. Il fit appel à la pile, jugée inutile par Bell. De plus, le *transmetteur* est différent du *récepteur*.

Il fait partie d'un circuit voltaïque fermé, par lequel passe, d'une manière continue, le courant d'une pile. Il se compose d'une membrane vibrante en fer, LL, superposée à un couple de lames de platine A et B, qui pressent entre elles un disque de charbon, C. Un disque de liège, H, est interposé entre la lame vibrante, LL, et le disque de platine, B. On règle la pression qu'exerce la lame de charbon contre la platine à l'aide de la vis F, placée à l'extrémité de la tige E, laquelle supporte tout ce petit assemblage. Il y a, comme dans le transmetteur de Bell, une embouchure OO'M, placée au-devant de la cage, NN, de l'appareil. Ce système constitue un conducteur électrique dont la résistance varie selon la pression, c'est-à-dire selon le nombre de points de contact qui se font entre le disque de charbon, C, et les disques de platine, A et B. Si l'on parle devant la membrane LL, en plaçant la bouche à l'embouchure OO'M, les lames de platine, A et B, vibrent ; leurs mouvements vibratoires se transmettent au disque de charbon, C, et modifient les contacts qui existaient entre ces deux organes, et, par suite, modifient la

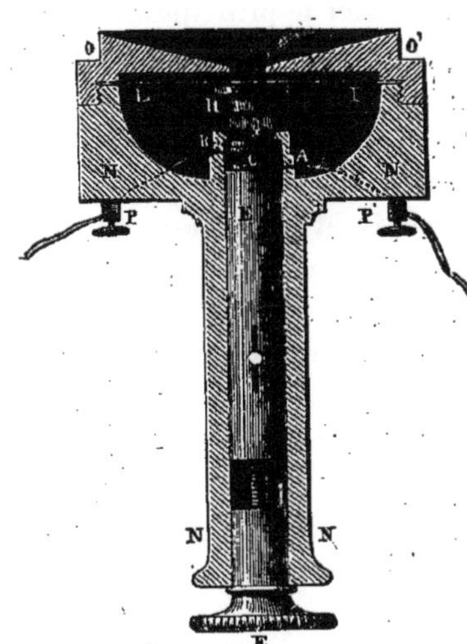

Fig. 151. — Téléphone Edison (*Transmetteur.*)

conductibilité électrique de ces deux charbons. Par l'effet de la variation apportée à la *résistance électrique*, le courant électrique qui parcourt constamment le système est modifié dans son intensité, et, par suite de cette modification dans l'intensité du courant électrique, il y a production de courants induits ou, pour mieux dire, de *courants ondulatoires*, qui portent les sons au loin.

Le *téléphone à pile* Edison a cet avantage de la puissance et de la longue portée. Malheureusement le transmetteur Edison était défectueux. Mais le *transmetteur* Bell allait recevoir un perfectionnement fondamental. En 1878, le *microphone* était découvert par un éminent physicien anglais, M. Hughes, et cet instrument, appliqué à la téléphonie, donnait le moyen de franchir des distances énormes, tout en amplifiant les sons.

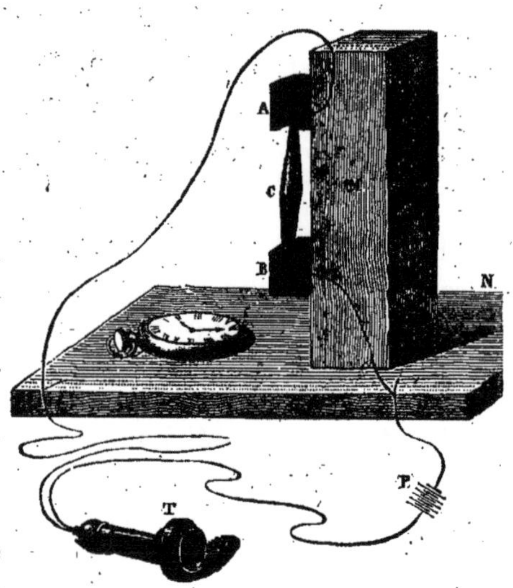

Fig. 152. — Principe du microphone.

Voici le principe du microphone. Prenons un petit crayon de charbon de cornue à gaz, C, corps conducteur de l'électricité, appointé à ses deux extrémités, et légèrement maintenu dans une position verticale, entre deux petits godets creusés dans deux blocs de charbon, A et B, lesquels sont reliés à une plaque résonnante, M, reposant elle-même sur une planche, N. Les blocs de charbon, A et B, sont placés dans le circuit du fil d'une pile Leclanché, P, fil qui se rend à un téléphone, T. On a ainsi un conducteur de charbon, C, reposant par des points de contact instables, essentiellement mobiles, sur des godets, A et B, creusés dans des blocs de charbon, de sorte que le moindre mouvement, le plus petit déplacement, le plus faible tressaillement du conducteur de charbon C dans les trous où il est soutenu, change le contact, le suspend ou le rétablit. Dès lors, par ces légers mouvements, le courant de la pile qui traverse le crayon est suspendu ou rétabli, fermé ou ouvert.

Cet appareil est l'organe acoustique le plus sensible qui existe, après l'oreille humaine. Si on le met en communication avec un téléphone, il révèle et convertit en sons bruyants les vibrations les plus petites.

M. Hughes a donné rapidement à son appareil la forme que représente la figure ci-dessous. Le long d'une planchette en bois A, posée verticalement, et reposant sur une autre planchette de bois horizontale, D, on adapte, l'un au-dessus de l'autre, deux petits morceaux de charbon, C, C', percés de trous servant de crapaudines à un crayon, A, également en charbon, qui ballotte dans le trou inférieur. Les charbons ont été préalablement rougis au feu et plongés dans du mercure pour les rendre meilleurs conducteurs. Des contacts métalliques en rapport avec les deux crayons de charbon permettent de les faire communiquer avec le circuit d'un téléphone, circuit dans lequel se trouve une pile Leclanché d'un ou deux éléments. Pour faire usage de cet appareil, on le place sur une table, en le faisant reposer sur des doubles d'étoffes formant coussin, pour amortir les vibrations provenant de l'entourage. Quand on parle devant cet instrument, c'est-à-dire devant le *microphone* mis en communication avec le téléphone, la parole reproduite par ce dernier, est aussitôt singulièrement amplifiée. La marche d'une mouche produit un bruit retentissant. Si le microphone est muni de deux crayons, au lieu d'un seul (un sur chaque face de la boîte et reliés), on a de meilleurs résultats.

Fig. 153. — Autre application du microphone.

D'innombrables inventeurs se sont appliqués à donner au microphone de M. Hughes la disposition pratique la plus avantageuse pour le faire servir de transmetteur téléphonique, s'attachant à multiplier les contacts des charbons, afin d'augmenter leur sensibilité.

Un des meilleurs appareils fut imaginé en France, en 1878, par un ancien conducteur des ponts et chaussées, M. Clément Ader, ingénieur de la *Société générale des téléphones*. Il se compose de dix petits crayons de charbon, disposés en deux groupes de cinq charbons chacun. Tous ces charbons EE reposent, par leurs extrémités, sur trois traverses de la même substance, percées d'un trou pour les recevoir. Le tout forme une sorte de grille double. Ce microphone est fixé derrière une planchette de bois de sapin, qui sert, en même temps, de couvercle à l'appareil. Quand on parle devant la planchette, des vibrations identiques à celles de la voix se communiquent à la planchette, et celle-ci, par ses vibrations, met en branle les conducteurs microphoniques de charbon.

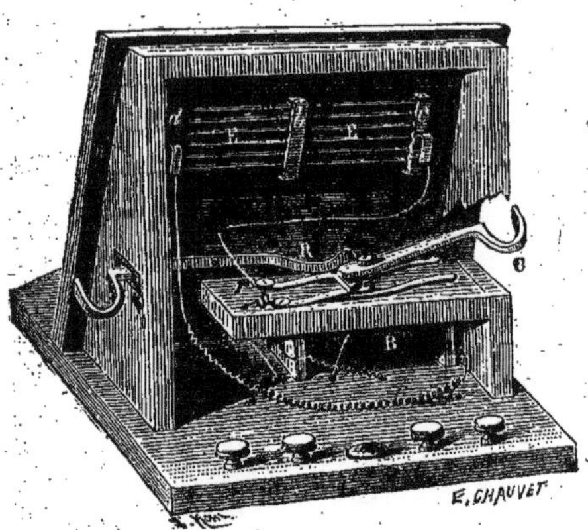

Fig. 154. — Vue intérieure du transmetteur téléphonique Ader.

Une bobine d'induction B renforce les sons et leur donne plus de portée. Une pile fait passer un courant électrique dans tout ce système. Une tige terminée par un crochet, C, sert à établir la communication électrique entre le récepteur T, attaché au crochet C, et la sonnerie. Quand on prend à la main le récepteur, la tige, n'étant plus abaissée par le poids du récepteur, se redresse, et, venant butter contre une partie métallique de l'appareil, elle établit le circuit entre la sonnerie et le transmetteur. Dès lors, la sonnerie se fera entendre quand on viendra à toucher le bouton M.

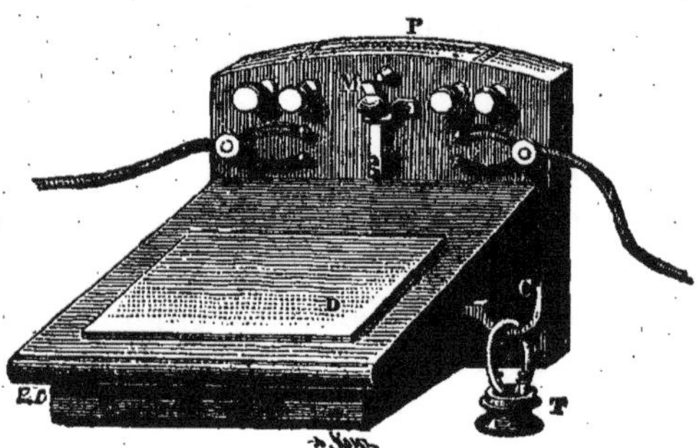

Fig. 155. — Transmetteur Ader.

M. Ader a inventé aussi un *récepteur* qui a fait fortune. Il a la forme d'un anneau ; on le voit en T suspendu au crochet C. L'aimant A replié en forme d'anneau se termine par les deux pôles, B, B, en regard l'un de l'autre. Ils sont entourés de fils de soie isolés, dans lesquels doit se développer le *courant ondulatoire* ; E est le pavillon dans lequel on écoute. On voit en coupe la terminaison des deux pôles, B, B. Il faut, pour faire agir le téléphone Ader, deux piles, l'une destinée à former le circuit qui fait agir la sonnerie, l'autre servant à alimenter le courant qui circule du transmetteur au récepteur.

Les nombreux perfectionnements apportés au téléphone magnétique de 1877 ont augmenté de plus en plus la distance à laquelle on peut percevoir les sons de la parole ; si du reste l'on n'a besoin que de transmettre les sons à une petite distance, le téléphone Bell est un instrument d'un usage excellent et éminemment pratique.

Nous ne pourrons ici faire la théorie de cet appareil merveilleux. On se rappelle que l'organe essentiel est une membrane très mince, qui vibre par l'effet de la voix, et qu'en regard de cette membrane vibrante se trouve une tige d'acier aimantée, une bobine électro-magnétique dont l'extrémité se relie à une seconde bobine, placée à l'autre station, dans le *récepteur*. Entre l'aimant et la lame vibrante, il y a des rapports physiques. Si la lame de fer se rapproche de l'aimant, le magnétisme de cet aimant est attiré ; si elle s'en éloigne, le magnétisme de l'aimant recule. Chaque mouvement de la membrane résultant de la vibration de la voix fait varier le magnétisme de l'aimant, et cette variation se traduit par un déplacement de l'aimantation de la bobine d'acier. Les courants d'induction sont lancés dans l'appareil récepteur qui se trouve à l'autre station, et ils y produisent des variations de magnétisme identiques à celles qui leur ont donné naissance.

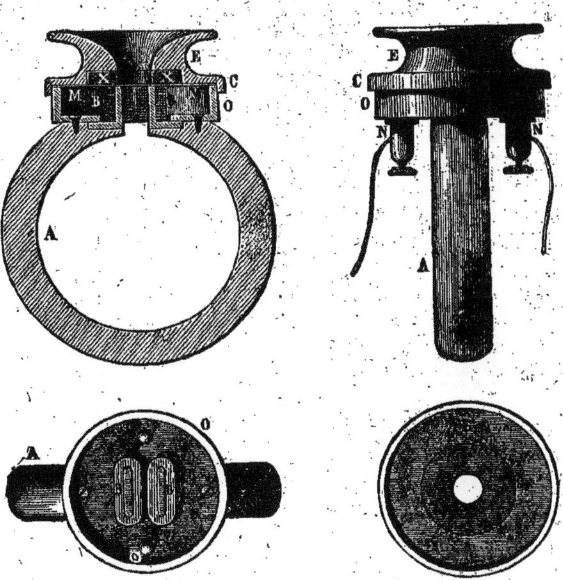

Fig. 156. — Récepteur Ader, coupe et élévation.

Les courants qui circulent dans un fil téléphonique ont un caractère propre.

Le téléphone l'emporte de beaucoup, au point de vue pratique, sur le télégraphe électrique, en ce qu'il ne réclame aucune manipulation spéciale : il suffit de parler et d'écouter.

Aussi rien n'égale la rapidité avec laquelle l'usage du téléphone s'est répandu. Peu d'inventions sont passées avec autant de promptitude dans la pratique générale. Dès 1880, la correspondance par le téléphone était déjà très en usage en Amérique. On mit, en France, plus de temps à adopter cette invention. Ce ne fut qu'après l'Exposition d'électricité de Paris, en 1881, que des compagnies se formèrent pour doter notre pays de ce nouveau système de correspondance. Elles fusionnèrent ensuite en une seule compagnie, la *Société générale des téléphones*, qui a été rachetée par l'État.

A l'heure actuelle, le téléphone est entré dans les mœurs, et il serait impossible de s'en passer ; on le constate facilement quand des dérangements dans les appareils électriques, ou un abandon de leurs devoirs par les agents du service fait que les abonnés et le public en général se trouvent privés de cet instrument de communication, même pendant peu de temps. Le fait est qu'en France, par exemple, il n'y avait encore que 26 000 abonnés en 1893 ; alors que maintenant le total correspondant est de quelque 200 000 ; et encore y a-t-il bien des gens qui voudraient s'abonner et ne le peuvent pas, parce que l'Administration ne suffit point aux demandes, ou que les prix qu'elle réclame sont trop élevés.

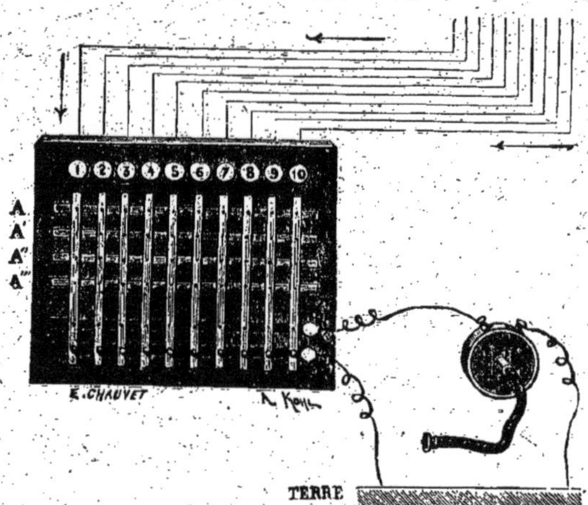

Fig. 157. — Tableau schématique de la correspondance entre les abonnés du téléphone.

D'ailleurs, sans être abonné soi-même, on a à sa disposition les cabines publiques, qui vous permettent de vous mettre en relations avec ceux qui ont un poste téléphonique chez eux. Dans ce tout petit pays qu'est la Suisse, il est curieux de noter que le nombre des abonnés dépasse de beaucoup 60 000. En Danemark, on compte un nombre de ces abonnés encore plus grand, en dépit de la population modeste que possède le pays. Mais c'est dans l'Amérique du Nord, et tout particulièrement aux États-Unis, qu'il faut voir les services extraordinaires que rend le téléphone. Les sociétés se sont multipliées qui établissent des réseaux téléphoniques, soit dans l'intérieur d'une ville, soit, comme du reste dans nos pays européens, entre des villes souvent éloignées à des distances considérables ; ces Compagnies de téléphones se font concurrence, et c'est à qui fournira les communications les meilleures, les plus rapides.

La téléphonie envahit tous les pays, et nous trouvons des dizaines et des dizaines de milliers d'abonnés téléphoniques au Japon ; Pékin possède son réseau téléphonique, et l'on en crée d'analogues dans diverses agglomérations de l'immense Empire. D'autre part, les réseaux ne se limitent plus. et depuis déjà longtemps, à l'intérieur d'un même pays. Non seulement en France, par exemple, on peut parler directement de Paris à Marseille ; mais encore des communications semblables permettent aux habitants de Paris de s'entretenir commodément et directement avec les habitants de Bruxelles, de Berlin, de Rome. Il a fallu pour cela, naturellement, perfectionner considérablement les appareils et les installations. On cause également de Paris à Londres, ou de cette même ville à Bruxelles. A la vérité, les communications téléphoniques par câbles sous-marins sont difficiles, dès qu'on doit faire franchir à la parole une distance un peu considérable ; mais des améliorations sont apportées sans cesse à cette téléphonie sous-marine, qui permet d'espérer le moment où l'on causera de l'Ancien Monde au Nouveau.

Fig. 158. — Employé du bureau mettant en communication deux abonnés.

Il a fallu une foule d'ingénieuses dispositions, à la fois scientifiques et administratives, pour établir dans une ville la correspondance par téléphone, entre particuliers, et pour relier entre eux les correspondants de diverses agglomérations. Nous ne donnerons là-dessus que des indications sommaires.

S'il ne s'agissait que de mettre en rapport deux personnes, le moyen serait tout simple, il suffirait de placer deux téléphones, l'un transmetteur et l'autre récepteur, chez l'une et l'autre personne, et de relier les deux locaux par un fil convenablement isolé. Mais si un particulier voulait communiquer avec différentes personnes dans la même ville, il faudrait poser des fils allant de chez lui à ses diverss correspondants. Pour arriver au même résultat, voici comment on procède. On établit un poste général, que l'on nomme *bureau central*, et auquel aboutissent tous les fils allant chez chaque abonné. L'abonné commence par parler au bureau central, et par lui demander de le mettre en rapport avec tel autre abonné, qu'il désigne par son nom ou plutôt son numéro. Alors, un employé du bureau central rattache les fils des deux abonnés par un fil de jonction. Quand l'entretien est terminé, l'un des correspondants en prévient le bureau central, qui rétablit les choses en état.

Dans une ville d'une population moyenne, un bureau central suffit. Mais dans une ville d'une très grande étendue et d'une population disséminée, comme Londres, Paris, New-York, Bruxelles, Lyon, Marseille,

Fig. 159. — Un bureau central téléphonique de faible importance.

etc., il faut établir plusieurs *bureaux centraux*, si l'on veut répondre à tous les besoins. On divise donc la grande ville en quartiers téléphoniques, ayant chacun son bureau central.

Ces bureaux sont reliés entre eux par des lignes, qu'on appelle *auxiliaires*, dont le nombre est réglé sur la fréquence des communications échangées entre eux. Toutes les *lignes auxiliaires* convergent vers le bureau central.

Dans le bureau central se trouvent : 1° les appareils téléphoniques et la sonnerie électrique servant de signal d'avertissement : 2° un premier tableau, composé d'écussons portant des numéros : les numéros de ces écussons correspondent au fil et au domicile de chaque abonné ; 3° un second tableau (fig. 157), composé de bandes horizontales et de bandes verticales superposées qui croisent les premières sans les toucher. Les bandes verticales portent chacune, au sommet, un numéro qui est celui de l'abonné déjà inscrit sur les écussons du premier tableau.

L'employé du bureau central (fig. 160) est placé devant les deux tableaux ci-dessus décrits. Il entend retentir la sonnerie électrique, qui l'avertit qu'un abonné va l'appeler, et il voit, presque au même moment, le numéro de l'abonné apparaître à l'écusson du premier tableau.

Aussitôt il se porte au second tableau, celui sur lequel le numéro de chaque abonné est inscrit sur une des bandes verticales.

Fig. 160 — Bureau téléphonique.

Derrière les bandes verticales 1, 2, 3, 4, 5, etc., d'autres bandes horizontales, A, A′, A″, croisent, avons-nous dit, sans les toucher (fig. 157), les bandes verticales. Mais il suffit d'enfoncer une cheville métallique dans un des trous de la bande de dessus, pour la relier électriquement à la bande de dessous. Supposons que le n° 3 ait apparu sur l'écusson, et que, par conséquent, ce soit l'abonné n° 3 qui ait appelé ; l'employé prend, au bas du tableau (fig. 158), une cheville métallique qui était fixée sur la ligne, et il enfonce cette cheville sur la bande verticale du n° 3. De cette manière il met le fil du téléphone en communication avec l'abonné n° 3 qui vient de lui parler. Puis, reprenant son téléphone, il dit à l'abonné : « Vous avez appelé. A quel numéro voulez-vous parler ? — Au n° 10, répond l'abonné. — Bien, Monsieur, répond l'employé, je vais vous mettre en rapport avec le n° 10. »

Aujourd'hui, la conversation se fait de façon elliptique, au moyen d'appels allo ! allo ! qui servent à chacun à montrer qu'il y a quelqu'un au bout de la ligne. On a pris, sous l'influence du besoin de rapidité, l'habitude de demander immédiatement « Donnez-moi tel numéro », dès que l'employée du téléphone a manifesté sa présence par un Allo !

Ayant effacé le signal d'appel du n° 3, l'employée (car ce sont le plus souvent des femmes) prend, au bas du tableau, la cheville du n° 10, comme il avait fait pour l'abonné appelant, et il place cette cheville sur la ligne verticale du n° 10. Il se trouve ainsi en communication avec l'abonné n° 10, et il l'appelle, en faisant retentir la sonnerie électrique.

L'abonné n° 10, ayant entendu la sonnerie d'appel, répond : « Qui m'appelle ? — C'est, répond l'employée, le n° 3 qui veut vous parler. Je vais vous mettre en rapport avec lui. »

Prenant alors les deux chevilles des n°s 3 et 10, il les enfonce chacune sur la ligne verticale correspondante, mais dans la même ligne horizontale A', par exemple. Ces deux chevilles, établissant un contact, mettent le courant électrique en circulation entre les deux abonnés 3 et 10, lesquels, à partir de ce moment, peuvent causer entre eux, *sans que le bureau central ait connaissance de ce qu'ils disent.*

Lorsque les deux abonnés ont fini de parler, ils en donnent avis au bureau central, par la sonnerie électrique. Leurs numéros reparaissent au tableau des écussons, ce qui montre à l'employé que les deux abonnés n'ont plus rien à se dire. Alors l'employé ôte les deux chevilles, les replace sur la *ligne de terre*, qui est au bas du tableau, et il attend l'appel d'autres abonnés.

On emploie des types assez divers de téléphones chez les particuliers abonnés. Normalement, une sonnerie électrique sert de moyen d'appel. Comme la pile est employée pour deux usages, c'est-à-dire pour transmettre la voix et pour faire agir la sonnerie, chaque abonné reçoit deux boîtes, contenant chacune une pile Leclanché. L'administration se charge de l'entretien de la pile. Du reste, les soins sont très rares ; on sait que la pile Leclanché peut marcher pendant cinq ou six mois sans qu'on ait besoin d'y toucher. On a d'ailleurs la précaution de la visiter tous les trois mois, et de la remplacer si elle a cessé de bien fonctionner.

La présence de ce générateur d'électricité simplifie beaucoup les choses. La pile permet, notamment, de donner avec la plus grande facilité, au moyen d'une sonnerie électrique, l'avertissement à l'abonné que l'on désire communiquer avec lui. Depuis un certain temps, en France tout au moins, le courant de sonnerie est fourni par une petite dynamo à poignée que l'abonné est obligé de tourner.

Comme toutes les grandes inventions, le téléphone subit de jour en jour des modifications secondaires, qui laissent subsister les principes sur lesquels il est fondé et fonctionne. C'est ainsi que les tableaux des bureaux centraux, les « multiples », comme on les nomme, ont reçu des perfectionnements grâce auxquels les manœuvres des téléphonistes sont aussi simplifiées que possible. Par exemple, les annonciateurs se relèvent automatiquement. Nous devons dire du reste que, avec la multiplication du nombre des abonnés et la complication des relations interurbaines, on a été amené à disposer des multiples énormes, qui comportent plusieurs meubles placés aux étages différents d'un même bâtiment.

On a imaginé également les multiples à batteries centrales, qui se sont développés à l'étranger avant que de commencer à s'employer chez nous. Ici les téléphonistes recevant les appels des abonnés désireux d'une communication, sont distincts des employés qui donneront la communication avec les abonnés demandés. D'autre part, avec ce système, l'abonné qui veut une communication et désire se mettre en relations avec le bureau central, pour obtenir un numéro, une « communication », comme on dit, n'a pas à pousser le moindre bouton, tourner la moindre manivelle de dynamo destinée à lancer un courant de sonnerie. Le fait seul qu'il décroche le récepteur de son appareil, établit un courant qui fait allumer une lampe devant la téléphoniste chargée de prendre ses ordres. De même, quand un abonné, mis en communication et causant, a fini cette conversation, et qu'il raccroche son récepteur dont il n'a plus besoin, une lampe, qui s'était allumée de toute manière, même s'il était le demandé et non le demandeur, prévient la téléphoniste que la conversation est achevée.

Fig. 161. — Au téléphone.

Nous devons dire que ce nom de multiples à batteries centrales provient de ce fait que le courant nécessaire à l'allumage de toutes ces petites lampes, réparties et dans le bureau et chez les divers abonnés, est fourni par une batterie d'accumulateurs localisée dans le bureau de téléphones même.

D'autres améliorations ont été inventées, qui se généralisent plus ou moins vite : il faut qu'elles aient bien fait leurs preuves pour qu'on les essaye ; de plus, elles nécessitent de grosses dépenses, elles obligent à mettre au rancart des appareils qui ont coûté cher, alors qu'ils ne sont pas encore usés et hors de service. Nous aurions à citer notamment les bureaux de téléphones automatiques, qui ont vu le jour dans les Compagnies américaines. Ici, l'abonné désirant un numéro et une communication avec un autre abonné, qui porte un numéro tout comme lui, n'a plus besoin de faire appel à un employé pour obtenir la jonction avec la ligne de celui à qui il désire parler. Les choses sont disposées de telle manière que, en tournant chez lui une série de petites roues, il compose véritablement le numéro plus ou moins compliqué de son futur correspondant. La manœuvre de ces roues se reproduit pour ainsi dire télégraphiquement au bureau central, et cela fait un vrai triage parmi les diverses connexions qui peuvent être faites entre la ligne de l'abonné demandeur et les différentes lignes des autres abonnés aboutissant au bureau. Quand les manœuvres sont finies, à condition naturellement que l'abonné ne se soit pas trompé dans le numéro qu'il composait, il se trouve automatiquement relié à la ligne qu'il désirait. Il n'a plus qu'à appeler l'abonné à la ligne duquel il est relié, à moins que cet abonné ne soit déjà en conversation avec une autre personne. Dans ce cas, des dispositifs mécaniques eussent empêché l'abonné demandeur de pouvoir se relier à la ligne de la personne avec laquelle il voulait causer. Nous n'avons pas besoin de dire que tout cela nécessite des dispositifs mécaniques très compliqués, délicats ; et c'est pour cela que ce système de communications automatiques ne s'est développé que bien lentement.

Mais une transformation de la téléphonie s'est faite peu à peu dans le même sens que cette transformation de la télégraphie électrique qui nous a donné la télégraphie sans fils. On a songé qu'il serait sans doute possible de téléphoner sans fils : autrement dit de confier aux ondes électriques les vibrations de la voix humaine. La chose était fort difficile, et elle est restée bien longtemps à l'état de tentatives timides, d'essais scientifiques sans utilisation pratique. Il s'agissait de faire subir aux ondes électriques qu'on emploie dans la télégraphie sans conducteur métallique interposé, des modulations ou modifications en rapport avec les modulations ou modifications des ondes acoustiques produites par la voix humaine. Et il faut que ces modulations puissent être perceptibles dans la membrane d'un téléphone installé à très grande distance. On utilise souvent pour cela l'influence des ondes acoustiques sur le courant alimentant une lampe électrique de projecteur : on a obtenu alors la lampe parlante. M. Bell, M. Elihu Thompson se sont occupés de cette question, et aussi le savant Danois Poulsen. Celui-ci a réussi à engendrer de puissantes ondes électriques au moyen de lampes brûlant dans une atmosphère d'hydrogène ; et les ondes sont modifiées par l'action des ondes sonores d'un téléphone. Elles traduisent pour ainsi dire la parole. Ces ondes sont envoyées par une antenne, elles arrivent à un détecteur d'ondes analogue à ceux qui s'emploient pour la télégraphie sans fils, et leur action se fait sentir sur un téléphone.

Mais, il ne faut pas s'y tromper, on n'est pas encore près du moment où télégraphie et téléphonie sans fils feront disparaître complètement l'usage des conducteurs métalliques classiques portés en l'air sur des poteaux ou logés dans le sol.

XIV

LE TRANSPORT DU COURANT ÉLECTRIQUE CHEMINS DE FER ET TRAMWAYS ÉLECTRIQUES. CHUTES D'EAU ET ÉLECTRICITÉ

L'utilisation à distance du courant produit par les génératrices : réceptrices et réversibilité ; transport du courant. — La découverte de la réversibilité ; H. Fontaine ; M. Deprez ; les essais de Lauffen. — Les applications multiples du courant : éclairage et force motrice ; transmissions électriques. — Traction électrique. Les débuts des tramways électriques et leurs progrès. Les chemins de fer électriques et leurs avantages. — L'envoi de l'électricité à distance ; le coût des conducteurs. La haute tension ; les audaces modernes. — Les chutes d'eau ; leur mise à contribution en montagne grâce au courant électrique ; la multiplication des usines hydro-électriques.

En parlant des appareils électriques, des dynamos génératrices de courant, nous avons dit que maintenant on savait envoyer le courant à très longue distance, pour l'utiliser sous les formes les plus diverses : tantôt ce sera pour l'éclairage ; tantôt ce sera pour commander, faire tourner des machines réceptrices, qui sont aussi des machines électriques, mais qu'on appelle plutôt des moteurs, pour les distinguer des autres, et dont la rotation peut commander des dispositifs mécaniques divers. Parfois aussi, ainsi que nous le verrons à propos du four électrique, le courant électrique envoyé à distance donne de la chaleur, et on l'utilise à peu près comme on emploierait un foyer fournissant du calorique.

C'est donc l'utilisation à distance du courant qu'on est arrivé à réaliser ; ce qui a nécessité, d'une part, qu'on trouvât le moyen de faire circuler le courant sans qu'il s'en perdît une proportion notable, à l'aide de conducteurs donnant passage à ce courant ; et, d'autre part, pour ce qui est de la commande des moteurs, de l'utilisation mécanique du courant, de la transformation en mouvement de ce fluide bizarre que l'on savait déjà utiliser à produire de la lumière, qu'on découvrît un principe permettant de faire tourner une machine sous l'influence de l'arrivée du courant.

Ce second problème a été plus difficile que le premier ; ou du moins on ne se figurait pas du tout comment le résoudre. C'est tout à coup que la solution s'est présentée, on prétend même que c'est quelque peu par le fait du hasard : ce fut la découverte de ce qu'on nomme la *réversibilité* des machines électriques, qui, de dynamos, peuvent devenir réceptrices et moteurs. Pour ce qui est du transport proprement dit du courant, il était réalisé dès l'origine : il est vrai que c'était sur des distances assez faibles, et il a fallu bien des efforts ingénieux pour parvenir à l'effectuer sur les distances énormes dont nous donnerons tout à l'heure un exemple. De jour en jour même, la distance à laquelle on sait transmettre le courant augmente, et le progrès se continuera certainement en s'accentuant, jusqu'au jour où, peut-être, on enverra à distance, sans conducteurs, sans fils, comme cela se fait pour les signaux électriques de la télégraphie, le courant que l'on aura fabriqué dans des usines spéciales qu'on appelle des stations centrales électriques, dans les usines hydro-électriques dont nous allons parler, et où l'on utilise les chutes d'eau pour produire économiquement le précieux fluide bon à tout, pour ainsi dire.

Fig. 162. — Poteaux de distribution électrique.

Mais revenons à cette réversibilité des machines électriques qui est la base notamment de ces chemins de fer électriques que l'on voit se multiplier de jour en jour, de ces tramways électriques, de ces métropolitains qui ont transformé si complètement et si heureusement la circulation dans les grandes villes, sans parler du reste.

Si une machine magnéto ou dynamo-électrique produit de l'électricité quand on imprime un déplacement à l'inducteur ou à l'induit, réciproquement, elle se met en mouvement si l'on amène dans cette même machine un courant électrique d'une force suffisante. Cette remarque avait été faite depuis la création de la machine magnéto-électrique et appliquée dans les petits moteurs électriques destinés à produire un faible travail mécanique. Mais tandis que, dès le début, la source d'électricité des petits moteurs électriques était la pile de Volta, plus tard on songea à conjuguer deux machines dynamos, placées tout d'abord à une faible distance l'une de l'autre, et réunies par un fil conducteur. On fit tourner la première, pour engendrer de l'électricité, et l'on envoya l'électricité ainsi produite mécaniquement dans la seconde ; cette dernière, mise en mouvement, pouvait alors accomplir un travail mécanique.

Ces deux machines ainsi conjuguées sont dites *réversibles* ; elles peuvent fonctionner soit comme génératrices d'électricité, soit comme réceptrices du courant électrique.

Fig. 163. — Salle des dynamos à l'usine de Saint-Denis.

La réversibilité des machines dynamo-électriques fut découverte en 1873, à l'Exposition d'électricité de Vienne, par MM. Hippolyte Fontaine et Charles Félix, ingénieurs et exposants français. L'un ayant une machine dynamo-électrique mue par une machine à gaz, et l'autre ayant à côté de cette installation un moteur électrique alimenté par une pile de Volta, il leur vint à l'idée de faire passer l'électricité produite dans la première machine, dans la seconde, qui en consommait. On relia donc les deux machines l'une à l'autre par un fil conducteur isolé, et la première machine, qui produisait de l'électricité, provoqua en effet le mouvement de la seconde, placée à quelque distance.

C'est ainsi que furent découverts la réversibilité des machines dynamo-électriques et le moyen de convertir l'énergie électrique en énergie mécanique.

Le problème du transport et de l'utilisation de la force à distance était dès lors résolu.

A dater de cette époque, des expériences nombreuses furent faites dans ce sens. Les deux machines conjuguées étaient placées à des distances qui atteignaient plusieurs kilomètres, et la force à transmettre s'élevait parfois jusqu'à 100 chevaux de force.

Fig. 164. — Une grande dynamo de l'usine élecrtique de Saint-Denis.

Une des expériences restées célèbres est celle qui fut entreprise par M. Marcel Deprez, avec le secours financier de MM. de Rothschild. Il s'agissait de transporter de Paris à Creil, sur le chemin de fer du Nord, c'est-à-dire à une distance de 58 kilomètres, une force de 200 à 250 chevaux-vapeur. Les expériences, commencées en octobre 1885, durèrent plus d'une année. Malgré un rapport fort élogieux de M. Maurice Lévy à l'Académie des sciences, concernant ces expériences, il faut reconnaître que les essais de Creil, entrepris dans ces conditions grandioses, ne donnèrent pas les résultats sur lesquels on comptait ; le rendement du travail était resté au-dessous de 50 pour 100. Ce rendement fut sensiblement accru pendant des expériences ultérieures faites en Allemagne, particulièrement lors de celles qui ont été entreprises en 1891 de Munich à Lauffen : le rendement atteignit 70 pour 100. La voie était ouverte, le principe général trouvé.

Il ne restait plus qu'à en généraliser les applications, en les faisant sur une plus grande échelle ; à comprendre que cette dynamo, devenue réceptrice et tournant sous l'influence du courant, pouvait fournir la force motrice dans les conditions les plus diverses, remplacer la machine à vapeur, même dans les véhicules : à condition qu'on trouvât moyen de toujours lui faire arriver le courant, en dépit de son déplacement.

Les applications des moteurs électriques aux tramways et aux chemins de fer divers sont certainement les plus curieuses, en particulier à cause de ce déplacement de la voiture, de la locomotive qui utilise le courant reçu, et de la possibilité où elle est constamment maintenue de recevoir effectivement ce fluide. Il faut bien s'imaginer, toutefois, que les moteurs électriques et l'énergie électrique distribuée pour fournir du mouvement sont précieux dans bien d'autres industries que dans les transports. Maintenant il est constant de voir des usines où l'on supprime ces poulies, ces courroies innombrables qui étaient uniquement employées auparavant pour transmettre force et mouvement aux différents mécanismes ; courroies et poulies étaient dangereuses, et faisaient perdre une grande partie de la force motrice en frottements inutiles, en dehors même de ce fait que l'huile dont on était forcé de graisser toutes ces transmissions mécaniques, se répandait et salissait un peu partout ; en outre, l'existence des arbres de transmission et de tout le reste obscurcissait les ateliers de façon nuisible, et périlleuse également. Aujourd'hui, visitez un tissage ou une filature bien installés, et vous verrez que ce sont des moteurs électriques installés à côté des métiers à filer ou à tisser qui les actionnent ; et ils tournent et font tourner, agir, travailler ces métiers sous l'influence

Fig. 165. — A l'usine de Saint-Denis. — Tableau de distribution du courant électrique.

du mystérieux courant électrique, qui leur arrive tout simplement grâce à des fils conducteurs tenant aussi peu de place que possible, qu'on accroche aux murs ou aux plafonds, et qui sont sans danger. Dans les tunnels que l'on creuse, vous trouverez des fils conducteurs amenant le courant aux perforatrices qui forent les trous de mines où on loge les cartouches d'explosifs destinées à faire sauter la roche. Dans telle imprimerie, vous verrez les presses commandées également par des moteurs électriques. Dans toutes les industries, on peut actionner les mécanismes, machines, appareils, par le courant électrique, et cela avec une simplicité et une sécurité qui expliquent la rapidité avec laquelle ces applications de l'électricité se multiplient, partout où l'on sait tirer parti des progrès de l'industrie et de la science modernes.

Grâce à la fée électricité, on n'entend plus dans les ateliers le bruit que faisaient les transmissions de jadis ; l'hygiène est bien meilleure, autant que la propreté, les deux choses se tenant forcément ; les usines peuvent acheter la force motrice dont elles ont besoin à une usine centrale de production, et cela leur revient bien moins cher que de la produire à l'aide de machines à vapeur de faible puissance, comme c'était la règle jadis. De plus, les tout petits patrons, les ouvriers qui travaillent chex eux, comme les tisseurs lyonnais, les fabricants de rubans de la région de Saint-Étienne, peuvent se procurer la force mécanique à très bon marché ; ils sont complètement débarrassés de la besogne fatigante et matérielle que leur imposait jadis la conduite de leur métier, des efforts physiques que cela réclamait.

Pour ce qui est de la traction des tramways, des convois de chemins de fer, l'électricité, et le moteur électrique récepteur du courant produit par ailleurs, font déjà merveille ; leur champ d'application s'élargit chaque jour.

Le principe de la traction électrique, ou, si l'on veut, de la propulsion des véhicules de tramways, des locomotives de chemins de fer tirant derrière elles une série de wagons, consiste à loger au-dessus ou au-dessous du châssis de la voiture automotrice ou de la locomotive un ou plusieurs moteurs électriques ; ils sont le plus ordinairement disposés sur l'essieu des roues, ils entraînent, en tournant eux-mêmes, la rotation de cet essieu et des roues ; il est plus rare que le moteur actionne essieu et roues par une transmission. Il n'était pas commode d'assurer continuellement la prise de courant, l'arrivée du fluide à ce ou ces moteurs, en dépit du déplacement du véhicule sur la ligne ferrée ; il fallait établir une communication, glissante pour ainsi dire, entre le fil ou le conducteur quelconque dans lequel le courant arriverait toujours de l'usine de production, et le moteur ; cette communication glissante, c'était un frotteur recueillant le courant, ou une partie de ce courant, par contact. En 1881, quand on vit débuter les tramways électriques de façon timide, on tendait le long de la voie une sorte de tube métallique fendu tout du long, et porté par des poteaux latéralement à la voie ; c'était le conducteur amenant le courant électrique. On disposait à l'intérieur de ce tube une sorte de navette métallique, qui pouvait y glisser sans perdre contact avec le métal du conducteur ; cette navette était reliée d'autre part, à l'aide d'un fil souple qui sortait par la fente du tube, à la voiture et au moteur électrique. De la sorte, le courant mettait en marche moteur et voiture, et s'échappait ensuite par les roues et le sol ; la voiture avançait en traînant derrière elle la navette et en recevant constamment le courant dont elle avait besoin pour progresser.

Cette disposition avait des inconvénients; la navette pouvait s'arrêter dans le tube, et le tramway, continuant d'avancer un certain temps, cassait le conducteur souple. On a transformé le dispositif de la façon la plus heureuse, en tendant parallèlement à la voie ferrée un ou deux fils aériens formant conducteurs, tandis que la voiture porte un bras avec une roulette ou une sorte d'archet métallique en haut ; roulette ou archet frotte sur le conducteur et assure l'arrivée du courant aux moteurs du véhicule. La plupart des tramways qui représentent maintenant des dizaines et des dizaines de milliers de kilomètres à la surface de la terre, en Chine ou au Japon tout aussi bien qu'en Europe ou aux États-Unis, sont munis de ce fil aérien et de cette roulette au bout d'un bras articulé qu'on appelle le trolley.

Cependant, comme parfois on trouve les fils tendus en l'air peu élégants, on établit aussi des tramways où le conducteur est placé dans le sol, dans une sorte de caniveau, de petite galerie ouverte d'une fente en haut, dans le pavage même de la rue ; le tramway est alors muni d'un bras par en-dessous, bras qui pénètre dans la galerie par la fente, et qui vient en contact avec le conducteur apportant le courant. Rien ne paraît, c'est vrai ; mais ce dispositif coûte très cher, à cause de la galerie qu'il faut construire dans le sol de la rue ; alors que la voie aérienne reviendra à une vingtaine de mille francs du kilomètre, la voie à caniveau coûte 300 000 francs du kilomètre ; c'est donc un luxe dont on fait bien de se dispenser le plus souvent, le tramway pouvant rendre les mêmes services dans les deux cas. On pose aussi parfois le conducteur dans le sol, et il communique, mais uniquement quand la voiture est en ce point, avec des pavés métalliques disposés dans le pavage de la rue ; grâce à des électro-aimants, l'arrivée du courant ne se fait que quand la voiture est là pour apporter au contact du pavé un frotteur chargé de conduire le courant aux moteurs ; et le courant cesse d'arriver dès que la voiture s'éloigne. Par conséquent, la circulation ordinaire peut reprendre instantanément dans la rue sans danger pour les passants ni les équipages des voitures.

On utilise parfois les accumulateurs pour alimenter de courant moteur les voitures où ils sont installés ; mais c'est un système coûteux et peu pratique : les accumulateurs ont besoin d'être rechargés souvent, ils pèsent très lourd et se détériorent aisément.

Fig. 166. — Chemin de fer électrique de Zermatt. — Cl. Wehrli, à Zurich.

Les chemins de fer électriques ne diffèrent pas très sensiblement des tramways électriques ; sinon en ce que souvent les convois sont traînés par des locomotives électriques recevant seules le courant ; et aussi en ce que le conducteur amenant le courant, et sur lequel doit frotter un dispositif de contact, peut être installé au niveau du sol : la circulation sur les voies est impossible et interdite au public, et les employés de la compagnie sont accoutumés à ne pas venir en contact avec ce conducteur. C'est le système qu'on appelle « du troisième rail », parce que ce conducteur est formé de rails placés au bout les uns des autres, et reliés soigneusement pour que le courant électrique puisse circuler de bout en bout du conducteur métallique qu'ils constituent, tandis que les convois y recueillent par un frotteur le courant dont ils ont besoin.

En fait, on est de plus en plus favorable aux voitures automotrices, à la place des locomotives tirant tout un convoi derrière elles : ces voitures motrices sont des wagons à voyageurs ou à marchandises dotés de moteurs électriques actionnant directement leurs roues. Ce sont ce qu'on nomme des unités multiples, tout simplement parce que, en général, il s'en trouve plusieurs dans un seul convoi. Elles contribuent toutes à la propulsion du train, et l'on ne risque plus ainsi de voir une locomotive glisser, patiner sans avancer sur les rails, parce que le poids du convoi qu'elle doit tirer derrière elle est disproportionné avec ses forces et avec son poids. Avec les unités multiples électriques, c'est presque tout le convoi qui devient moteur ; on peut partir rapidement, obtenir une bonne vitesse de marche presque instantanément ; on peut aussi affronter des pentes bien plus marquées; on aura beau s'arrêter fréquemment, comme on repart vite et regagne vite également la marche normale, les voyages se font bien plus accélérés.

Ce sont ces qualités de la traction électrique sur les voies ferrées, qui ont fait que l'on a adopté dans presque tous les pays ce mode de traction pour les chemins de fer métropolitains et pour les lignes de banlieue où les arrêts sont innombrables. C'est pour cela aussi que les voies ferrées électriques se multiplient dans les régions montagneuses, où les voies sont obligées de présenter des rampes assez marquées (et où, de plus, les chutes d'eau donnent le moyen, comme nous allons le voir, de produire le courant électrique à bon compte).

Nous n'avons guère à citer des exemples de chemins de fer électriques métropolitains, car on en trouve partout. On sait particulièrement la multiplication de ces lignes à Paris ; les voies et la traction électriques prennent également une importance grandissante dans les divers réseaux de la banlieue de Paris, afin de satisfaire au mouvement sans cesse croissant de la circulation. Londres comme Berlin, New-York au moins autant que n'importe quelle agglomération, possèdent des réseaux électriques considérables. En montagne, de même, les exemples pourraient se présenter en foule : c'est électriquement que la traction est assurée sur une multitude de lignes ferrées suisses, montant à des hauteurs plus ou moins considérables, suivant des trajets audacieux ; électrique notamment ce chemin de fer du Gornergatt que tout le monde connaît de réputation, de même que le chemin de fer de la Jungfrau. C'est naturellement à la traction électrique que l'on a eu recours quand on a créé le réseau ferré desservant Chamonix et sa région.

Mais, de jour en jour aussi, la traction électrique gagne du terrain au point de vue des lignes ferrées ordinaires, de ce qu'on appelle souvent les grandes lignes ; et cela s'explique par la simplicité et aussi l'économie finale qu'assure ce mode de propulsion des trains. C'est qu'en effet, la force motrice est produite dans une usine unique, et par conséquent bien plus économiquement que quand elle l'est dans ces petites usines isolées qu'on appelle les locomotives à vapeur, — et qui sont pourtant, il faut le reconnaître, des appareils admirables. La conduite d'une automotrice électrique est, d'autre part, bien plus simple que celle d'une locomotive à vapeur; et cela d'autant, ce qu'il ne faut pas oublier, que ces

Fig. 167. — Trammway électrique de Monaco.

unités multiples dont nous parlions et qui entrent dans la composition d'un train, sont disposées de telle sorte que le mécanisme de toutes celles qui se trouvent dans un train est solidarisé en un tout, qui est sous la main d'un seul conducteur installé dans une des automotrices seulement. On doit songer aussi que les véhicules électriques et leurs moteurs ne soumettent pas la voie à tous ces ébranlements que cause le passage d'une locomotive avec ses pistons, donnant des coups violents à chacun de leurs mouvements ; et la voie coûte bien moins cher à entretenir avec la traction électrique qu'avec la traction à vapeur.

Nous avons dit que les usages de l'électricité se sont d'autant plus développés (et les chemins de fer électriques comme le reste) qu'on trouvait moyen de distribuer, d'envoyer le courant plus commodément et plus économiquement de plus en plus loin, pour trouver une clientèle nombreuse aux grandes usines de fabrication du courant qu'on appelle les stations centrales. La grosse question en la matière a été de pouvoir employer, pour l'envoi de l'électricité, des conducteurs pas trop gros, ne coûtant pas trop cher (puisque le métal cuivre dont on les fait d'ordinaire est toujours un métal cher), tout en arrivant à faire passer le courant assez aisément par ces conducteurs pour qu'il parvienne aux distances où l'on entendait le distribuer. Et il fallait que ces conducteurs fussent posés aussi économiquement que possible; car autrement le prix de toutes ces installations de distribution eût compensé, et au delà, le bon marché de la production de la force motrice sous la forme de l'énergie électrique.

A l'intérieur des villes, les distributions se font très souvent au moyen de conducteurs posés dans des galeries souterraines; cela coûte relativement cher, mais on peut bien assurer l'isolement électrique, et par suite pratiquer ces fortes pressions, ces hautes tensions ou voltages dont nous allons parler, sans avoir à craindre qu'il se fasse une déperdition considérable du courant confié aux conducteurs. Aussi bien, dans ce cas, la tension n'est pas considérable, et les pertes sont moins à redouter.

Mais on tend de plus en plus à installer les usines de production de l'électricité là où l'on peut tirer parti des chutes d'eau; et c'est dire alors que, non seulement on se trouve en pays de montagne, là où les industriels et les consommateurs de courant ne sont pas bien nombreux; mais encore, le plus ordinairement, loin de centres importants où l'on puisse trouver à vendre en abondance le courant pour l'éclairage, la force motrice, etc. Pour les chemins de fer mêmes, au fur et à mesure qu'on veut appliquer la traction électrique à des lignes plus importantes, et en utilisant encore une fois, des chutes d'eau, on se voit forcé de faire franchir des distances considérables au courant avant qu'il atteigne le point le plus éloigné où l'on entend en tirer parti.

Or, quand on veut faire passer un courant électrique dans un conducteur de métal comme ceux qui servent normalement à cet usage, si ce courant n'est pas sous un fort *voltage,* sous une forte tension, — ce qui correspond tout à fait à la pression dans les canalisations d'eau —, il faut lui offrir un chemin facile: un gros conducteur, correspondant également à une canalisation de gros diamètre intérieur où l'eau ne trouve pas de résistances notables. Qui dit gros conducteur, dit forcément poids de métal très élevé, car les conducteurs électriques sont pleins; et pour atteindre l'économie, forcément poursuivie et permettant seule la distribution à grande distance, on a cherché et trouvé la solution indispensable : élever la pression sous laquelle serait envoyée l'électricité. On a donc adopté les hauts voltages, soit que le courant soit fabriqué, produit tout de suite à cette tension ; soit que des appareils en augmentent la tension avant qu'il soit envoyé dans la canalisation de distribution. D'ailleurs, comme cette haute tension serait dangereuse ensuite, quand on serait sur le point d'employer le courant, on réduit sa tension par des transformateurs, mais fonctionnant dans un but et suivant un dispositif pour ainsi dire inverses de ceux qu'on a pu employer à la sortie de l'usine de production du courant, et qui, eux, étaient des transformateurs survolteurs.

Toujours est-il, et en faisant bon marché des difficultés techniques considérables qu'il y a eu à trancher, qu'on est arrivé aujourd'hui à distribuer couramment l'électricité à des distances énormes, et que l'on considérait, il y a encore bien peu d'années, comme tout à fait impossibles à lui faire franchir. Ce n'est plus seulement 100, 200, 300 kilomètres; il existe des installations où l'usine productrice est à quelque 400 kilomètres des localités, des maisons, des usines à desservir, et où le courant arrive sous un voltage très élevé, mais sans déperdition sérieuse grâce aux précautions prises. Et le développement des conducteurs a beau être considérable, en raison des milliers et des milliers de mètres de fil de cuivre qu'il a fallu poser sur des poteaux de bois ou de métal; la dépense n'est point exagérée et n'empêche pas de se procurer le précieux courant à bon compte. Nous devons dire d'ailleurs que l'on s'est mis à remplacer les fils de cuivre par des fils d'aluminium; on est obligé de les faire un peu plus gros, parce que l'aluminium ne donne pas si facilement passage à l'électricité, n'est pas aussi bon conducteur que le cuivre; mais cela revient néanmoins moins cher, le métal aluminium étant moins cher que le métal cuivre.

C'est aux États-Unis qu'on a montré d'abord le plus d'audace pour ces lignes de distribution du courant à longue distance et haut voltage ; mais peu à peu les divers pays les suivent. En France, où les stations hydro-électriques se multiplient de jour en jour, en s'installant là où l'on trouve des chutes d'eau, loin des grandes villes, on ne craint pas d'envoyer le courant par des canalisations aériennes à des centaines de kilomètres. Et l'on pratique forcément alors les hauts voltages. C'est le cas de cette usine de Moutiers qui envoie le courant à Lyon et à sa région, sur une distance de 180 kilomètres, et où deux fils de cuivre, d'ailleurs assez minces, donnent passage à un courant dont la tension atteint de 50000 à 60000 volts : courant continu, car les transmissions, qui se faisaient autrefois uniquement en courant alternatif, tendent de plus en plus à se faire en continu, à l'heure présente. Toute la région du midi de la France est sillonnée de conducteurs électriques, qui portent le courant aux villes diverses. Marseille et Arles, par exemple, reçoivent l'électricité de l'usine de la Brillanne-Villeneuve et de celle de Ventavon. La tension de distribution est sensiblement la même que celle que nous venons d'indiquer : et ici, précisément, nous nous trouvons en présence de dispositifs qui ont pour objet de relever dans des proportions considérables le voltage du courant tel qu'il est produit par les génératrices, dans le but du passage par les conducteurs de faible section (ou diamètre) de la ligne de distribution.

On tend à adopter des voltages bien plus élevés que 50 000 ou 60 000 volts ; et l'on envisage la généralisation des tensions de 100 000 volts, avec des précautions spéciales pour que les lignes de distribution ne créent pas des dangers, et aussi que le courant circulant sous cette forte pression n'ait pas trop de tendance à s'échapper du conducteur dans l'air environnant, ce qui entraînerait des pertes coûteuses du courant produit à l'usine.

Les avantages de la distribution de l'énergie sous la forme électrique sont tels, qu'on se met à produire cette énergie même dans des usines génératrices qui n'utilisent pas les chutes d'eau dans les régions montagneuses, mais bien du combustible que l'on pourrait brûler sous des chaudières particulières, alimentant des moteurs à vapeur, dans les maisons, ateliers, etc., où il s'agirait de produire force motrice, lumière. De la sorte on a les avantages de la centralisation. On se met aussi à installer des usines électriques centrales au débouché même des puits de mines de charbon ; on brûle le combustible sous des chaudières, sans avoir à le transporter ; et, par l'intermédiaire de ces chaudières et de machines à vapeur commandant des génératrices, on arrive à fabriquer le courant électrique que l'on expédie au loin et vend de tous les côtés à un prix avantageux pour tout le monde.

Toutefois, les centrales électriques faisant appel aux chutes d'eau pour la production du courant sont plus intéressantes, en ce qu'elles permettent de tirer parti de ressources qui sont pour ainsi dire inépuisables, au contraire des gisements de charbon, qui s'appauvrissent au fur et à mesure que nous les exploitons, et ne paraissent point se reformer. L'eau qui s'écoule de la montagne fuit vers la mer, après avoir mû les turbines hydrauliques des stations hydro-électriques, sera pompée à nouveau par la chaleur solaire, elle remontera dans le ciel sous forme de nuages ; puis ces nuages arriveront quelque jour au-dessus de la montagne. Ils s'y précipiteront sous forme de pluie ou de neige et viendront de nouveau entretenir le cours du torrent, et continuer la chute qui fera tourner les turbines. Ce phénomène est constant (à cela près que les chutes de pluie, les chutes et les fontes de neige sont plus ou moins abondantes suivant les saisons). Du moins nous n'épuisons aucune richesse accumulée, en domestiquant la chute d'eau et en la forçant à travailler.

Et plus on va, plus on recourt à ces chutes, auxquelles M. Bergès a donné jadis le non pittoresque de *houille blanche,* pour indiquer que cette eau écumante était susceptible de nous rendre les mêmes services que le noir combustible que nous extrayons de la terre. C'est M. Bergès lui-même qui, le premier, a capté, utilisé, obligé à travailler une des hautes chutes que l'on rencontre constamment en pays de montagne. Pour en tirer bon parti, il fallait autre chose que les roues de moulins qu'employaient nos pères ; et l'utilisation des cours d'eau et des faibles chutes qui s'y font, des dénivellations minimes que l'on crée le long de la pente de la rivière en établissant un barrage pour retenir l'eau, avait disparu en grande partie, parce que les roues hydrauliques qui avaient été imaginées et qu'on employait depuis longtemps, ne rendaient qu'un bien faible travail. Mais au moment où M. Bergès songeait à tirer parti des hautes chutes, on possédait enfin un appareil hydraulique d'un excellent rendement, la turbine hydraulique ; c'est bien une sorte de roue, mais avec des palettes, des aubes courbes, soigneusement étudiées dans leur forme ; elles utilisent toute la puissance que leur apporte l'eau. Et l'on pouvait être sûr dès lors que l'installation d'un dispositif de ce genre rendrait des services, fournirait de la force motrice, proportionnellement aux dépenses qu'il fallait faire pour l'installer. D'ailleurs, on avait intérêt à faire cette installation surtout en pays de montagne, parce que c'est là que l'on rencontre les hautes chutes, les fortes dénivellations sur un très faible parcours, qui, par leur forte pression et leur débit relativement faible, sont particulièrement appropriées au bon fonctionnement des turbines.

C'est dans ces conditions que M. Bergès installa à Lancey, en 1870, la première station hydraulique tirant parti d'une chute de 200 mètres de haut. On pouvait donc de la sorte produire abondamment la force, et la vendre à bon marché à ceux qui en auraient besoin pour actionner les machines les plus diverses. Mais ce n'était pas tout : il fallait arriver à distribuer cette force aux acheteurs possibles ; et naturellement, en pleine montagne, on n'avait pas grande chance de trouver nombre d'usines, de manufactures installées là tout exprès pour être des clients de l'usine hydraulique productrice de force motrice. Il ne fallait pas songer à les amener à venir s'installer effectivement en montagne, pour recevoir la force disponible de l'usine hydraulique ; il était indispensable de trouver un moyen de leur envoyer à distance, en les laissant là où elles étaient, la force disponible en question.

C'est l'électricité, la distribution du courant à distance qui a résolu ce problème. On comprend comment. Les turbines hydrauliques de l'usine captant la haute chute n'avaient qu'à actionner des génératrices de courant électrique; puis ce courant à tension convenable était confié à des conducteurs ou fils, et arrivait dans les villes plus ou moins lointaines, où il faisait tourner des réceptrices, allumait au besoin des lampes, etc.

C'est ce qu'on a fait, c'est ce qui se généralise de jour en jour davantage, les montagnes offrant dans presque tous les pays des chutes d'eau qu'on peut capter et domestiquer de la sorte pour le bien de l'industrie et de tout le monde. On peut aussi, bien entendu, utiliser les faibles chutes sur les cours d'eau des plaines, comme on l'a fait par exemple à Jonage, près de Lyon, pour une puissante usine hydro-électrique utilisant une dénivellation du Rhône ; toutefois, ces usines sont bien moins économiques, précisément à cause de la petitesse de la chute, en dépit du volume d'eau considérable, mais sous faible pression, qui peut arriver aux turbines.

Toujours est-il que maintenant les usines hydro-électriques sont innombrables à la surface de la terre, ; les plus illustres peut-être sont celles du Niagara, mais on en trouve en France de tout à fait remarquables, comme celles que nous citions tout à l'heure à propos de la grande distance à laquelle on sait maintenant distribuer le courant. Dans notre pays, on peut espérer se procurer de la sorte sans peine une puissance de 5 millions de chevaux-vapeurs, et l'on a commencé de tirer parti de la façon la plus effective de ces précieuses richesses.

Bien entendu, ces usines hydro-électriques coûtent à établir ; et il ne faut pas se figurer que ce soit gratuitement qu'on puisse se procurer courant et force motrice à l'aide des chutes d'eau que l'on capte. Il faut tout d'abord installer l'usine et les turbines, puis les génératrices destinées à être commandées par les turbines. Et alors il faut amener l'eau sous pression à agir sur les aubes de ces turbines. Et pour cela, on capte et détourne une partie de l'eau du torrent dans sa partie supérieure, tandis que l'usine et les turbines sont disposées bien plus bas, au pied de la dénivellation qu'un veut utiliser ; on installe un canal horizontal, puis des canalisations robustes qui reçoivent l'eau et l'amènent sous pression aux turbines, en descendant brusquement le long du flanc de la montagne pour aboutir aux turbines. Et encore, souvent, faut-il construire, non seulement un barrage pour détourner l'eau comme nous l'avons dit, mais encore un réservoir qui permettra d'accumuler de l'eau en *réserve*, comme le dit le mot. C'est qu'en effet, le débit du torrent est variable, et il faut parer aux sécheresses, aux diminutions d'écoulement, pour que les turbines puissent constamment tourner, et par suite qu'on puisse toujours envoyer du courant aux acheteurs de cette énergie.

Ce seront les usiniers les plus divers, les particuliers pour leur éclairage, et aussi les chemins de fer ou les tramways pour la traction électrique. Et comme les applications du courant électrique vont se multipliant de jour en jour, cela explique la multiplication des usines hydro-électriques.

XV

LE FOUR ÉLECTRIQUE ET LES HAUTES TEMPÉRATURES FABRICATION ARTIFICIELLE DU DIAMANT ET DES PIERRES PRÉCIEUSES

Les hautes températures obtenues avant le four électrique ; haut fourneau et fours métallurgiques ; chalumeau oxhydrique ou oxy-acétylénique. — Moissan et le four électrique ; la construction et le fonctionnement de ce four ; obtention de 3 000 degrés. — Fabrication artificielle du vrai diamant ; imitation d'autres pierres précieuses. — Usages du four électrique ; carbure de calcium et nitrates artificiels ; carborundum ; aluminium ; phosphore, etc.

Le feu, c'est-à-dire l'élévation de température, est une des découvertes les plus importantes, sinon la plus importante, faites par l'humanité à une époque où l'on n'avait point la coutume de conserver les noms des inventeurs. De siècle en siècle jusqu'à l'époque contemporaine, on a bien perfectionné les procédés pour produire de hautes températures ; mais nous pouvons voir aisément combien l'on a dépassé depuis quelques années les résultats que l'on obtenait auparavant ; et cela grâce à ce four électrique qui est réellement dû à l'illustre Moissan, le grand chimiste français.

C'est en matière métallurgique que l'on produisait les plus hautes températures ; et on peut même dire dans la métallurgie en général, car celle-ci employait des procédés qui donnaient une élévation de température plus forte que celle qui était réalisée dans le haut fourneau seul. D'ordinaire, on se contente dans celui-ci d'une température qui est comprise entre 1 000 et 1 300 degrés ; c'est sans doute considérable en soi par rapport à la température que fournissent les foyers ordinaires ; c'est grâce à cette température que l'on pouvait séparer le minerai de fer de la gangue qui l'enveloppe, et aussi désoxyder le minerai pour se procurer la fonte, qui donne ensuite fer et acier. Cette température est obtenue non pas à cause du combustible, qui est soit du coke, soit du charbon de bois, soit même, au moins jadis, de la houille ; mais grâce à l'envoi méthodique d'air dans la masse en combustion, au *soufflage*, comme on dit, du haut fourneau. l'arrivée régulière d'air, et d'air chauffé, fournissant à la combustion l'oxygène nécessaire, dans les meilleures conditions possibles.

Nous verrons plus loin, en disant les merveilles réalisées par la métallurgie moderne, qu'elle est arrivée à obtenir des températures sensiblement plus hautes : par exemple 1 500 degrés dans le convertisseur qui a rendu légitimement glorieux le nom de Bessemer, et souvent 1 800 degrés dans les fours Martin ou Siemens, où l'on ne brûle point directement du combustible minéral ou végétal, mais bien un véritable gaz

Fig. 168. — La mise en marche du four Moissan.

qu'on obient de ce combustible minéral, et qui est tout uniment de l'oxyde de carbone. Avec un combustible gazeux, on peut régler bien plus exactement la proportion de gaz oxygène nécessaire et suffisante à une combustion pour ainsi dire parfaite ; et c'est pour cela que ces fours donnent des températures qui approchent de 2 000 degrés.

Sainte-Claire Deville, un chimiste relativement moderne, était arrivé, lui, à réaliser effectivement ces 2 000 degrés, mais pas précisément dans des conditions industrielles, plutôt avec une installation de laboratoire. Cela, à l'aide de ce qu'on appelle le chalumeau oxhydrique. Comme le nom l'indique, dans cet appareil, on fait usage simultanément d'oxygène et d'hydrogène. Il faut du reste des précautions pour manipuler ces deux gaz, qui détermineraient une explosion terrible s'ils se combinaient brusquement. Ils arrivent par deux conduits séparés, et ils sont enflammés au moment où ils débouchent des tubes; il faut d'ailleurs deux fois plus d'hydrogène que de l'autre gaz.

Nous devons dire que ce chalumeau est entré maintenant dans l'usage courant de l'industrie, parce qu'il est facile de se procurer les gaz qu'il réclame ; nous expliquerons comment, aujourd'hui, on trouve en vente presque partout des gaz comprimés ou même liquéfiés, oxygène, acide carbonique ou autres, et les usages qu'on en peut faire. On

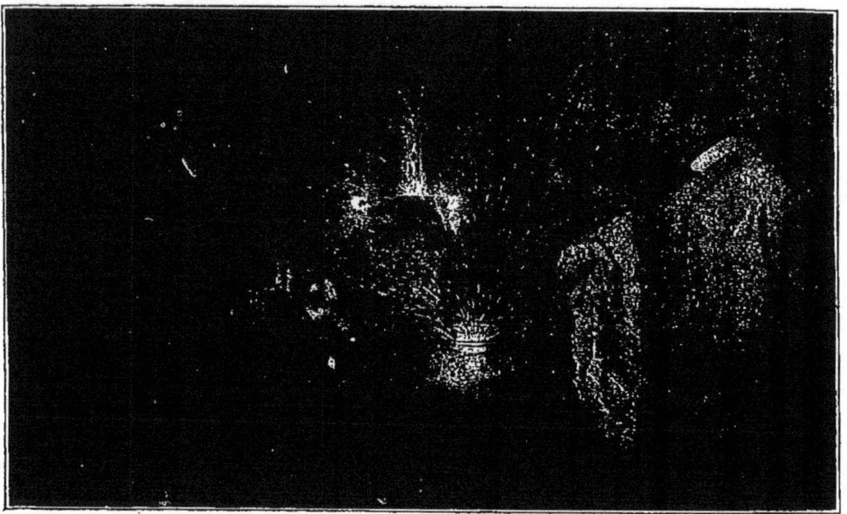

Fig. 169. — La fabrication du diamant.

emploie également un autre chalumeau, appelé oxy-acétylénique, où la flamme est faite d'un jet d'acétylène dont la combustion est étrangement surexcitée par de l'oxygène. Avec ces chalumeaux, qui lancent un dard de flamme présentant une température de quelque 2 000 degrés, et qu'on peut diriger et promener comme on le veut, simplement en prenant la précaution de se défendre la vue contre le rayonnement de la flamme, on a la possibilité de fondre des tôles d'acier un peu comme du beurre, de sectionner des plaques de métal, de creuser assez rapidement un sillon même dans une énorme plaque de blindage.

On cherchait néanmoins encore mieux : on voulait être en état de réaliser des températures rappelant celles qui ont pu se produire, ou qui se produisent peut-être encore au centre de la terre. Et l'on songea, particulièrement le grand chimiste Moissan, à tirer parti pour cela du courant électrique. Le passage de ce courant entraîne toujours un certain échauffement, et surtout, bien entendu, s'il rencontre une résistance à son passage. C'est pour cela que les lampes électriques à filament éclairent : le courant, en trouvant le fil mince qu'est ce filament, et qui lui offre une résistance considérable, le porte au rouge, à l'incandescence : c'est cette incandescence qui donne l'éclat lumineux. Dans les lampes à arc dont nous aurons occasion de reparler plus en détail, le courant est forcé de sauter pour ainsi dire d'un des charbons à l'autre, l'air lui oppose une grande résistance, et il produit un arc électrique, en rendant les deux charbons incandescents et lumineux.

Fig. 170. — Un coin de l'atelier de la fabrique de saphirs et de rubis de Beauval. (Ph. Branger.)

M. Moissan se prit à étudier un four spécial où l'on mettrait à profit l'élévation de température que l'on obtient par le passage du courant, et il arriva à combiner un four électrique parfait, qu'on n'a fait qu'imiter plus ou moins depuis, en l'appliquant à des usages plus industriels que le but qu'avait primitivement poursuivi M. Moissan.

D'une manière générale, ce four électrique n'est guère qu'une immense lampe à arc, de ces lampes dont nous parlions à l'instant. C'est l'arc électrique se formant entre les charbons, qui va rayonner sur les matières que l'on désire soumettre à l'élévation de température ; ces matières, on les disposera dans un creuset qui sera placé à l'intérieur du four, et en dessous de l'arc. Mais il fallait s'arranger pour condenser et conserver dans l'intérieur de ce four toute la chaleur développée par l'arc, ou du moins la plus grande partie possible, afin qu'elle ne fût pas perdue, dilapidée, à chauffer l'atmosphère environnante, au lieu de servir, comme on le désirait, à échauffer les matières placées dans le four et le creuset. Et pour cela, il a fallu doter le four de parois empêchant cette chaleur de rayonner à l'extérieur ; et encore était-il indispensable que ces parois ne fussent pas exposées à fondre sous l'influence de la formidable source de chaleur qu'elles allaient avoisiner. On a eu recours à la chaux pour former ces parois réfractaires, et à peu près parfaitement calorifuges. On réussit tout aussi bien avec de la craie.

On comprend qu'il est assez facile de tailler dans un bloc de craie une sorte de chambre où l'on fera pénétrer les charbons auxquels aboutissent les conducteurs électriques ; on recouvrira la chambre d'une plaque de craie, et on pourra lancer le courant pour qu'il forme un arc puissant entre les extrémités des deux charbons. Ces parois de craie sont si parfaites qu'on peut mettre la main sur elles, quand la terrible chaleur de 3 000 degrés se fait sentir à l'intérieur du four, sans qu'on y ait la moindre sensation de brûlure, à peine se doute-t-on que l'intérieur est chaud.

Nous n'avons pas besoin de dire qu'on doit fournir le courant en abondance à ce que nous avons appelé une lampe à arc monstrueuse. Le fait est que les charbons, formés de charbon de cornue, qui donnent accès au courant à l'intérieur du four, et entre lesquels jaillit l'arc, sont gros comme un bras. L'arc se forme en grondant et en développant la température de 3 000 degrés dont nous parlions tout à l'heure, et à laquelle pour ainsi dire rien ne résiste. Dans une enceinte comme celle de ce four électrique, le platine, ce métal qu'on ne pouvait réussir à fondre avant l'invention du chalumeau de Sainte-Claire Deville, se volatilise : telle de l'eau qui se transforme en vapeur à la modeste température d'un peu plus d'une centaine de degrés, à laquelle il suffit de ces 100 degrés pour commencer cette tranformation.

Prenez du sable et soumettez-le à l'action de la chaleur développée par le four électrique : vous ne vous étonnerez sans doute pas de le voir se mettre à bouillir, et lui aussi va donner lieu à la formation de vapeurs. Si, ensuite, ces vapeurs rencontrent une surface relativement froide (elle n'aura pas de peine à l'être par rapport à la température qui avait été nécessaire pour produire cette évaporation peu banale), lesdites vapeurs se condenseront, comme les vapeurs d'eau formant des gouttelettes au contact d'une plaque de métal froid ou d'une vitre ; et il se déposera une poudre ténue faite de sable fondu, volatilisé, puis condensé.

M. Moissan avait un but géologique pour ainsi dire en inventant le four électrique ; il voulait tenter de reproduire la température qui avait dû se faire sentir au centre de notre globe, quand les diamants qu'on trouve maintenant plus ou moins profondément dans le sous-sol s'y étaient formés. Il avait atteint partiellement le but, la chaleur de 3 000 degrés devait certainement suffire pour l'essai de reconstitution, de reproduction du diamant que voulait poursuivre l'illustre chimiste. On sait du reste que le diamant n'est pas autre chose que du carbone cristallisé ; la dissolution, la fusion était indispensable d'abord ; mais il fallait ensuite réaliser une pression énorme sous laquelle se ferait la cristallisation de la matière dissoute et liquéfiée.

Il est intéressant de voir comment M. Moissan réussit l'opération complète, non pas seulement parce qu'il est arrivé à fabriquer effectivement du diamant, des parcelles minuscules de ce diamant ; mais aussi et surtout parce que ce succès a fait connaître le four électrique et apprécier les services qu'il était susceptible de rendre.

Fig. 171. — Un creuset d'alchimiste moderne.

M. Moissan fit donc fondre d'abord, dans ce qu'on peut appeler son four, un mélange de fer et de carbone, ce dernier en forte proportion ; cela devait donner de la fonte, qui est un métal ferreux riche en carbone ; mais ce qu'il poursuivait, c'était d'avoir à un certain moment du carbone dissous dans cette fonte, et qui pût être soumis à la compression brusque et énorme dont il était besoin. Cette compression, il l'a demandée tout uniment à un refroidissement brusque, et intense par conséquent, de la masse en fusion. Nous n'avons pas à insister sur le refroidissement qu'on peut obtenir quand on plonge dans de l'eau, par exemple, une masse qui est portée à une température de 3 000 degrés environ. Nous disons dans l'eau, et le fait est que primitivement le creuset contenant la fonte en fusion et sortant du four électrique, était plongé dans un bain d'eau.

C'était quelque peu périlleux, il s'échappait de ce creuset tout un feu d'artifices d'étincelles, des flammes, avec accompagnement de sifflements peu rassurants. Depuis lors, M. Moissan s'est décidé à plonger creuset et fonte contenant le carbone en dissolution et fusion, dans un bain de plomb fondu. Du plomb fondu est forcément chaud pour nous; il est à une température de plus de 300 degrés; mais on peut dire que c'est tout à fait froid par rapport aux 3 000 degrés du four électrique. Et le fait est que l'immersion dans ce bain de plomb produisait le même effet refroidissant, sans certains inconvénients que présentait l'emploi du bain d'eau.

Au moment où la fonte est refroidie de la sorte, du moins en surface, puisque c'est forcément par l'extérieur que cela commence, il se forme une croûte dure enveloppant le noyau fluide dans une prison susceptible de résister à la plus forte pression interne. Il se produit bien une pression à l'intérieur; car le refroidissement gagne le cœur du noyau, et la fonte, en se refroidissant, présente cette particularité d'augmenter, ou du moins de tendre à augmenter de volume. Mais cette fonte du centre est empêchée de se dilater, et, comme conséquence inévitable, il se produit intérieurement une pression prodigieuse; celle-là même qu'avait escomptée M. Moissan.

Sous l'influence du refroidissement brusque et de la pression formidable, il se réalisa ce qui s'était sans doute produit dans le centre de la terre, au moment où se formèrent les gemmes que nous recherchons maintenant sous le nom de diamant; et M. Moissan put recueillir, dans la masse de fonte refroidie et durcie, de petits cristaux de diamant: diamant réel, quoique fabriqué artificiellement, puisqu'il présente toutes les propriétés particulières de cette pierre précieuse.

Depuis lors, le four électrique s'est vu introduire dans une foule d'industries. Nous ne visons pas la fabrication des autres pierres précieuses, rubis, saphirs, autour desquelles on a fait beaucoup de bruit. En réalité on les fabrique plus simplement, en ce sens qu'il n'est pas besoin de cette température formidable de 3 000 degrés donnée par le four électrique. On se contente des chalumeaux dont nous avons parlé plus haut. Pour matière première, on a pris tout simplement l'alumine, qui se présente à nous en masses énormes dans les argiles, et qui est bien la base naturelle de ces pierres qu'il s'agissait de reproduire, en se rapprochant plus ou moins complètement de la nature. Avec des précautions particulières, on fait fondre sous la flamme du chalumeau de la poudre d'alumine que l'on colore avec un oxyde convenable, pour donner la couleur caractéristique à chaque gemme. Nous devons dire que ces pierres artificielles, quoi qu'on en ait dit, ne présentent pas toutes les qualités et particularités des pierres vraies, et qu'on peut arriver à les reconnaître. Elles ont toutes le grand tort d'une fragilité extrême.

Mais, ce qui est plus intéressant que la fabrication des pierres plus ou moins précieuses, même du diamant, ce sont les applications industrielles de la méthode et du four électrique de Moissan.

C'est à l'aide du four électrique qu'on commence de transformer la métallurgie, et particulièrement la sidérurgie, dont nous reparlerons. C'est au four électrique que l'on fabrique une série de métaux qui étaient jadis bien rares, et presque impossibles à préparer, comme le tungstène ou le manganèse, qu'on associe précisément aux aciers pour leur donner des qualités toutes spéciales.

Fig. 172. — Rubis formé au chalumeau.

C'est avec le four électrique que l'on produit le carbure de calcium qui donne ensuite l'acétylène ; ce carbure résulte du traitement électrique au four de la chaux. Et si l'acétylène ne réclame pas des quantités considérables de carbure, du moins on a trouvé une utilisation de ce carbure en l'associant à l'azote, que le courant électrique également permet de tirer de l'air atmosphérique, pour fabriquer de diverses manières des nitrates, des engrais artificiels, remplaçant les nitrates naturels qui vont s'épuisant. Nous ne pouvons malheureusement insister sur cette production des nitrates, sur cette séparation, au moyen de l'étincelle électrique, de l'oxygène et de l'azote de l'air.

C'est le four électrique, principalement dans ces usines du Niagara où l'on se procure le courant à bon compte, qui donne le carborundum, cette matière extraordinairement dure qui sert à faire des meules pour limer les métaux, tout aussi bien que des marches d'escalier que les pas ne peuvent user. C'est le four électrique qui produit économiquement le phosphore, ou encore l'aluminium dont on commence à faire grand usage partout.

On voit qu'on lui doit bien des choses ; et il est appelé à nous rendre encore bien d'autres services.

XVI

LA PHOTOGRAPHIE ET LE STÉRÉOSCOPE

Niepce et la photographie. — Travaux de Daguerre. — Perfectionnements de la découverte de Niepce et Daguerre. — La photographie sur papier. — La photographie sur verre. — Le gélatino-bromure. — Théorie et pratique des opérations de la photographie. — La photographie instantanée. — La photographie en couleur. — La photogravure. — La sensation du relief et le stéréoscope. — Stéréoscope à miroirs et stéréoscope à réfraction.

C'est à Joseph-Nicéphore Niepce, né à Chalon-sur-Saône en 1765, que revient l'honneur de la découverte de la photographie. Il commença ses recherches en 1813, en vue de fixer les images de la chambre obscure. Une chambre obscure est une boîte fermée de toutes parts, à l'exception d'une petite ouverture, par laquelle pénètrent les rayons lumineux. Ces rayons lumineux, en s'entre-croisant, vont former une image renversée et raccourcie des objets, sur un écran placé au fond de la boîte. Porta, physicien napolitain, qui, le premier, fit connaître le phénomène auquel donne lieu la chambre obscure, avait imaginé de placer une lentille de cristal bi-convexe devant l'ouverture de cet instrument : l'image gagnait ainsi beaucoup en éclat, en netteté et en coloris.

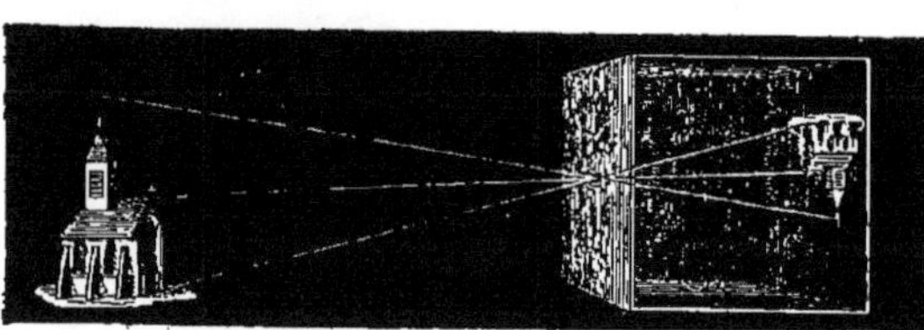

Fig. 173. — La chambre obscure.

En 1824, Niepce réussit à fixer l'image de la chambre obscure. L'agent chimique impressionnable à la lumière dont il faisait usage, c'était le *bitume de Judée*, matière noire qui, exposée à la lumière, se modifie chimiquement et perd sa solubilité dans les essences et esprits. Il appliquait ce bitume sur une lame de cuivre recouverte d'argent, et plaçait cette lame au foyer de la chambre obscure. Après une action assez prolongée de la lumière, il retirait la plaque, et la plongeait dans un mélange d'huile de pétrole et d'essence de lavande. Les parties influencées par la lumière demeuraient intactes, les autres se dissolvaient. Ainsi modifié, l'enduit de bitume représentait les clairs ; la plaque métallique dénudée formait les ombres, et les parties de l'enduit partiellement dissoutes répondaient aux demi-teintes. Malheureusement, il ne fallait pas moins de dix heures pour obtenir un dessin, à cause de la lenteur avec laquelle le bitume de Judée se modifie sous l'influence de la lumière. Pendant ce temps, le soleil, poursuivant sa route, déplaçait les ombres et les lumières.

Niepce était parvenu néanmoins à former des planches à l'usage des graveurs. En attaquant ces plaques par un acide faible, il creusait le métal dans les parties que n'abritait pas l'enduit résineux, et l'on pouvait ensuite se servir de cette planche pour tirer des gravures sur papier. On appelait cela l'*héliographie*.

De son côté, un autre expérimentateur s'occupait, à Paris, des mêmes travaux : le peintre Daguerre. Il s'associa bientôt à Niepce et perfectionna aussitôt ses procédés. Il remplace le bitume de Judée par la résine qu'on obtient en distillant l'essence de lavande ; il ne lave plus la plaque dans une huile essentielle, il l'expose à l'action de la vapeur fournie par cette essence à la température ordinaire. Cette vapeur se condensait seulement sur les parties restées dans l'ombre, et respectait les clairs, représentés par la résine blanchie. Les ombres étaient traduites par une sorte de vernis transparent, formé par la résine dissoute dans l'huile essentielle. Il cherche aussi à ce que le dessin définitif demeure sur la plaque, sans être destiné à la gravure. Ainsi, l'image sera formée sur un métal, au lieu d'être tirée sur papier, et elle ne donnera, à chaque opération, qu'une image unique, au lieu de fournir un planche capable de tirer un grand nombre d'estampes.

Les deux associés venaient de substituer aux substances résineuses l'iode, qui donne une grande sensibilité aux plaques d'argent, lorsque Niepce mourut, à l'âge de soixante-trois ans, pauvre et ignoré.

Daguerre bientôt découvrit l'influence des vapeurs du mercure sur le développement de l'image photographique. Il reconnut que l'image formée par l'action de la lumière sur une plaque revêtue d'iodure d'argent est d'abord invisible, mais qu'elle apparaît subitement si on expose cette plaque aux vapeurs mercurielles. Dès lors, le problème de la fixation des images de la chambre obscure et de la conservation indéfinie de ces images était résolu. En 1839, les procédés furent rendus publics, et le gouvernement accorda une récompense nationale à Daguerre et au fils de Niepce.

Dans la *daguerréotypie*, ou *photographie sur métal*, les images se forment à la surface d'une lame de cuivre argenté. On expose cette lame aux vapeurs que l'iode dégage spontanément : l'iode se combine avec l'argent, et forme une mince couche d'iodure d'argent, qui est excessivement sensible à l'action des rayons lumineux. On place la plaque iodurée au foyer de la chambre obscure, et on amène sur cette plaque l'image formée par l'objectif de l'instrument. La lumière décompose l'iodure dans les parties de la plaque éclairées. On soumet la plaque aux vapeurs émises par du mercure chauffé légèrement. Cette opération développe l'image. Un vernis éclatant de mercure accuse les parties éclairées, et les ombres sont représentées par la surface sombre de la plaque ; dans les parties non recouvertes par le mercure on débarrasse la plaque de l'iodure d'argent qui l'imprègne ; et qui, en noircissant, sous l'influence de la lumière, ferait disparaître tout dessin. On plonge la plaque dans une dissolution d'hyposulfite de soude. Avec ce procédé, il fallait exposer la plaque un quart d'heure à une lumière très vive. Ces épreuves miroitaient désagréablement ; on ne pouvait reproduire les objets animés ; le ton du dessin n'était pas harmonieux ; on n'avait que la silhouette des masses vertes ; l'image pouvait s'effacer, par suite de la volatilisation lente du mercure ou de contacts inopportuns.

Bientôt M. Fizeau découvrit le procédé du *fixage* des épreuves daguerriennes. Si l'on verse sur l'épreuve une dissolution de chlorure d'or, mêlée à de l'hyposulfite de soude, et si on chauffe légèrement la plaque, elle se recouvre d'une mince feuille d'or métallique. Dès lors, l'argent ne miroite plus autant : en effet, il est bruni par la mince couche d'or qui se dépose ; le dessin devient net et ferme ; l'image peut résister au frottement.

La photographie sur papier vint bientôt remplacer la daguerréotypie, en permettant d'obtenir un nombre immense de reproductions. Imaginée en 1839 par Fox Talbot, amateur anglais, elle s'est répandue en 1845.

Si l'on soumet à l'action de la lumière solaire les sels d'argent, lesquels sont naturellement incolores, ils se décomposent par l'effet des rayons lumineux, et ils noircissent. Si donc on place au foyer d'une chambre obscure une feuille de papier imprégnée de chlorure ou d'iodure d'argent, les parties vivement éclairées de l'image décomposent et noircissent la couche de chlorure d'argent existant sur la feuille de papier, tandis que les parties obscures ne la modifient point. On a, de cette manière, un dessin sur papier, dans lequel les parties claires apparaissent en noir et les ombres en blanc : c'est une *image négative*. Qu'on place maintenant cette image *négative* sur une feuille de papier imprégnée d'un sel d'argent, et qu'on expose le tout au soleil ou à la lumière diffuse, les parties blanches du dessin laisseront passer les rayons lumineux, les parties noires les arrêteront. Et il en résultera sur le papier ainsi recouvert par l'épreuve négative et imprégné du sel d'argent, une épreuve dite *positive*, sur laquelle les clairs et les ombres seront dans la position normale.

Fig. 174. — Le cabinet noir du photographe.

Quand on retire la feuille de la chambre, on n'y voit point d'image. Pour la faire apparaître, il faut plonger l'épreuve dans une dissolution d'acide gallique, qui forme un sel noir, le *gallate d'argent,* dans tous les points où il s'est formé de l'oxyde d'argent libre, que la lumière a frappés. On enlève, par un lavage à l'eau pure, l'excès du sel d'argent non influencé ; on lave l'épreuve dans une dissolution d'hyposulfite de soude, qui fait disparaître les dernières traces du sel d'argent soluble. Tout cela doit se passer à l'abri de la lumière ; mais comme la lumière jaune ou rouge est sans action sur les substances photographiques, le photographe se borne à garnir la fenêtre de son étroit laboratoire avec des vitres jaunes ou rouges, ou bien s'éclaire avec une lampe munie de verres de cette couleur.

L'*image positive* sur papier, il faut la laver comme la première. On peut tirer un nombre très considérable d'épreuves positives avec l'épreuve négative sur papier, qui porte le nom de *cliché*.

L'irrégularité de la pâte du papier empêchait d'obtenir, sur cette substance, des épreuves à contours nets et bien arrêtés. La découverte de la *photographie sur verre* a remédié à cette imperfection. On forme donc l'image négative à la surface, parfaitement plane et polie, d'un morceau de verre ou de glace, recouvert d'une matière transparente, telle que l'albumine. Sur cette surface le dessin photographique s'imprime en épreuve négative, avec les contours les plus précis et les mieux arrêtés. Avec ce *cliché négatif sur verre,* on tire ensuite des épreuves positives sur papier.

La photographie sur verre a été proposée en 1847, par Niepce de Saint-Victor, neveu de Niepce, créateur de la photographie. En 1851, l'albumine fut remplacée par le collodion, qui n'est autre chose qu'une dissolution de coton-poudre dans un mélange d'alcool et d'éther. Le collodion active prodigieusement la sensibilité lumineuse de l'iodure d'argent. Grâce au collodion mélangé à l'iodure d'argent, on peut obtenir des épreuves négatives en huit à dix secondes. On peut même obtenir des images instantanées, c'est-à-dire fixer sur la plaque photographique des objets animés d'un mouvement rapide.

Pratiquement, sur une lame de verre, on étale une légère couche de collodion, auquel on ajoute une petite quantité d'iodure de potassium. Quand on veut opérer, on *sensibilise* le collodion en plongeant la lame de verre recouverte de cet enduit dans une dissolution d'azotate d'argent, aiguisée d'un peu d'acide acétique. Il se forme, par l'action de l'iodure de potassium sur l'azotate d'argent, une certaine quantité d'iodure d'argent. C'est là l'agent photographique. On porte la plaque dans la chambre obscure, où elle est impressionnée. Au sortir de la chambre, on soumet cette épreuve aux opérations ordinaires. Les épreuves positives sont toujours tirées sur papier.

La photographie sur verre collodionné a été fort longtemps le moyen universellement employé pour obtenir les épreuves. Mais un nouvel agent chimique est intervenu : le *gélatino-bromure d'argent,* gélatine imprégnée de bromure d'argent. Ce mélange est d'une sensibilité si extraordinaire que quelques centièmes de seconde d'exposition à la lumière suffisent pour produire l'image : et il peut être employé à sec. C'est-à-dire qu'on achète les plaques de gélatino-bromure sèches, toutes prêtes à être utilisées. Le développement de l'image se réduit à quelques minutes, et comme le prix des appareils photographiques a beaucoup diminué, la photographie est devenue un véritable amusement pour presque tout le monde. En même temps, ses applications pratiques se sont multipliées.

Aussi bien, la photographie instantanée est venue permettre à un opérateur immobile de prendre des images d'un animal ou objet en mouvement ; à un opérateur en mouvement, de photographier un animal ou un objet au repos.

Le physicien français Marey s'occupa de photographier des animaux en mouvement ; il avait été devancé par l'Américain Muybridge, qui prenait des images successives d'un animal en mouvement devant plusieurs objectifs, dont les obturateurs étaient découverts et refermés tour à tour par un procédé très ingénieux. M. Marey, lui, opérait sur une seule plaque, qui conserve toute sa sensibilité d'une pose à l'autre : il se servait d'un appareil imaginé par l'astronome français Janssen pour l'observation des éclipses de soleil : c'est le *revolver photographique*. Un obturateur percé de trous et mis en mouvement par un mécanisme d'horlogerie découvrait l'objectif, à intervalles égaux, et fixait ainsi, à chacun de ces intervalles, l'image d'un coureur, par exemple, dans une nouvelle position. Aujourd'hui la *photographie instantanée*, se servant de plaques de gélatino-bromure d'argent sèches, et développant avec des agents très rapides, tels que l'hydroquinone, est pratiquée par tout le monde, d'autant qu'on a inventé une foule d'appareils très simples, tels que les appareils à main renfermant douze plaques et pesant fort peu, permettant une mise au point facile, ou même automatique. On dispose aussi de rouleaux de pellicules donnant le moyen de prendre une suite de photographies considérable sans recharger.

Fig. 175. — Photo instantanée.

Les objets extérieurs forment au fond de notre œil une image semblable à celle qu'on observe dans la chambre obscure. Mais nos deux yeux ne sont pas placés exactement de la même manière par rapport à l'objet que nous considérons. Aussi les images produites à l'intérieur de chacun de ces organes ne sont-elles pas exactement pareilles. Nous recevons donc deux impressions distinctes, deux images d'un même objet. Et pourtant tout le monde sait bien que ces deux perceptions différentes se fondent, s'allient en un jugement simple : c'est-à-dire que nous n'apercevons qu'un objet unique, avec tous ses reliefs. C'est là un phénomène bien curieux, et qui tient à diverses causes : à l'éducation des yeux, à une habitude prise dès l'enfance, à un effort, réel sans doute, mais dont nous n'avons pas conscience, et qui, combinant entre elles les deux images dissemblables perçues par chacun de nos yeux, les complète l'une par l'autre, et en forme une seule, conforme à l'objet considéré, c'est-à-dire présentant le relief qui existe dans la nature. Ce sentiment du relief s'efface quand on regarde avec les deux yeux des objets très éloignés. L'intervalle qui sépare nos yeux est relativement si petit que les deux images

Fig. 176. — Les deux images photographiques destinées à produire l'effet du relief dans le stéréoscope.

de l'objet situé à une grande distance ne présentent plus de différence entre elles.

Ainsi, la sensation du relief d'un corps vu par les deux yeux résulte de la combinaison que fait notre intelligence, des deux images dissemblables de ce corps formées, l'une sur la rétine de l'œil droit, l'autre sur la rétine de l'œil gauche. Et, quand un individu privé d'un œil regarde un objet, la direction de son regard et la position de sa tête varient continuellement, sans qu'il en ait conscience. Il cherche instinctivement à obtenir sur sa rétine unique diverses images destinées à suppléer aux deux images naturelles des deux rétines.

Haldat, savant physicien de Nancy, étudia le premier, expérimentalement, les effets de la vision simultanée de deux objets de forme et de couleurs dissemblables. Il n'avait plus qu'un pas à faire pour construire le stéréoscope ; mais il se laissa devancer par le physicien anglais Wheatstone qui inventa, en 1838, le *stéréoscope à miroirs*. Dans cet instrument on produisait l'effet du relief en faisant coïncider dans l'œil deux images à peu près semblables, par leur réflexion sur des miroirs plans convenablement placés. Un peu plus tard, sir David Brewster construisit un autre stéréoscope qui ne fut fabriqué convenablement qu'en 1850, à Paris. Ce stéréoscope devint fort populaire.

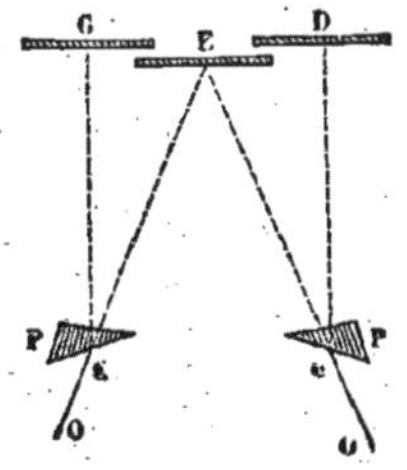

Fig. 177. — Théorie du stéréoscope.

Donnons la théorie de cet instrument. Soient D et G deux images à peu près semblables d'un même objet, et telles qu'elles sont vues l'une de l'œil droit, et l'autre de l'œil gauche. Plaçons deux prismes de verre transparents PP′ sur le trajet des rayons lumineux émis par les points D et G. Ces rayons, en traversant les deux prismes, se réfractent et arrivent aux yeux de l'observateur suivant la direction KO et K′O′. Mais alors l'œil croit les voir partir d'un point unique E, lieu d'intersection des deux lignes OK et O′K′. En sorte que si l'angle des deux prismes et leur distance aux images G et D sont bien déterminés, les deux images se rejoindront en E et nous donneront la sensation du relief. Les deux prismes doivent être rigoureusement égaux et dévier les rayons de la même quantité. Sir David Brewster résolut ce problème.

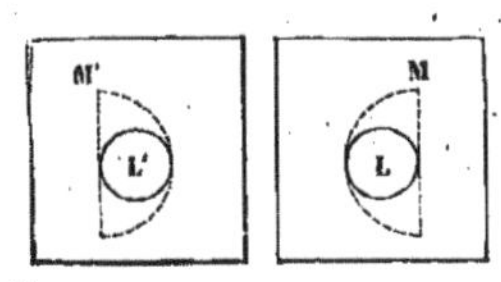

Fig. 178. — Demi-lentille de stéréoscope.

Il substitua aux deux prismes les deux moitiés MM′ (fig. 178) d'une même lentille bi-convexe, dans lesquelles on taille deux nouvelles lentilles LL′ symétriques et qu'on ajuste aux extrémités de deux tubes. Son *stéréoscope* (fig. 179) consiste en une boîte à l'une des parois de laquelle on a percé une ouverture, fermée par une fenêtre mobile, F. L'intérieur de la fenêtre, recouvert de papier d'étain, constitue une sorte de réflecteur. On introduit les dessins par la coulisse AB. Les deux tubes, LL′, renferment les prismes-lentilles : on peut les enfoncer ou les retirer, de manière à les approprier aux différentes vues. Les prismes lenticulaires ont la propriété d'amplifier les images.

Fig. 179. — Stéréoscope de Brewster.

Les *images stéréoscopiques,* dont la figure 177 (page 222) donne une idée, sont deux vues du même objet, qui ne diffèrent que très peu l'une de l'autre, mais qui, en réalité, sont volontairement disparates.

La photographie permet de produire très facilement deux images d'un objet telles qu'on les verrait en les regardant succesivement avec un seul œil. Pour cela, on prend successivement avec une même chambre obscure, en se plaçant à la même distance mais sous des angles inégaux de quelques degrés à gauche, deux images de l'objet qu'on a choisi. Les deux images photographiques ainsi obtenues (fig. 177) donnent dans le stéréoscope des effets merveilleux de relief. Appareils photographiques stéréoscopiques et dispositifs pour examiner ensuite les doubles vues prises sont fort de mode à notre époque.

En dehors du développement particulier pris par la photographie instantanée et chronographique sous la forme spéciale du cinématographe, la photographie s'est améliorée de la façon la plus heureuse, par la possibilité qu'elle donne maintenant de reproduire les colorations des objets, au lieu de ne fournir que des images en noir et blanc ; c'est la photographie des couleurs, dont il existe plusieurs procédés.

Nous devons citer en première ligne la méthode dite interférentielle, créée en 1891 par Lippmann, le grand physicien français. Avant lui, beaucoup de chercheurs déjà s'étaient attaqués à ce problème. C'est ainsi que Becquerel, en 1848, avait obtenu sur une lame de plaque d'argent sensibilisée à l'iode, une image des couleurs du spectre solaire ; mais cette image colorée ne pouvait se conserver que dans l'obscurité. Poitevin parvint aussi à obtenir, sur papier, des images colorées ; mais il ne pouvait les fixer. En 1869, deux expérimentateurs, travaillant chacun de son côté, arrivèrent à des résultats intéressants qui ont été partiellement repris à notre époque : c'étaient Charles Cros et Duços de Hauron. Ils procédaient sensiblement de la même manière. Ils tiraient d'abord de l'objet à reproduire trois clichés incolores, puis ils en tiraient trois épreuves qu'ils coloraient séparément de trois couleurs différentes à l'aide d'encres grasses ; ils superposaient ces épreuves et obtenaient ainsi une image polychrome reproduisant à peu près les colorations de l'objet photographié. Cette méthode tricolore sert couramment en impression pour produire des gravures colorées, avec des procédés dont nous ne pouvons indiquer les détails.

M. Lippmann, lui, obtient des résultats tout à fait remarquables en se servant de plaques où la couche sensible est continue, et où elle est adossée à une surface réfléchissante formant miroir. Il sensibilise une couche de collodion, d'albumine, de gélatine, dans un bain d'azotate d'argent, et place derrière la plaque une couche de mercure maintenue dans une sorte de petite chambre plate. En fait, les épreuves obtenues ne sont pas colorées au sens ordinaire du mot, elles ne se voient colorées que par un jeu particulier de la lumière. Ces plaques présentent un rare aspect de perfection. Le dépôt d'argent qui est sur la plaque s'est mis en lamelle ; et c'est par suite de la présence de ces lames minces, et par l'action de la lumière directe et de la lumière réfléchie, que, par interférence, apparaissent des colorations résultant de l'épaisseur même des lames. On a dit avec pittoresque et exactitude que les vibrations lumineuses correspondant aux nuances et colorations diverses, se sont pour ainsi dire moulées par voie photographique dans l'épaiseur de la plaque impressionnée.

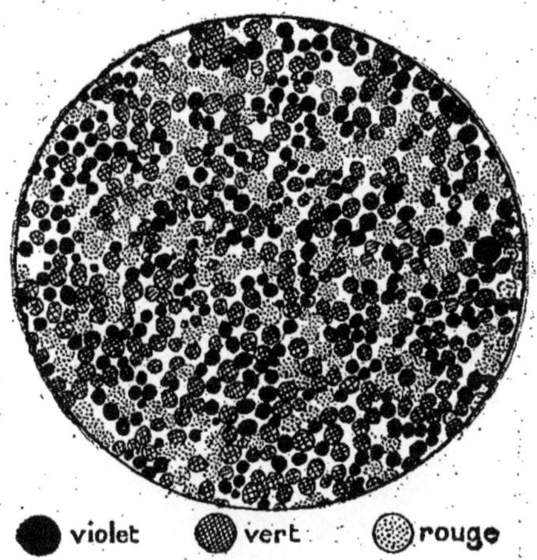

Fig. 180. — Aspect définitif de la couche d'écrans colorés sur une plaque autochrome vue au microscope.

Les spécialistes en photographie, MM. Lumière, qui ont tant fait pour la cinématographie, et qui avaient aidé M. Lippmann dans la réalisationde son procédé, ont perfectionné également cette méthode indirecte basée sur le principe des trois couleurs dont nous avons parlé. On sait que, avec les trois couleurs fondamentales plus ou moins mélangées, on obtient pratiquement toutes les nuances : ces trois couleurs génératrices de toutes les autres sont l'orangé, le vert et le violet. Pour préparer leurs plaques sensibles, MM. Lumière se procurent des grains de fécule d'un centième de millimètre de diamètre et bien réguliers ; puis ils en font trois lots, l'un que l'on colore en orangé, l'autre en vert et le troisième en violet. On mélange ces grains divers en proportion convenable ; et cela doit donner une poudre homogène de ton neutre. Cette poudre est étalée sur des plaques de verre enduites d'une matière poisseuse qui les retient ; les grains doivent se toucher tous sans se superposer ni laisser de vide, et c'est dire que l'opération, faite mécaniquement, est difficile à mener. On lamine du reste cette surface, et chaque grain, au contact de ses voisins, devient un prisme hexagonal. On recouvre d'une mince pellicule de caoutchouc, puis on étend par-dessus une solution de gélatino-bromure. La prise de la photographie nécessite toutes sortes de précautions. Chaque point de la plaque, petit grain minuscule, prend l'*empreinte* du rayon lumineux qu'il aura reçu, et, au développement, reconstitue ce rayon ; nous nous trouverons en face d'une surface faite de points de colorations diverses suivant l'influence exercée par les rayons lumineux, et donnant l'impression de la continuité et de nuances se raccordant harmonieusement les unes aux autres.

Les procédés de photographie en couleur se multiplient à notre époque ; mais il était surtout intéressant de faire connaître les premiers efforts, et par conséquent les plus malaisés, qui avaient donné des résultats heureux.

Fig. 181. — Une simili-gravure avec le réseau grossi.

Il est une application de la photographie dont nous devons dire un mot, car elle joue maintenant un rôle considérable dans la vie moderne, dans l'impression, dans l'illustration de nos journaux, de nos livres ; elle a permis de la façon la plus heureuse de multiplier à bon marché les belles illustrations et la reproduction la plus exacte et la plus rapide de tous les documents que nous fournit la photographie.

Aussi bien, c'est la gravure sur métal que Niepce avait tout d'abord poursuivie, et du reste réalisée, avec ses premiers essais photographiques. Aujourd'hui la photogravure a les applications les plus nombreuses et aussi les plus variées. On peut obtenir la photogravure en creux, imitant mécaniquement pour ainsi dire les tailles de la gravure en taille-douce, où l'on fait entrer sous pression le papier qui va chercher l'encre d'impression dans les creux. Mais ce qui est plus intéressant, c'est la photogravure en relief donnant des plaques métalliques où les surfaces qui doivent donner des noirs à l'impression, traits ou surfaces ombrées, se présentent en relief comme les caractères d'imprimerie. Quand les images à reproduire sont au trait ou en pointillé, c'est assez simple : on fait un négatif de cette image, puis on la transporte sur une plaque de zinc (après des préparations minutieuses du reste), avec addition de bitume de Judée qui devient insoluble grâce à une exposition à la lumière ; on dissoudra ensuite le bitume partout où le négatif n'aura pas assuré son durcissement par la lumière. Ces points correspondent aux traits en relief à obtenir dans le cliché ; et le fait est que, si l'on verse de l'acide nitrique sur le métal, il ne sera creusé que là où le bitume insoluble ne sera pas demeuré. Ce qui est dire qu'on obtient en relief tous les traits du dessin primitif.

Pour les images à teintes fondues et dégradées, le procédé est un peu plus compliqué : c'est ce qu'on appelle la simili-gravure. Pour que les surfaces prennent l'encre, et proportionnellement à leur nuance foncée, on doit obtenir sur le métal une sorte de réseau dont les mailles sont d'autant plus écartées, que le cliché photographique primitif correspondait à une surface plus éclairée. Et l'on arrive admirablement à ce résultat en interposant, au moment de la préparation du négatif, qui sera appliqué ensuite sur la plaque de zinc et donnera les surfaces en relief, deux plaques de verre portant à leur surface des traits gravés en creux et très rapprochés les uns des autres. Presque toutes les illustrations des livres sont maintenant faites par ce procédé ; on y voit, en les regardant de près, la petite réticulation, le réseau dont nous venons de parler. Et ces illustrations à bon marché (au moins par rapport à la gravure sur bois) ont mis les journaux et livres illustrés à la portée de toutes les bourses.

XVII

LE PHONOGRAPHE ET LE CINÉMATOGRAPHE

Le *phonautographe* de Léon Scott prépare la découverte du phonographe. — Édison construit, en 1878, le phonographe. — Explication du mécanisme de cet instrument. — Manière dont les sons s'inscrivent et se conservent sur le cylindre tournant et se répètent quand on fait tourner à l'envers la manivelle de l'instrument. — Le cinématographe et son emploi.

Le phonographe est une invention de date récente. C'est au mois de mai 1878 que parvint en Europe la nouvelle qu'on venait d'inventer, en Amérique, un instrument destiné à enregistrer la parole, à la conserver et à la reproduire.

La première annonce de cette découverte fut accueillie par le public et par les savants avec beaucoup d'incrédulité. Aujourd'hui le phonographe est un instrument dont le mécanisme n'a plus rien de mystérieux.

L'inventeur du phonographe est M. Edison, mais il est juste de reconnaître qu'un observateur français, un homme patient et modeste, Léon Scott, donna le premier la solution d'une partie du problème. Simple typographe et correcteur d'imprimerie, Léon Scott consacra dix années de sa vie à la poursuite du problème, *la parole s'inscrivant elle-même,* et il atteignit parfaitement son but par l'invention de son *phonautographe*. Celui-ci inscrivait les vibrations sonores au moyen d'un style métallique se promenant sur une surface de papier revêtue de noir de fumée. Il enregistrait la parole, mais ne la reproduisait pas. Ce n'était donc que la moitié de la solution du problème. M. Edison, lui, est parvenu à fixer et à reproduire la parole.

M. Edison avait pris, le 31 juillet 1877, un brevet pour la répétition des signaux du télégraphe Morse. Il indiquait, dans ce brevet, le moyen d'enregistrer les signaux du télégraphe Morse avec des dentelures effectuées par un *style traceur* sur une feuille de papier entourant un cylindre creusé d'une rainure en spirale. Les dentelures produites par le style devaient, en repassant sous la pointe, transmettre automatiquement la même dépêche. Ce n'est qu'après cette application du *style traceur* à l'enregistrement des signaux du télégraphe Morse, que M. Edison eût l'idée d'enregistrer et de reproduire la parole.

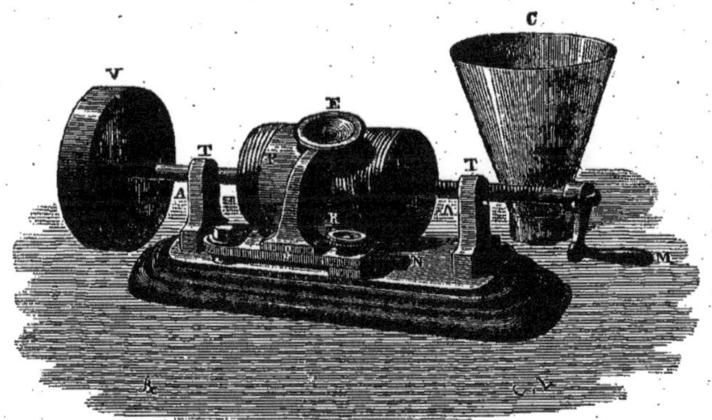

Fig. 182. — Le phonographe primitif.

Le phonographe ressemble un peu à une serinette ou boîte à musique. L'appareil se compose, comme le montre la figure ci-contre, d'un cylindre en cuivre, P, disposé horizontalement et soutenu par un axe qu'on

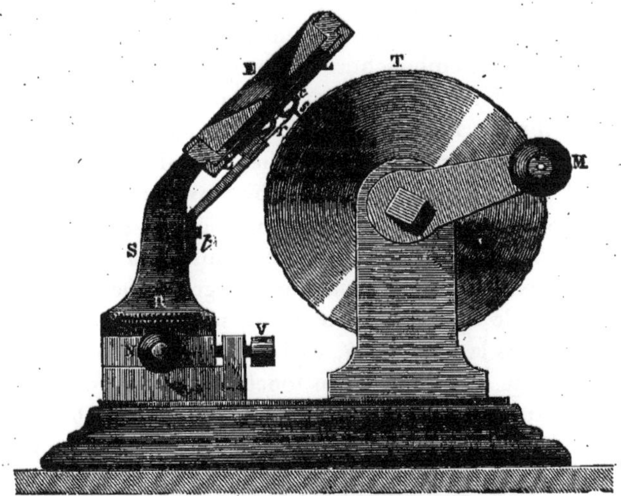

Fig. 183. — Coupe du phonographe.

fait manœuvrer avec une vis, AA. Cette vis tourne dans un écrou, lequel fait avancer ou reculer le cylindre P. Une manivelle, M, permet de faire tourner le cylindre P, lequel, tout en tournant, avance ou recule, suivant le sens dans lequel on fait agir la manivelle. C est un pavillon en forme d'entonnoir, qu'on adapte quelquefois au cylindre, pour amplifier les sons. Une embouchure, E, est fixée sur le cylindre. Au fond de l'embouchure E se trouve un diaphragme métallique, semblable à celui du téléphone, et dont le centre porte, comme la lame vibrante du téléphone, une pointe en métal, regardant le cylindre et peu distante de celui-ci.

Si l'on parle dans l'embouchure E, les vibrations de la voix doivent faire vibrer la membrane métallique placée à l'orifice de l'embouchure, et le style fixé à cette membrane doit tracer une spirale sur la surface du cylindre. D'autre part, pendant que cette membrane vibre par l'effet de la voix, la main droite de l'opérateur agit sur la manivelle M, pour faire tourner le cylindre, lequel avance tout à la fois, comme il vient d'être dit, en ligne droite et horizontalement. Or, autour du cylindre P, on a, d'avance, appliqué une feuille d'étain, sur laquelle on a tracé une rainure, un sillon creux, en forme de spirale.

Pour régler la pression suivant laquelle la pointe traçante doit s'appuyer sur la bande d'étain, et y imprimer des marques correspondant aux vibrations de la voix, on se sert d'un petit système articulé dont on comprendra bien le jeu, grâce à la figure ci-jointe, qui donne une coupe verticale de l'appareil.

Les lettres N, R, S font voir comment est supportée la lame vibrante LL, placée près de l'embouchure E. Ce système de support se compose d'un levier articulé, NS, et d'une rainure dans laquelle s'engage une vis R. La lame vibrante LL, placée dans l'embouchure E, est supportée en bas par une large pince, S. Un manche, V, qui termine ce levier, permet, quand on desserre la vis R, de faire avancer ou reculer la pointe traçante placée dans l'embouchure. Pour régler la pression de la pointe traçante, il suffit donc de tirer plus ou moins le manche V et de serrer fortement la vis R quand on a obtenu le degré convenable de pression.

Quand on parle dans l'embouchure E, tout en tournant la manivelle, comme le montre la figure 184, le diaphragme métallique se met à vibrer, et la pointe qu'il porte vient toucher la feuille d'étain à l'endroit où elle passe sur le sillon en spirale. Lorsque la membrane et le style exécutent leurs vibrations, la feuille d'étain n'est pas toujours frappée par le style. Par conséquent les traits imprimés sur la feuille d'étain sont dentelés. Ces dentelures sont la reproduction exacte des vibrations des sons qui les ont produites.

Il reste maintenant à répéter, à faire entendre les paroles ainsi imprimées sur le papier d'étain, les vibrations enregistrées.

La première condition, c'est d'exécuter la reproduction des sons dans la même durée de temps qu'elle a été faite, c'est-à-dire de faire tourner le cylindre avec la même vitesse qu'il avait pendant qu'il inscrivait les vibrations sonores. C'est le même appareil qui reforme les sons, par le même moyen qui avait servi à les enregistrer. La machine parle au moyen de la feuille d'étain enroulée et de la pointe qui, appliquée de nouveau à sa surface, fait de nouveau vibrer la membrane métallique. Les vibrations de celle-ci sont traduites au dehors et amplifiées par l'intermédiaire de l'embouchure, à laquelle on peut appliquer un cornet amplificateur. La pointe qui touche le cylindre tournant, reçoit de lui les soubresauts que lui avait imprimés la membrane mise en mouvement par la voix, et les mouvements de la marche du cylindre sur la feuille d'étain agissent sur la membrane de manière à lui faire répéter les sons qu'avait émis la voix, sous l'impulsion des lèvres.

Dans l'échelle musicale, la hauteur des sons dépend du nombre des vibrations fournies par le corps vibrant dans un temps donné. Conséquemment, la parole peut être reproduite par le phonographe sur un ton dont l'élévation dépend de la vitesse de rotation qu'on donne au cylindre. Cette vitesse est-elle la même que celle de l'enregistrement, le ton des paroles reproduites est le même que le ton des paroles prononcées ; si cette vitesse est plus grande, le ton est plus élevé, et si elle est moins grande, le ton est plus bas.

Comme les appareils tournés à la main n'ont pas mouvement très régulier, il en résulte que la reproduction du chant est toujours défectueuse. L'instrument chante faux, ou ne donne que des sons peu perceptibles. On est donc arrivé à munir le phonographe d'un mouvement d'horlogerie convenablement disposé, et avec cette addition le phonographe chante juste.

M. Edison a du reste perfectionné son phonographe en 1887. Un petit moteur électrique a remplacé la main, et la surface réceptrice n'est plus de l'étain, mais une couche de cire. On a vu fonctionner cet appareil à l'Exposition universelle de Paris de 1889, où un démonstrateur en donnait des exhibitions.

Depuis lors, le phonographe s'est étrangement perfectionné, et il ne rappelle plus guère par son apparence extérieure le dispositif primitif tel que l'avait conçu et construit Edison. Il faut dire du reste que nombre de constructeurs se sont lancés dans la fabrication de cet appareil, et qu'on a même trouvé pour lui un nouveau nom, en l'appelant *gramophone,* ce qui répond à la même idée. Ce qu'il y a de plus particulier dans les appareils qui se sont tant multipliés et vulgarisés à notre égard, c'est que l'inscription ne se fait plus toujours sur un cylindre, mais bien sur un disque où le style inscripteur, comme la pointe s'y promenant ensuite pour reproduire la parole, les sons, en faisant vibrer la membrane, se promènent en traçant une spirale régulière dont les spires se serrent à la surface de ce disque.

En fait aussi, les appareils ne se contentent plus d'un seul style, servant à la reproduction comme à l'inscription de la parole : pour ménager le sillon tracé dans la cire dure de la surface du disque ou cylindre, le style reproducteur est doté à son extrémité d'une sorte de petite boule minuscule, qui se promène dans le sillon ; le style inscripteur, lui, est toujours une pointe dure, faite généralement d'un saphir, et tranchante.

On s'était exagéré un peu aux débuts les services et applications du phonographe ; on croyait qu'il servirait notamment à l'enseignement des langues vivantes, qu'il supprimerait les sténographes et les secrétaires, etc., etc. En fait, il est rarement employé à ces usages ; mais cela n'empêche que ces appareils se fabriquent par millions, qu'il existe une foule d'usines et de sociétés qui se livrent à cette industrie. C'est que le phonographe est apprécié par une foule de gens pour lesquels des artistes de toutes sortes, chanteurs et chanteuses, diseurs de monologues, orchestres mêmes ou musiciens isolés, disent, chantent, jouent devant un instrument inscripteur et enregistreur. On est parvenu, avec un seul cylindre ou disque directement enregistré, à en préparer toute une série par moulage ; et c'est ainsi qu'on peut mettre à bon marché à la disposition du public des morceaux de musique, des chansons, des romances, des airs d'opéra. Les clients de cette musique enregistrée se composent des collections et passent des heures, le soir ou le dimanche, à se donner des représentations, des concerts, grâce à la machine parlante. Les sons ne sont pas toujours absolument purs, le ton est souvent nasillard ; mais c'est du moins la faculté de se donner à bon compte une distraction fort innocente.

Fig. 184. — Un phonographe.

On a, grâce au phonographe, la possibilité de conserver la voix des grands chanteurs, et il y a quelque temps on a enregistré ainsi et enfermé dans des boîtes scellées les voix des principaux artistes de l'Opéra de Paris. C'est un moyen de transmettre aux générations à venir l'organe d'artistes célèbres qu'ils ne pourraient connaître autrement. Evidemment, tout cela ne correspond pas à une utilité aussi marquée que la plupart des grandes inventions dont nous avons eu occasion de parler ; et aussi que cette machine à écrire dont l'invention est due à toute une série de chercheurs successifs. Mais la découverte de l'enregistrement et de la reproduction de la parole humaine est, au point de vue scientifique, une des choses les plus curieuses qui aient jamais été inventées.

Une autre invention bien intéressante, et qui jouit d'un succès à peu près équivalent à celui du phonographe, c'est le cinématographe. Et ici aussi nous ne nous trouvons qu'en face d'un appareil dont les applications utilitaires sont assez secondaires, mais dont le succès a été et est considérable auprès du public.

Fig. 185. — Phonographe enregistreur.

Il s'agit, comme on le sait certainement, de prendre des photographies successives, instantanées et extrêmement rapprochées les unes des autres, d'objets, d'animaux, de personnes en mouvement; puis de faire ensuite défiler ces photographies successives avec une telle rapidité et une telle régularité, que l'œil ait l'impression, l'illusion de voir se produire devant lui, sans interruption, les mouvements qui ont été enregistrés de la sorte.

L'origine de cet appareil est dans les zootrope, phénakisticope, etc. imaginés il y a déjà longtemps, et qui sont basés, comme le cinématographe, sur la persistance des impressions lumineuses, grâce à laquelle nous ne nous apercevons pas qu'on remplace la première image que nous venons de voir par une autre qu'on y substitue, si le changement se fait suffisamment vite : tout simplement parce que notre œil conserve un certain temps encore l'impression, la vision de la première image, quand elle n'est plus déjà en réalité devant lui. Ce sont des savants comme MM. Plateau, Reynaud qui ont inventé ces petits appareils, pouvant servir à de véritables démonstrations de physique; on n'y faisait pas appel à la photographie instantanée, que l'on n'avait pas encore à sa disposition. On dessinait des suites de figures, représentant par exemple un cheval dans la série des positions principales qu'il occupe quand il galope ; et, en faisant passer vite ces images devant les yeux, à la suite les unes des autres et dans un ordre convenable, on a l'impression de voir à peu près galoper le cheval.

On comprend que la sensation devait être bien autrement intense, le jour où l'on pourrait faire défiler devant les yeux des photographies successives prises à de très faibles intervalles de temps les unes des autres, à condition naturellement qu'elles se présentassent dans l'ordre et à l'allure à laquelle elles avaient été prises. Il y avait là du reste une suite de difficultés considérables à vaincre.

Fig. 186. — Prise d'une scène cinématographique.

Edison est parvenu à le faire de façon assez heureuse avec son *kinétoscope,* où des photographies prises à des intervalles convenables défilaient devant les yeux dans un appareil spécial. Mais l'inconvénient d'un dispositif de ce genre, c'est que les images successives ne sont visibles que par une personne à la fois, appliquant ses yeux à des oculaires, un peu comme dans un appareil à vues stéréoscopiques.

Le cinématographe inventé par MM. Lumière donne des résultats bien plus intéressants, que tout le monde connaît : il permet de faire des projections dans la salle la plus immense pour tout un public à la fois ; du reste, ces sortes de représentations muettes peuvent être accompagnées d'auditions, comme cela se présente avec les dispositifs ingénieusement combinés de MM. Gaumont, et où l'on a enregistré des paroles, des chants dans un phonographe, tandis que, simultanément, les personnes dont on enregistrait les paroles jouaient la scène correspondante prise par le cinématographe.

Pour préparer des projections cinématographiques, on commence par prendre les vues successives et multiples de la scène à reproduire ; ces photographies sont prises sur une bande en pellicule qui se déroule automatiquement dans l'appareil photographique ; pour une minute de scène, par exemple, on aura 900 vues et 15 mètres de bande. Puis on confiera cette bande à une autre partie du même appareil, qui va servir à faire les projections ; chaque petite photographie s'arrêtera un instant devant la fenêtre par laquelle doit se faire la projection de cette vue transparente, exactement comme la pellicule a dû s'arrêter un court instant pour se laisser impressionner photographiquement. Il y a là un mouvement intermittent qui demande à être minutieusement réglé, et qui donne les résultats les plus heureux. L'œil ne s'aperçoit aucunement, sinon par un très léger papillottement, de la substitution d'une épreuve à une autre.

Les représentations cinématographiques rencontrent un succès extraordinaire un peu partout ; on prépare de véritables scènes théâtrales plus ou moins humoristiques ou tragiques pour ce genre de spectacle si particulier. Comme nous le disions, ce n'est pas un rôle utilitaire que cet appareil curieux joue le plus souvent. Mais on l'utilise aussi en matière d'enseignement, et notamment en le combinant avec la photographie microscopique, pour permettre de suivre les mouvements et l'action des infiniment petits qui tiennent une si grande place dans la médecine et l'hygiène modernes.

XVIII

DRAGUES ET EXCAVATEURS. DYNAMITE ET PERFORATRICES. TUNNELS ET TRAVAUX A L'AIR COMPRIMÉ.

Les outils de terrassement. — Dragues à godets et aspiratrices. — La dynamite et l'emploi des explosifs ; le creusement des trous de mines et les perforatrices. — Le creusement des tunnels et les grands tunnels du monde. — Le scaphandre et la cloche à plongeur ; les caissons à air comprimé.

Ceux qui ont jadis inventé la pelle et la pioche ont rendu un service bien précieux à l'humanité ; c'est grâce à ces outils, aidés ultérieurement d'autres, mais qui sont encore mis constamment à contribution à notre époque, que l'on exécute toutes les excavations, tous les travaux de terrassement, toutes les galeries, les fossés, les remblais, les déblais qui sont indispensables à tant de choses : aussi bien aux simples routes ordinaires qu'aux voies ferrées, aux canaux ou aux travaux des ports, qu'à l'exploitation des mines, des carrières, etc.

Toutefois, pelle et pioche imposent à l'homme des efforts bien pénibles, elles ne permettent qu'un travail lent et coûteux ; et comme nous nous efforçons constamment d'obtenir les résultats que nous poursuivons avec moins de peine et de dépenses, une série d'inventeurs, en particulier au dix-neuvième et au vingtième siècle, sont venus imaginer des procédés et des appareils qui permettent d'exécuter les travaux de terrassements les plus divers, l'enlèvement des terres et des roches sous l'eau ou sous le sol, à de plus ou moins grandes profondeurs, dans des conditions admirables de rapidité et de facilité. C'est à ces appareils, à ces procédés, à ces inventeurs que l'on doit les grands canaux maritimes comme celui de Suez ou de Panama, les ports maritimes profonds où peuvent entrer les plus gigantesques navires, les tunnels qui traversent des montagnes énormes en reliant directement des pays séparés par les chaînes de ces montagnes ; à eux que l'on doit de pouvoir faire passer des voies de communication sous l'eau, d'établir des ponts, des quais de ports, en descendant des maçonneries au milieu de l'eau ou de terrains envahis par l'eau.

C'est d'ailleurs grâce au moteur à vapeur que la plupart de ces appareils puissants ont pu être combinés et commandés ; aujourd'hui on commence à les actionner de plus en plus au moyen de l'électricité, mais cela ne change pas le principe mécanique suivant lequel ils fonctionnent. D'autre part, dans ces procédés perfectionnés de terrassements qui font merveille, on met continuellement à contribution les explosifs dont nous avons signalé le rôle militaire, mais dont les emplois industriels sont encore plus nombreux, fort heureusement, et plus précieux. On y met à contribution en particulier la dynamite.

Nous ne pouvons naturellement que donner des indications rapides sur ces appareils et procédés, afin de faire comprendre leur principe et les merveilles qu'ils permettent de réaliser. Nous parlerons tout d'abord des outils mécaniques d'excavation répondant tout à la fois au fonctionnement de la pioche et de la pelle. Une partie d'entre eux sont destinés à fonctionner sous l'eau : ce sont les dragues, dont les premières, qui remontent au milieu du XIXe siècle, avaient une puissance bien modeste par rapport à celles que nous possédons aujourd'hui. Ces dragues à godets comportaient une série de sortes de pelles en métal, accrochées le long d'une chaîne de forme spéciale ; elles étaient promenées sous l'eau au contact du sol, et elles remontaient ensuite chargées de vase, de terre, de déblais ; elles déversaient leur contenu dans des chalands qui emportaient ces déblais loin du point d'où on les avait extraits. En somme, les dragues à godets sont toujours employées ; mais on leur donne des proportions relativement énormes, et leur rendement est prodigieux par rapport à celles de 1840 : ces dernières arrachaient péniblement 300 à 400 mètres cubes de déblais dans une journée ; tandis que maintenant les types perfectionnés d'appareils enlèvent dans le même temps plusieurs milliers de mètres cubes. Elles ont naturellement des dimensions en conséquence, et elles sont dotées de godets qui ont fréquemment une capacité de plus d'un mètre cube.

Fig. 187. — L'augmentation des godets de dragues.

C'est tout particulièrement lors du creusement du canal de Suez qu'il a fallu améliorer les types existants de dragues, pour exécuter rapidement le travail de terrassement absolument extraordinaire que constituait le creusement de ce canal. A cette époque, on imagina les dragues aspiratrices. Cette fois ce ne sont plus des godets qui viennent excaver le sol sous l'eau ; l'appareil (qui est naturellement toujours installé à bord d'un bateau) est doté d'une ou plusieurs pompes aspirantes reliées à des tuyaux descendant dans l'eau, et dont l'ouverture inférieure est amenée au contact du sol. La pompe est mise en mouvement, elle aspire ; et si

Fig. 188. — Une drague à godets.

le sol est suffisamment mobile, ou s'il a été découpé, dissocié à l'avance par des explosifs qu'on avait logés sous l'eau dans des trous de mines, à l'aide du scaphandre, le courant d'eau aspiré attire et remonte des parties de ce sol ou des déblais formés. On construit des dragues aspiratrices de proportions formidables, comme le *Leviathan* du port de Liverpool, qui peut pomper en moins d'une heure 10 000 tonnes de matériaux qu'elle décharge dans ses flancs pour aller les déverser ensuite au loin. Il faut dire qu'une drague de ce genre est montée sur un bateau de 140 mètres de long. On munit aussi le bas du tuyau d'aspiration d'un couteau tournant, qui dissocie le sol pour que l'aspiration remonte ensuite les déblais ainsi faits. Les dragues aspiratrices peuvent aller pomper les déblais à 21 mètres sous la surface de l'eau !

Pour les terrassements à sec, on emploie des excavateurs qui ressemblent considérablement aux dragues à godets, et où l'on retrouve une série de ces godets montés sur une chaîne et venant gratter le sol pour enlever les terres. En une journée, ils enlèvent des milliers de mètres cubes; ils réussissent aussi à enlever la roche, à condition qu'on ait dissocié à l'avance celle-ci, à la poudre ou plus souvent à la dynamite. On emploie également, comme on l'a fait à Panama, des excavateurs à cuiller; ce sont des sortes de grues à vapeur comportant un bras métallique mobile qui supporte un grand godet dont la partie avant est

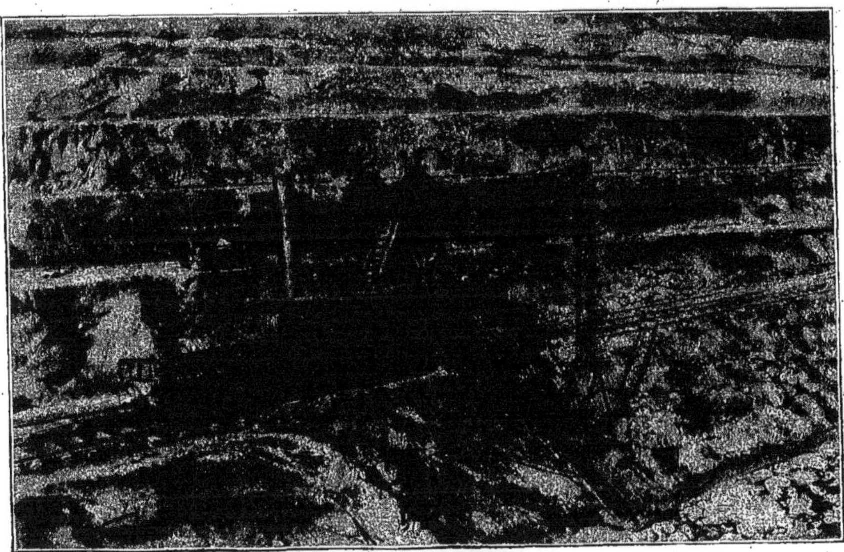

Fig. 189. — Un excavateur.

munie de dents d'acier coupantes; on promène l'avant de ce godet contre le sol, et on le relève ensuite chargé de déblais, de morceaux de roche détachés par les explosifs, etc. On emploie souvent des godets (nous pouvons dire des pelles, puisque ces appareils se nomment aussi des pelles à vapeur) dont la capacité est de près de 4 mètres cubes. Ils enlèvent et chargeront dans des wagons 2 000 mètres et plus de déblais en une journée de 8 heures seulement.

Nous venons de parler à plusieurs reprises d'explosifs; d'une manière générale, leur emploi est nécessaire pour attaquer le terrain trop dur, trop compact. On se servait autrefois de poudre noire; on en logeait des cartouches dans des trous de mines, comme on dit, faits au marteau et à l'aide d'un long ciseau d'acier appelé barre de mine. Ce travail de creusement des trous de mines était pénible, lent, coûteux, et l'on ne pouvait par conséquent faire sauter qu'un volume bien faible de roche dans une journée de travail. L'état de choses s'est amélioré de deux manières : d'une part, par l'emploi de cet explosif redoutable, mais puissant, qu'on appela dynamite ; de l'autre, par l'emploi des perforatrices mécaniques, qui opèrent mécaniquement avec une rapidité surprenante toute une série de trous de mines. Aussi bien, ces perforatrices ont fait particulièrement merveille dans le creusement des tunnels dont nous allons parler tout à l'heure avec quelques détails, parce que ce sont les travaux de terrassement les plus admirables dont puisse s'enorgueillir l'ingénieur moderne.

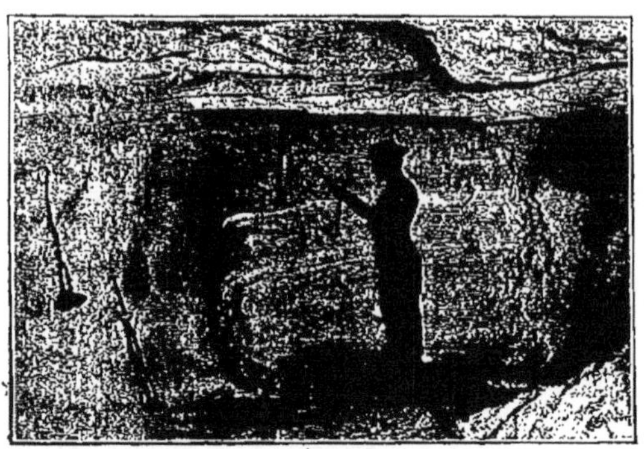

Fig. 190. — L'allumage des cartouches.

Nous avons donné antérieurement quelques indications sur la poudre noire, qui est du reste couramment utilisée comme explosif dans les travaux de faible importance. Pour la dynamite, c'est un dérivé de la nitroglycérine. Celle-ci s'obtient en faisant agir de l'acide nitrique (ou eau-forte) et de l'acide sulfurique sur la glycérine que tout le monde connaît. Cela donne une matière explosive étonnamment puissante, mais aussi étonnamment redoutable ; elle a le grave inconvénient d'éclater au moindre choc brusque, et souvent bien avant qu'elle ait été logée dans le trou de mine où l'on voudrait lui voir jouer son rôle. C'est pour cela que cet explosif n'est devenu pratique que quand l'illustre Nobel est parvenu à le domestiquer, peut-on dire, à le rendre maniable, à faire qu'il ne détone que quand on le veut réellement (si l'on prend quelques

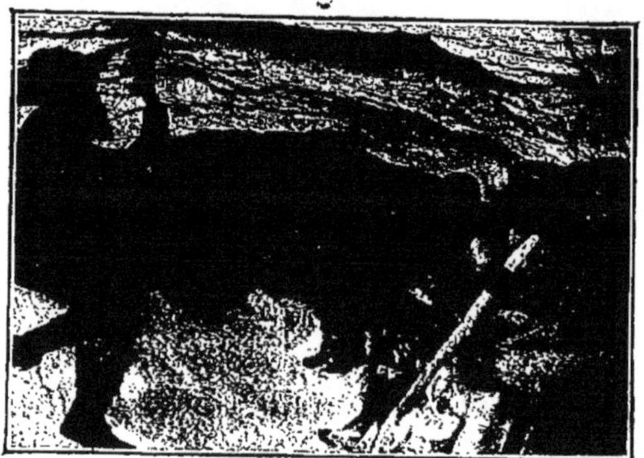

Fig. 191. — Après l'explosion.

précautions bien simples). Il est arrivé à ce résultat tout simplement en mélangeant la nitroglycérine avec une terre siliceuse qui l'absorbe ; cette découverte admirable eut lieu en 1867 ; et elle révolutionna l'industrie, particulièrement tous les travaux ayant à faire sauter des roches, à excaver le sol, etc. Cette dynamite permet d'économiser jusqu'à 20 pour 100 sur le prix des travaux qu'on exécutait jadis à l'aide de la poudre noire, et on gagne souvent jusqu'à 25 pour 100 du temps qu'il aurait fallu

Fig. 192. — Une perforatrice.

en utilisant cet explosif, sans doute précieux, mais si peu puissant par rapport à la nouvelle matière. Grâce à elle, on peut tout aussi bien faire sauter des roches sous l'eau, en logeant des cartouches dans des trous de mines percés à l'avance, que creuser rapidement des galeries ; et nous pourrions citer tel travail ayant pour but de dégager l'entrée d'un port d'un récif qui la gênait, et où la dynamite a permis de faire sauter d'un seul coup 27 000 mètres cubes de roche qu'on n'a plus eu ensuite qu'à draguer.

Nous avons laissé entendre tout à l'heure le rôle précieux que joue la perforatrice. Elle comporte des sortes de mèches, des fleurets comme on dit, qu'un mécanisme hydraulique ou électrique, ou encore mû par de l'air comprimé, lance contre la roche où l'on doit forer un trou, ou bien appuie contre cette roche en les faisant tourner. Il existe de nombreux types de perforatrices, comme celle qui a été imaginée par Sommeiller pour le percement du tunnel du mont Cenis, et qui avait le mérite de venir la première. Mais les appareils inventés depuis sont bien plus perfectionnés et ont un rendement bien meilleur. Tel est le cas de la perforatrice à eau comprimée construite par l'ingénieur Brandt, et qui a fait merveille au tunnel du Simplon, après avoir rendu de grands services à l'Arlberg. On comprend le principe du fonctionnement de ces machines sans que nous y insistions. On peut dire sans exagération que la facilité de creusement des tunnels de plus en plus considérables qu'on a réussi à établir, est due aux perfectionnements de ces machines ; et cela nous amène tout naturellement à parler des travaux de terrassement peu ordinaires que sont ces galeries présentant des kilomètres et des kilomètres de développement, par lesquelles passent certaines voies ferrées en-dessous de montagnes énormes.

Fig. 193. — Charpente provisoire d'un tunnel.

Fig. 194. — Construction de la voûte en maçonnerie d'un tunnel.

Il y a déjà longtemps qu'on sait creuser des tunnels ; et d'une manière générale, à part l'emploi des perforatrices mécaniques et des explosifs modernes, on procède encore actuellement comme il y a trente, quarante ans.

Pour percer un tunnel, on commence par creuser horizontalement, au-dessous du sol, un canal étroit, auquel on donne une section quadrangulaire d'abord, ensuite demi-circulaire, en soutenant ses parois par des étais, composés de poutres et de pieds-droits en bois. Quand le travail de la galerie souterraine est suffisamment avancé, on le soutient par une charpente provisoire, qui supporte l'effort des terres, comme le représente la figure 194. Parfois les boisages sont plus compliqués et l'on procède par élargissement graduel d'une première galerie. On s'occupe ensuite de remplacer ces charpentes provisoires par le revêtement en pierre qui doit constituer la galerie définitive (fig. 194).

Fig. 195. — Coupe d'un puits d'aérage d'un tunnel.

Pendant le travail, il est nécessaire que l'air ne manque pas aux ouvriers, et le tunnel une fois terminé, il faut que les convois qui auront

Fig. 196. — Entrée d'un tunnel.

à le parcourir traversent un espace suffisamment ventilé pour que la respiration des voyageurs ne soit pas gênée, et pour que la combustion du charbon dans les foyers des locomotives ne languisse pas. C'est pour cela que, dès l'origine du creusement d'un tunnel, on établit une série de puits verticaux, qui aèrent la galerie et qui sont ensuite maçonnés (fig. 195).

Le plus long des tunnels du monde entier a été longtemps celui du Saint-Gothard, qui fut terminé au mois de mars 1880, et qui a 14 920 mètres de longueur. Venait ensuite celui du mont Cenis, qui fut terminé en septembre 1871, et dont l'exécution exigea douze ans de travaux. Ce

Fig. 197. — Scaphandrier descendant à l'eau.

tunnel a 12 230 mètres de longueur. Mais aujourd'hui il faut citer le tunnel du Simplon, qui n'a pas moins de 19 730 mètres, et qui n'a demandé pourtant que 7 ans pour sa construction, en dépit des eaux qui l'ont envahi à plusieurs reprises, de la chaleur formidable contre laquelle il fallait lutter en envoyant de l'air frais dans les galeries de travail, air qu'on faisait passer sur de la glace. Les perforatrices y ont fait merveille. Nous ne devons pas oublier non plus comme tunnel fort intéressant celui du Loetschberg, destiné à relier les environs de Thoune à Brigue ; il est appelé à rendre de grands services, bien que sa longueur, qu'on trouve aujourd'hui modeste, ne soit que de 14 kilomètres.

Longueurs de quelques tunnels sur les chemins de fer de France et de l'étranger.

	Noms de la ligne.	Longueur en mètres.
Souterrain de Bon-Secours.	Rouen au Havre.	1 055
— de Culmont.	Paris à Mulhouse.	1 320
— entre la Sarre et le Rhin. .	Strasbourg.	2 778
— de Billy.	Reims.	3 500
— du Credo.	Lyon à Genève.	3 900
— de Blaisy.	Paris à Lyon.	4 100
— de la Nerthe.	Avignon à Marseille.	4 620
—	Roanne à Tarare.	6 000
— de Ronco.	Turin à Gênes.	8 262
— de l'Arlberg.	entre Innsbruck et Bregenz.	10 352
— du mont Cenis.	Victor-Emmanuel.	12 230
— Lœtschberg.	Frutigen à Brigue.	13 800
— du mont Saint-Gothard. . .	Alpes.	14 920
— du Simplon.	Simplon.	19 730

Nous avons dit qu'on avait également imaginé des procédés et appareils pour travailler au milieu même de l'eau, les ouvriers se trouvant à une certaine profondeur au-dessous de la surface de cette eau, ou descendant très profondément dans des terrains pleins d'eau. Il faut pourtant assurer leur respiration. Pour y arriver, on a à sa disposition tout d'abord le scaphandre : c'est un vêtement étanche, complété par un casque métallique étanche également, et qui présente en avant une glace grâce à laquelle le travailleur peut diriger ses mouvements. On envoie dans l'intérieur du casque et du vêtement, à l'aide d'une pompe, de l'air comprimé, qui fait que l'homme peut respirer convenablement. On emploie aussi la cloche à plongeur, dont on ne fait plus toutefois usage que fort exceptionnellement, parce qu'on possède l'autre appareil dont nous allons parler. Néanmoins cette cloche, qui paraît remonter jusqu'en 1538, qui a été perfectionnée en 1716 par Halley, et tout à fait améliorée en 1812 par l'Anglais Rennie,

Fig. 198. — Scaphandrier prêt à plonger.

rend encore des services. On la descend, avec les ouvriers, au point où des travaux dans l'eau et sous l'eau doivent être exécutés ; on envoie continuellement de l'air à l'intérieur, et le travail peut se poursuivre, la pression de l'air empêchant l'eau de rentrer dans la cloche, bien que celle-ci soit bel et bien ouverte inférieurement.

Fig. 199. — Autre rue d'un grand caisson à air comprimé.

Le caisson à air comprimé ressemble bien dans son principe à la cloche à plongeur ; mais lui, on le laisse à poste fixe pendant toute la durée des travaux, et même parfois après que les travaux ont été effectués. C'est une sorte de caisse ayant la forme d'un cylindre ou celle d'un parallélipipède ; cette caisse est ouverte par en bas ; d'autre part, on peut y pénétrer par en haut au moyen d'écluses à air laissant passer les ouvriers, quand ils viennent au travail et quand ils le quittent. On enfonce ce caisson au milieu de l'eau si l'on travaille en pleine eau, et jusqu'à ce qu'il repose sur le sol immergé où l'on doit excaver, par exemple pour y établir les fondations et la maçonnerie d'une pile de pont ; ou bien on pose le caisson, toujours son ouverture en bas, sur le sol où l'on sait devoir rencontrer abondance d'eau. Les ouvriers se mettront à creuser, tandis qu'on leur enverra continuellement de l'air sous pression, qui chassera l'eau, du moins l'empêchera d'envahir l'intérieur du caisson, tout en assurant aussi leur respiration. On s'arrêtera quand l'excavation sera suffisante, qu'on aura trouvé le bon sol ; et on fera remonter alors le caisson, tandis qu'on maçonnera sous l'abri qu'il fournit et jusqu'à être

Fig. 200. — Caisson à air. Chambre de travail.

sorti du sol où il y avait à redouter l'envahissement de l'eau, ou de cette eau même.

Le travail à l'air comprimé s'applique aux travaux les plus divers, notamment au creusement sous les rivières, par exemple pour l'établissement de tunnels. On l'associe souvent à cet appareil d'excavation qu'on appelle le bouclier, dû à l'illustre Brunel, et qui soutient les terres au milieu desquelles on s'avance.

XVIII

LES CANONS A LONGUE PORTÉE, LES MITRAILLEUSES ET LES FUSILS A RÉPÉTITION. LA POUDRE SANS FUMÉE

Les différentes parties d'un canon. — Ce que c'est que la rayure intérieure des canons. — Les obus. — Fermeture des canons par la culasse. — Les canons de campagne. — Les mitrailleuses. — Les fusils à aiguille, les fusils Chassepot et Gras. — Les fusils à répétition. — Le fusil Lebel. — La poudre sans fumée, ses avantages. — Les divers types de poudre de guerre.

Quelques inventions ont exercé une influence considérable sur l'art de la guerre, et par conséquent sur les destinées des nations. Nous voulons parler des canons à longue portée, des mitrailleuses, des fusils à répétition et des *poudres sans fumée*.

On distingue plusieurs parties dans un canon. L'*âme* est le vide intérieur; — la *volée* forme la partie antérieure du canon ; — la *culasse* constitue sa partie postérieure. On nomme *bouche* l'entrée de l'âme. La *lumière* est un trou pratiqué au fond de l'âme, et qui sert à communiquer le feu à la charge intérieure. Un canon est toujours muni de deux *tourillons*, destinés à le faire reposer sur son *affût*. Le pointage s'effectue au moyen d'une *hausse*, placée sous la culasse. Cette *hausse* permet de pointer entre 1 500 et 2 500 mètres. Pour atteindre des distances plus considérables, on se sert d'une hausse latérale et d'un cran, ou *guidon*, fixé sur le tourillon.

Deux pièces, jadis de bois, aujourd'hui de métal, constituent l'affût. On les appelle *flasques*. Elles portent naturellement sur les roues. La pièce de canon repose sur une vis, qui peut être abaissée ou élevée, et permet ainsi de diriger l'axe comme on le veut. L'*avant-train* du canon se compose d'une petite voiture portant les munitions. La voiture peut être réunie à l'affût, qui forme l'arrière-train.

Dans les canons qui se chargeaient par la bouche, c'est avec le *refouloir* qu'on introduisait la charge de poudre placée dans un sachet, et que l'on faisait ensuite arriver le projectile sur la poudre.

L'*étoupille* est l'engin qui sert à enflammer la poudre. C'est un tube en cuivre, plein de poudre fulminante, contenue elle-même dans un autre tube concentrique. Cette poudre est traversée par un fil de cuivre de grosseur convenable, et qu'on nomme le *rugueux*. Le fil porte, à l'autre bout, une boucle qui sort de l'étoupille. La partie inférieure du tube de l'étoupille est fermée avec de la cire; c'est une rondelle en caoutchouc, un petit tampon en bois et de la cire qui en forment la partie supérieure. Pour déterminer l'explosion, l'artilleur fixe une ficelle, appelée *tire-feu*, à la boucle en cuivre. Il tient cette ficelle dans sa main droite. En la

Fig. 201. — Mitrailleuse.

tirant, le fil en cuivre remonte dans l'étoupille, et fait frotter le *rugueux* contre le fulminate, lequel prend feu et enflamme la poudre de l'étoupille. La cire fond et laisse ainsi communiquer l'inflammation à la poudre formant la charge. Au surplus, dans bien des canons, on emploie l'inflammation par percussion.

Le *recul*, ou mouvement en arrière de la pièce, au moment où le projectile s'échappe, est d'autant moins fort que le canon a un plus grand poids. On l'annihile maintenant presque complètement à l'aide de freins pneumatiques ou hydropneumatiques montés sur l'affût, et qui absorbent complètement la violence du recul; si bien que, comme le canon proprement dit se trouve dans ce qu'on nomme un berceau, une gouttière métallique placée sur l'affût, celui-ci reste immobile, fixé en terre par une bêche, tandis que le canon glisse en arrière. Les choses sont même généralement disposées au moyen de ressorts, pour que le canon se remette en batterie automatiquement, reprenne sa position primitive. Cela facilite étrangement le tir rapide.

L'*angle de tir* est l'angle fait par le boulet ou obus, à sa sortie de l'âme, avec la ligne horizontale. La courbe décrite en l'air par le projectile, ou sa *trajectoire*, est une *parabole*.

Lorsque l'intérieur du canon est lisse, le projectile ne touche pas absolument les parois de la pièce; il en résulte, entre le boulet et les parois,

Fig. 202. — Tir de canons.

un espace libre, qu'on nomme *vent*; de sorte que, dans ces canons à âme lisse, le projectile n'a pas un mouvement très régulier quand il parcourt l'intérieur de la bouche à feu, et il en résulte que le tir n'a pas la justesse désirable. C'est en cherchant le moyen de supprimer l'espace libre, ou le *vent*, dans l'âme de la bouche à feu, qu'on a inventé le *canon rayé*. Cette nouvelle arme à feu fut adoptée par l'armée française en 1859, et employée, pour la première fois, dans la guerre contre l'Autriche en faveur de l'Italie.

Dans l'intérieur du canon, dans l'âme, on a creusé des rayures hélicoïdales. Le projectile n'est plus rond, il est oblong, et armé d'une ceinture de cuivre ; celle-ci s'écrase contre les reliefs des rayures et les parties en relief de la ceinture pénètrent dans les creux des rayures. Cette disposition force le projectile, lorsque la poudre est enflammée, à tourner sur lui-même dans l'intérieur du canon. Grâce à ce mouvement, qui continue dans l'air pendant un certain temps, quand le projectile est lancé, la résistance de l'air est diminuée, parce que la pointe du projectile est toujours dirigée en avant, et le tir acquiert ainsi une grande justesse.

Le projectile est *forcé*, et ne peut se charger que par la culasse.

Dès que la poudre s'enflamme, un choc se produit à la naissance du mouvement ; il importe de rendre ce choc aussi faible que possible. C'est

Fig. 203. — Le canon de 75.

pour cela qu'on pratique dans la chambre, c'est-à-dire dans la partie voisine de la charge, des rayures, en forme de parabole. La chambre de la gargousse a son diamètre plus grand que celui de l'âme ; ces deux parties sont reliées par la chambre du projectile, qui est conique et où les rayures viennent se terminer. Aujourd'hui les canons se chargent tous par la culasse.

Pour fermer les pièces se chargeant par la culasse, on emploie un bouchon qui se visse dans cette culasse ; l'un et l'autre sont filetés. Et afin d'éviter la perte de temps que nécessiteraient le vissage et le dévissage, on a divisé en six parties la surface externe du bouchon, on a conservé trois parties filetées et saillantes, tandis que les trois autres sont lisses et en creux. On a fait la même opération dans la culasse du canon. On ferme le canon en faisant glisser les parties filetées du bouchon dans les portions lisses de la culasse. Le bouchon une fois placé, il suffit de le faire tourner d'un sixième de tour. La portion antérieure du bouchon est armée d'une rondelle en acier, afin d'assurer la fermeture. Tout cela permet une manœuvre facile. Les divers pays ont des systèmes de fermeture variés dérivant d'un même principe.

Nous ne pouvons, comme de juste, donner que des indications générales sur le principe de la construction et du fonctionnement des puissants canons modernes. En France, pour l'artillerie de campagne, se déplaçant à grande allure avec les autres armes, on emploie des canons de 90 et de 80, c'est-à-dire dont le diamètre intérieur est de 90 ou 80 millimètres, canons en acier rayés. On a voulu posséder aussi des pièces de campagne plus puissantes, par conséquent forcément plus lourdes, et pourtant montées sur roues, susceptibles d'être traînées à travers champs et ne nécessitant pas l'emploi d'une plate-forme où les disposer au moment du tir. Et c'est ainsi qu'on est arrivé à construire ce qu'on appelle du nom de son inventeur le canon Rimailho, du calibre 155 (155 millimètres). Il ne pèse pas moins de 3 200 kilogrammes, mais quand on veut le transporter, on le décompose en deux parties ; on place sur un chariot spécial, suffisamment résistant pour cette charge, le tube métallique fretté formant le canon, avec le berceau où il glisse au moment du tir. L'affût, très robuste pour résister aux efforts du tir, allégé alors du canon même, devient assez léger pour être traîné à grande allure par des attelages.

Un pareil canon envoie un obus de 43 kilogrammes, et avec une grande justesse, jusqu'à une distance de 5 kilomètres. Bien entendu, on dispose de canons plus puissants, lançant des obus bien plus lourds et redoutables, comme nous en avons vu à bord des navires cuirassés.

Les projectiles employés aujourd'hui presque exclusivement par l'artillerie sont les *obus*.

On divise ceux-ci en deux espèces : les *fusants* de campagne et les *percutants*. Les obus fusants ont en haut un trou, ou œil, qui se bouche à vis avec la *fusée*, laquelle est en bronze et porte des trous, ou *évents*, dans sa tête. Ces trous font suite à des conduits pleins de matière fusante arrivant dans la cavité du projectile.

On se rend maître du temps que la poudre emploie à brûler dans les canaux du projectile, en faisant varier la longueur de ceux-ci. On bouche les évents à l'extérieur au moyen de rondelles en papier; ces rondelles indiquent en chiffres la distance à laquelle l'obus doit éclater. Mais avant d'introduire le projectile dans le canon, il faut enlever la rondelle qui répond à la distance qu'on doit atteindre. Lorsque la poudre est enflammée, la composition contenue dans l'évent s'enflamme elle-même, en sorte que pendant que le projectile décrit sa trajectoire, la composition fuse dans l'air, jusqu'au moment où le but est atteint. A ce moment, la poudre qui remplit le projectile s'enflamme et fait éclater celui-ci. Maintenant on a perfectionné ce système à l'aide d'un chapeau mobile et gradué qu'on tourne de manière que l'inflammation de l'obus se produise au bout d'un nombre déterminé de secondes.

Pour les obus *percutants*, on emploie une poudre fulminante, qui s'enflamme par le choc de l'obus une fois arrivé à destination. Cette inflammation se communique à la poudre qui remplit la cavité de l'obus, et le fait éclater. Du reste, les obus de campagne sont munis à la fois d'une fusée percutante et d'une fusée fusante.

On utilise encore parfois des canons de bronze, notamment pour les mortiers tirant à des distances assez réduites, mais l'acier est aujourd'hui le métal normalement employé. Pour les grosses pièces, on ne se contente pas de les fretter, on les constitue d'un tube d'acier qu'on entoure de spires de fil d'acier se touchant toutes ; puis on glisse par-dessus ces spires un manchon d'acier qui les maintient et les serre.

Nous aurions pu dire encore, à propos des canons, qu'on leur fait lancer parfois des obus ordinaires entièrement remplis de poudre, et dangereux par l'éclatement de leurs parois mêmes. Il y a aussi des obus à balles, qui donnent lieu à la projection d'un nombre énorme de petits projectiles particulièrement meurtriers. Puis les obus à mitraille, les boîtes à mitraille, etc.

Nous décrirons, en quelques mots, une autre arme qui a débuté de nos jours dans l'artillerie de terre, puis qui s'est généralisée dans la marine sous le nom de *canon Hotchkiss*. Nous voulons parler de la *mitrailleuse*, que nous représentons dans la figure 201, au moins sous une forme un peu générale. Ce canon, qui ressemble à un fusil multiple, automatique, lançant de façon pour ainsi dire ininterrompue un flot de balles, s'impose maintenant dans toutes les armées modernes à la suite des services qu'il a rendus, notamment dans la guerre russo-japonaise.

La mitrailleuse lance un grand nombre de projectiles à la fois, disions-nous. La partie principale est formée (fig. 204) de l'assemblage d'un certain nombre de canons attachés à une même barre verticale. Ces canons sont fixes. Une autre partie est mobile et contient les *percuteurs* qui enflamment les cartouches en les frappant.

Un levier, L, sert à éloigner ou à approcher les *percuteurs* portés par la partie mobile de l'orifice postérieur des canons. Le porte-cartouches, P, est percé de trous dans chacun desquels on place une cartouche. La plaque de détente, D, reçoit la pression des percuteurs poussés par des ressorts, lorsque, avec le levier L, on a rapproché la partie mobile.

Quand on abaisse cette plaque au moyen du levier L, les percuteurs sont poussés par les ressorts contre les pièces situées au devant de chacun d'eux et qui, frappant alors sur les cartouches, enflamment la poudre. Les pièces ne partent pas toutes en même temps, parce que la plaque de détente descend lentement.

De plus, les cartouches placées dans un même plan horizontal ne peuvent pas partir ensemble, à cause de l'échancrure pratiquée en haut de la plaque, ce qui permet à ses saillies de retenir les percuteurs en face,

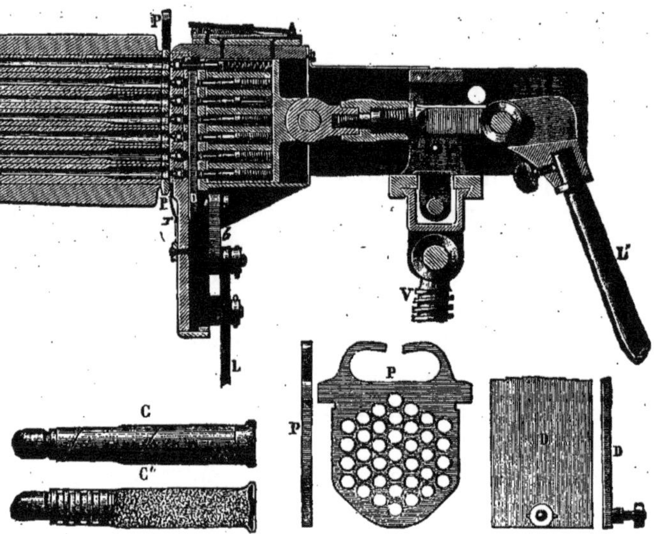

Fig. 204. — Détails de la mitrailleuse.

tandis que les autres échancrures laissent passer les percuteurs correspondants.

V est la vis de pointage dans le sens vertical, et *v* la vis qui imprime le mouvement horizontal.

On voit au bas et à gauche de la figure 204 l'une des cartouches de la mitrailleuse, fermée : C, et ouverte : C', de manière à montrer, dans ce dernier dessin, les rapports de la poudre avec le *percuteur*.

De nombreux types de mitrailleuses existent de nos jours. Dans la plupart, les cartouches à balles sont disposées à l'avance par centaines sur une longue bande de toile ; elles viennent se loger successivement dans l'appareil, et elles en sont expulsées. Normalement, c'est la pression des gaz des explosions qui assure la marche de l'appareil, arrivée des cartouches, armement du percuteur, tir, etc. L'homme affecté à la mitrailleuse n'a qu'à en diriger le tir.

Dans les armes de guerre portatives, comme dans les fusils de chasse dont on a fait usage jusqu'à l'année 1870 environ, l'inflammation de la poudre était provoquée par un *chien* ou *percuteur*, qui s'abattait sur une capsule garnie de fulminate. C'était le fusil dit *à piston*, le mot *piston* employé improprement pour *percuteur*. Cette arme a été remplacée par le *fusil à aiguille*.

Dans le fusil à aiguille, dont on connaît aujourd'hui plusieurs types, bien que cette désignation ne soit plus usitée, on produit l'inflammation de la poudre par le choc brusque d'une petite aiguille d'acier contre une pastille de fulminate de mercure, disposée elle-même près de la charge de poudre. Ce mode d'opérer est beaucoup plus efficace pour enflammer la poudre, que le *chien*, c'est-à-dire le *percuteur*, qui, par l'action d'un ressort, s'abattait sur une capsule de cuivre coutenant du fulminate. L'ancien *fusil à piston* était sans doute fort simple dans son mécanisme, mais il n'avait pas la précision de tir, ni la longue portée qui sont propres au fusil à aiguille.

Le fusil à aiguille qui a été le premier adopté dans notre armée est le *fusil Chassepot*, du nom d'un officier français, qui n'avait pourtant pas inventé cette arme, puisqu'elle fut créée par l'armurier allemand Dreyse, mais qui l'avait perfectionnée.

Fig. 205. — Fusil Chassepot : levier.

Comme les autres fusils à aiguille, le fusil Chassepot (fig. 205 et 206) contient une *culasse* ou *boîte*, placée à la partie postérieure du canon. Dans cette culasse fixe, qui s'ouvre à volonté, on peut glisser une *culasse mobile* ou pièce à percussion.

Un cylindre creux constitue la culasse mobile, et vient remplir la culasse fixe. On place dans ce cylindre une aiguille, longue de 0 m. 11, qui est fixée au bout d'une tige, dont l'autre extrémité aboutit au *chien*, C. Le ressort à boudin qui enveloppe la tige s'appuie sur un *écrou* et sur un *manchon* situé dans le cylindre et percé d'un trou dans lequel passe l'aiguille.

La partie antérieure de la culasse mobile est formée d'une virole, avec une rondelle, R, en caoutchouc, qu'on nomme *tête mobile*, et qui ferme hermétiquement le canon. Elle se prolonge par un *dard*, ou petit cylindre creux, pouvant livrer passage à l'aiguille. On manœuvre la culasse mobile au moyen du levier M.

Pour charger le fusil, on ramène l'aiguille en arrière, en tirant le chien à soi. Ce mouvement comprime le ressort, et la pièce R', unie à la gâchette G (fig. 206), s'engage dans l'encoche située sous le chien, et fixe celui-ci. Dans ce mouvement, l'aiguille est entrée dans la culasse mobile, en suivant le chien.

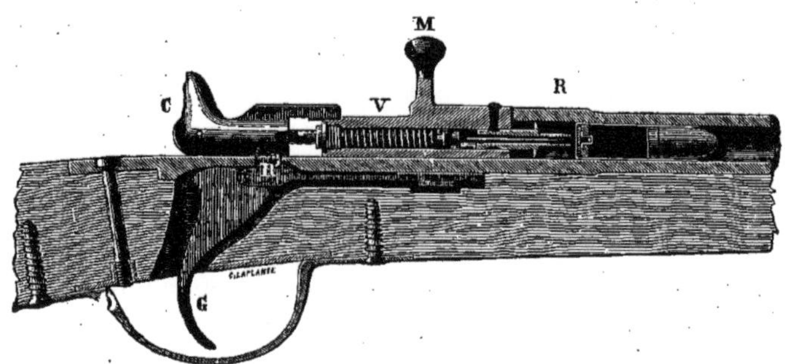

Fig. 206. — Fusil Chassepot (coupe de la chambre ou culasse mobile).

On place alors le levier M dans la position verticale (fig. 206) et on l'attire à soi. La culasse mobile recule, en découvrant l'ouverture postérieure du canon. On introduit la cartouche, on repousse en avant la culasse mobile, qui va boucher le canon avec la rondelle R, et l'on fait ensuite basculer la poignée, pour fermer le fusil.

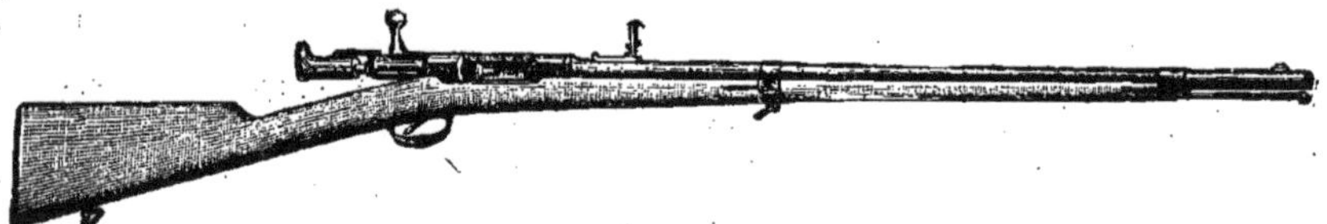

Fig. 207. — Fusil Chassepot.

Pour tirer, on agit sur la gâchette G (fig. 206), qui fait basculer la pièce R' armant le fusil. Par sa compression, le ressort se détend, ramène le chien en avant, et lance l'aiguille en dehors de la culasse mobile, sur une distance de 0 m. 09. Cette aiguille, frappant le fulminate, détermine son inflammation. La poudre de la cartouche s'enflamme également, et les gaz produits chassent la balle. Celle-ci prend un mouvement de rotation, parce que son renflement s'engage dans une rainure hélicoïdale.

En 1876, on a commencé à remplacer, dans l'armement de nos troupes, le fusil Chassepot par un nouveau fusil, qui diffère surtout du chassepot par la composition de la cartouche.

Le fusil Chassepot était simple et léger; ses effets étaient foudroyants à 1 200 mètres; mais il n'était pas sans défaut. Le mode de confection de la cartouche amenait le prompt encrassement du canon et le bris fréquent de l'aiguille. Pendant les grands froids, quand le soldat avait tiré quelques coups de fusil, le tonnerre s'emplissait de crasse, au point qu'il n'était plus possible de faire jouer le mécanisme. En outre, les résidus de l'enveloppe de la cartouche et de la poudre enflammée s'amassaient dans la chambre, et empêchaient le fonctionnement du ressort à boudin.

Il fallait donc imaginer une autre cartouche. M. Gras, chef d'escadron d'artillerie, aujourd'hui général et inspecteur général de nos manufactures d'armes, imagina de faire la cartouche entièrement métallique. Dès lors il n'y eut plus d'accumulation de poudre non brûlée Le culot métallique était devenu une chambre nouvelle, ce qui permettait que l'intérieur de la culasse restât propre, et que, par conséquent, le jeu du ressort à boudin fût toujours facile.

Mais aux premières expériences, faites en 1873, il se présenta une difficulté. On était forcé d'arracher le culot après la décharge, car il ne disparaissait point après l'explosion, comme dans le fusil Chassepot. Ce fut le second objet des recherches de M. Gras. Il eut l'idée d'adapter à la chambre une griffe, qui va accrocher le culot vide et le fait sauter. L'action de cette griffe est automatique, ou plutôt elle se produit par le mouvement imprimé pour réarmer le fusil.

M. Gras a donc remplacé la cartouche à enveloppe de soie du chassepot par une cartouche métallique. En outre, il a remplacé l'aiguille par un *percuteur*, qui vient frapper la capsule fulminante. La percussion est cependant toujours centrale. Le bout de la cartouche est légèrement sphéroïdal, et il est muni d'un petit rebord, qui donne prise à la griffe. La capsule occupe le sommet de cette sphère aplatie.

Cette capsule est frappée sur la tête, et non pas dans l'intérieur, comme par la broche Lefaucheux. C'est, sous ce dernier rapport, un retour au système de percussion de nos fusils à piston. Le fusil Gras dépasse la portée du chassepot, qui était de 1 200 mètres.

Un grand avantage de la cartouche Gras, c'était de pouvoir s'adapter au fusil Chassepot. Aussi la transformation était-elle facile. Il n'y avait que la griffe à attacher et l'aiguille à couper en forme de percuteur.

La possibilité de transformer à peu de frais le fusil Chassepot en fusil Gras avait déterminé l'adoption générale de ce dernier fusil dans notre armement.

Il faut ajouter que, dans le fusil Gras, les diverses pièces de la culasse mobile sont assemblées par des moyens plus simples que dans le chassepot ; de telle sorte que cette arme se démonte et remonte très facilement, sans aucun autre outil qu'un tournevis. Enfin le fusil Gras est pourvu d'un *cran de sûreté,* quand le levier est dans une position inclinée. Ce *cran,* si l'on presse la détente, n'empêche pas le percuteur de s'élancer ; mais le choc n'a plus assez de force pour enflammer l'amorce de fulminate et pour faire partir le coup : il justifie donc son nom de *cran de sûreté.*

Toutefois ce fusil, bien qu'excellent, allait bientôt être abandonné peu à peu complètement. L'Allemagne, en effet, transformait son armement, en adoptant le fusil à répétition : nous ne pouvions rester en retard sur nos voisins.

On appelle *fusil à répétition* un fusil contenant un magasin de cartouches qui, après chaque coup, se rendent, mécaniquement et l'une après l'autre, dans la chambre de l'arme, de sorte que le soldat a ainsi l'avantage de n'avoir pas à charger plusieurs fois son fusil.

Fig. 208. — Fusil Lebel.

Dès 1883, une commission, composée du général Dumond, président, des colonels Tramond, Gras, Bonnet et Lebel, fut chargée d'étudier un nouveau système de fusil pour notre armement. Après quatre ans d'études, cette commission présenta une arme à répétition à petit calibre, arme irréprochable, qui fut immédiatement adoptée, et prit le nom de *fusil modèle* 1886. Ce fusil, que nous représentons dans les figures 209 et 210, porte le nom de *fusil Lebel,* mais à tort, car le colonel Lebel a eu plusieurs colloborateurs pour ses recherches.

La fermeture du *fusil modèle* 1886 est à verrou, mais perfectionnée par des dispositions particulières. Le magasin à cartouches, qui peut en contenir dix, est situé sous le canon, dans un canal pratiqué le long de la monture. Les cartouches sont poussées dans la boîte à culasse par un ressort à boudin. Quand le tireur amène la culasse en arrière pour retirer l'étui vide, un mécanisme fait basculer une petite pièce appelée *auget.* Sur cet *auget* vient reposer, pressée par le ressort à boudin, une des cartouches du magasin. Le mouvement de bascule de l'*auget* place la cartouche qu'il porte à l'entrée de la chambre de l'arme. Quand le tireur ferme la culasse, cette cartouche est poussée dans la chambre, tandis que l'*auget,* abaissé et revenant à sa position première, peut ainsi recevoir une nouvelle cartouche du magasin.

Un ressort-levier permet de faire usage de l'auget ou de l'immobiliser, suivant que l'on veut se servir du mécanisme à répétition ou charger coup par coup, sans avoir recours au magasin.

Le fusil modèle 1886 pèse 4 kilogr. 100 ; le poids de la cartouche est de 9 gr. 7. Le soldat peut, avec cette arme, tirer trente coups par minute.

Nous ferons remarquer que les fusils à répétition ne datent pas d'aujourd'hui. Dès 1862, ils étaient en usage chez différentes nations ; mais ils étaient tous de fort calibre, par suite très lourds, avec cartouches volumineuses ; ces fusils ne donnaient pas un tir rigoureux et n'atteignaient pas une grande portée ; ils ont été peu à peu modifiés chez les nations qui les ont adoptés.

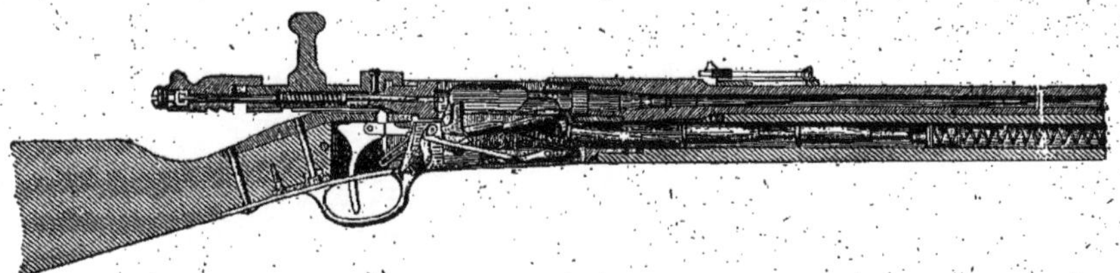

Fig. 209. — Fusil Lebel (coupe intérieure).

Les fusils à répétition peuvent se ramener à trois classes bien distinctes :

1° Les fusils dont le magasin est situé dans la crosse ; les cartouches sont amenées, de là, dans la boîte à culasse, pressées par un ressort : ce sont les fusils Winchester, Spencer, Hotchkiss, Evan.

2° Les fusils à verrou ; dans ces armes, un mécanisme amène les cartouches dans la boîte à culasse, que l'on doit ouvrir pour y loger le magasin à cartouches. Ce type renferme les fusils Mannlicher, Westerli et notre fusil Gras transformé à répétition.

3° Les armes dans lesquelles les cartouches, placées dans un canal situé sous le canon, le long de la monture, sont poussées dans la boîte à culasse par un ressort à boudin ; c'est le type de notre *fusil Lebel*, ou *fusil modèle* 1886, ainsi que du fusil allemand Mauser. Ce dernier, d'un calibre plus fort que le nôtre, donne des résultats moins satisfaisants. Aujourd'hui, toutes les grandes nations ont des fusils à répétition qui se ressemblent et se valent sensiblement.

En même temps que la commission chargée d'étudier, pour notre armement, un nouveau modèle de fusil se livrait à ses études, un jeune ingénieur des poudres et salpêtres, M. Vielle, en faisant des recherches sur les poudres de guerre, arrivait à une précieuse découverte.

Les poudres de guerre classiques étaient à combustion lente et à grains durs, et avaient l'inconvénient de dégager beaucoup de fumée. Avec elles, après quelques instants de tir, les soldats, entourés d'un nuage de fumée, sont dans l'impossibilité d'apercevoir leur objectif.

La poudre composée par M. Vielle brûle sans fumée. On comprend qu'avec une telle poudre, une compagnie d'infanterie puisse cribler de balles son ennemi, sans que ce dernier soupçonne d'où vient le feu.

La poudre sans fumée s'appliqua merveilleusement au *fusil modèle* 1886, dont elle forma l'heureux complément, car elle donna à ce fusil

Fig. 210. — Feu de salve exécuté avec la poudre ordinaire

une vitesse initiale de 625 mètres et une portée de 3 000 mètres. La trajectoire que décrit le projectile est tellement tendue que la flèche de cette courbe ne dépasse pas 2 m. 50, ce qui facilite prodigieusement le tir. Nous devons dire que, au bout d'un certain temps, les nations étrangères se sont mises à fabriquer à notre exemple une poudre sans fumée, plus ou moins analogue à la *poudre Vielle*. Un secret est impossible à garder complètement ; et du reste les progrès de la chimie se font un peu partout de la même manière.

On comprend sans peine que ces nouvelles poudres ont amené une révolution dans les opérations de la guerre.

Dans un combat naval, par exemple, au bout de quelque temps de tir, sans ces poudres, les navires sont environnés d'un tel nuage de fumée, qu'ils ne s'aperçoivent plus l'un l'autre, et qu'ils tirent pour ainsi dire en aveugles. En ce qui regarde les armées de terre, avec une poudre sans fumée, un bataillon d'infanterie peut couvrir de balles toute une zone de terrain, un canon de campagne peut tirer à mitraille, sans que l'adversaire, écrasé, puisse reconnaître d'où part le feu.

La poudre sans fumée est venue modifier profondément la tactique et la stratégie. Sans doute, elle empêche les combattants de faire, avec sécurité, des mouvements rapides et de soudains changements de position ; mais, en revanche, elle permet à ces combattants d'assurer la justesse de leur tir, et de faire, à couvert, une attaque, sans risquer d'être aperçus. Le tir des hommes est notablement amélioré, parce que la fumée ne viendra pas les gêner pour viser.

D'autre part, la présence des tirailleurs n'est pas signalée à l'ennemi, comme elle l'est avec la poudre ordinaire. On sait en effet que, pour

Fig. 211. — Feu de salve exécuté avec la poudre sans fumée.

ce qui concerne le tireur, quand il est isolé, l'oreille serait absolument incapable de signaler sa position avec quelque exactitude, si l'œil, guidé par la fumée, ne venait à son aide. Ajoutons que les troupes de seconde ligne, soutiens et renforts, qui, autrefois, pouvaient dissimuler assez bien leurs mouvements, derrière le rideau de fumée produit par les tirailleurs, perdent le bénéfice de cet abri.

Quels avantages présente la poudre sans fumée de M. Vielle ? Celui, d'abord, d'amoindrir, dans l'âme des bouches à feu, la pression déterminée par la conflagration, d'écarter, par là même, les chances d'éclatement et de déculassement, d'offrir une sécurité plus grande pour les hommes, enfin, de permettre à l'État de réaliser une économie, résultant de la diminution considérable d'usure des armes. D'autre part, à 300 mètres, le feu d'infanterie est complètement invisible ; pour les distances plus faibles, on voit voltiger, au-dessus des lignes formées par les chaînes de tirailleurs, un léger nuage, comparable à la fumée d'un cigare. Relativement à l'effet de la fumée sur la troupe qui tire, on constate qu'un feu de salve n'empêche pas l'unité qui l'exécute de voir au loin. En ce qui concerne l'artillerie, les servants d'une pièce ne sont guère plus gênés par la fumée du canon que les soldats d'infanterie ne le sont quand ils exécutent un feu de peloton. Quant à distinguer la fumée chez l'ennemi, aux distances ordinaires du tir de l'artillerie, il n'y faut pas songer Elle ne le masque jamais, même pendant le tir le plus précipité.

Si l'on songe que la fumée était un des moyens les plus précis et les plus nets pour l'appréciation si difficile des distances en rase campagne, on comprend qu'on a dû modifier en conséquence les procédés d'observation de l'artillerie.

Il est intéressant de se rendre compte en quoi consiste cette découverte des poudres sans fumée, et aussi de savoir, au moins grossièrement, quelle différence il y a entre ces poudres et les explosifs divers employés maintenant dans les armes de guerre et même de chasse, et, d'autre part, de se rappeler ce qu'est la vieille poudre noire qui a rendu longtemps de si grands services. Il est bon même de dire sommairement comment est composée cette poudre noire, dont l'invention a été jadis, il ne faut pas l'oublier, un événement si considérable. Pour ce qui est de la dynamite et de la nitroglycérine, qui sont pourtant utilisées parfois dans le matériel de guerre, pour le chargement de certains projectiles, nous en parlons dans un autre chapitre : dans celui que nous consacrerons au creusement des tunnels, aux terrassements perfectionnés, aux excavations que ces explosifs permettent maintenant d'exécuter dans des conditions extraordinaires de rapidité et de bon marché.

Tous les explosifs sont des mélanges susceptibles, par inflammation ou déflagration, de donner lieu à la formation brusque d'une masse considérable de gaz : il en résulte une force d'expansion qui chasse devant elle le projectile, s'il s'agit d'une bouche à feu, comme on dit, canon, fusil, et qui s'exerce également sur les parois du canon ou du fusil, qui doivent être assez solides pour résister à cette poussée. Aussi, pour les armes à feu, importe-t-il que la poudre, en déflagrant, n'exerce pas un effet trop brisant ; il faut que les gaz se forment peu à peu, afin de ne pas soumettre ces parois à une trop dure épreuve.

Les poudres noires donnent un assez bon résultat, mais elles ont le défaut de ne pas imprimer une assez grande vitesse au projectile, de ne pas lui donner une grande force de pénétration ; et surtout elles ont cet inconvénient de la fumée dont nous parlions à l'instant. Elles sont faites d'un mélange de soufre, de salpêtre et de charbon de bois. Les poudres sans fumée appartiennent à la catégorie des poudres pyroxylées, à base de nitrocellulose, c'est-à-dire de cellulose et d'acide azotique ; elles sont très nombreuses. Un de leurs principaux avantages consiste en ce qu'on peut graduer leurs effets ; et si la poudre Vielle, par exemple, donne une pression considérable dans le fusil de guerre, du moins on est sûr de pouvoir maintenir cette pression dans des limites où elle n'est pas susceptible de faire éclater ni même fissurer le métal du fusil, tout en imprimant à la balle une vitesse considérable de 640 mètres à la seconde au moment où elle sort de l'arme. Pour l'obtenir, on prépare de la cellulose en traitant convenablement de la ouate, du coton ; puis on verse de l'éther et de l'alcool sur cette cellulose, et l'on produit une matière qu'on lamine de manière qu'elle se présente à l'état de feuilles. On découpe en lanières et en petits carrés qu'on fait sécher avec toutes sortes de précautions.

Nous avons dit qu'il existait maintenant une foule de poudres sans fumée, chaque pays pour ainsi dire ayant la sienne. Souvent on ajoute aux matières que nous avons indiquées du camphre, de la nitroglycérine même. Il y a la cordite, la balistite, la forcite, la roburite, etc. Toutes ces poudres sans fumée ont le sérieux avantage de produire des détonations assez peu bruyantes, et aussi de n'imprimer qu'un recul faible aux armes à feu. Seulement elles sont généralement de conservation difficile, comme l'ont prouvé des accidents survenus notamment un peu dans toutes les marines; elles se décomposent petit à petit, et peuvent ensuite entraîner des explosions imprévues et redoutables des projectiles ou des magasins qui les renferment.

Il existe bien d'autres explosifs plus ou moins puissants et aussi redoutables qu'on utilise souvent à tout autre chose que le chargement des projectiles ou des bouches à feu ; il y a notamment les poudres picratées. Parmi celles-ci se trouve la fameuse mélinite, dont le nom est bien connu, qui, comme les autres, est à base d'acide picrique, et qui sert à charger les obus en leur donnant des propriétés explosives tout à fait redoutables.

C'est grâce à tous ces perfectionnements des explosifs, des fusils et des canons, que les combats se livrent souvent à des kilomètres, contre des adversaires que l'on devine parfois, sans les voir directement, mais simplement en sachant l'endroit où ils se tiennent. Quand l'obus atteint des murailles, il les pulvérise ; quand la balle atteint un homme, elle le traverse sans peine de part en part. Du reste, les guerres sont bien moins fréquentes que jadis, précisément à cause des ravages terribles qu'elles entraînent.

XIX

LES TRANSFORMATIONS DE LA MÉTALLURGIE

Fer et acier, leur rôle. — Le haut fourneau. — L'acier à bon marché et Bessemer ; le convertisseur. — Siemens et Martin ; Thomas et Gilchrist. — L'électrométallurgie ; affinage des aciers : haut fourneau électrique. — L'outillage des usines métallurgiques ; marteau-pilon et presse à forger.

Il est peu d'inventions qui aient eu une aussi grande portée que celles qui nous ont donné le métal dont nous faisons le plus large usage à l'heure actuelle : nous voulons parler du fer, et aussi bien du fer proprement dit que de la fonte, qui est un métal ferreux, mais beaucoup plus fragile, ne pouvant pas se travailler, et aussi de l'acier, qui est le plus précieux des métaux à base de fer. C'est lui qu'on emploie le plus à notre époque, qui rend les plus grands et les plus admirables services. On pourrait dire sans exagération que nous sommes à l'âge de l'acier. En acier sont toutes les machines que nous utilisons, depuis les outils jusqu'à la locomotive ou à l'automobile ; en acier sont les charpentes des édifices ; en acier également les immenses ponts qui franchissent les fleuves, etc.

Ce n'est pas d'aujourd'hui qu'on connaît l'acier, et sa fabrication primitive est une invention fort ancienne que nous ne pourrions attribuer à personne, parce qu'on n'en sait point le créateur. Mais pendant bien longtemps et jusqu'à l'époque contemporaine, on ne pouvait fabriquer cet acier que coûteusement et en petites quantités ; si bien qu'on devait se contenter du fer, qui se fabriquait un peu plus facilement mais revenait encore assez cher. Un grand progrès avait été du reste accompli dans la production du fer et de l'acier quand on avait inventé cet appareil remarquable qu'on nomme le haut fourneau. Celui-ci sert en réalité à fabriquer de la fonte, mais on peut parfaitement transformer la fonte en fer ou en acier, et c'est la méthode que l'on suit couramment à l'heure actuelle. Le fer est en effet de la fonte à laquelle on a enlevé presque tout le carbone qu'elle contenait, et l'acier est de la fonte où l'on a moins diminué la proportion en carbone.

Le haut fourneau est l'appareil normal dont on se sert pour extraire le fer des minerais de fer qu'on trouve dans les terres. On y charge à la fois du minerai puis du charbon, qui est destiné à brûler et à donner la haute température indispensable à la transformation chimique qu'on veut opérer. Mais ce charbon apporte aussi du carbone qui va enlever au minerai l'oxygène qu'il renferme combiné au fer, puisque ce minerai est ce qu'on appelle un oxyde de fer. Et comme conséquence. le minerai de fer est désoxydé et se trouve réellement à l'état de fer associé avec une certaine quantité de carbone, ce qui est précisément la fonte que l'on cherche à produire. Du reste, dans le haut fourneau, on a versé aussi ce qu'on appelle un fondant, ce sera par exemple du carbonate de chaux, qui va former du laitier avec la gangue terreuse, l'argile qui se trouve également dans le minerai. On laissera couler le laitier qui surnage au-dessus du fer, et ensuite on pourra recueillir le métal ferreux, la fonte obtenue.

Fig. 212. — Haut fourneau de Fumel.

Les hauts fourneaux d'aujourd'hui ressemblent étrangement aux hauts fourneaux du XVe siècle dans leurs dispositisns principales et dans leur fonctionnement ; mais ils ont pris des proportions énormes, parce qu'on a voulu produire de la fonte en quantité considérable grâce à la possibilité où l'on s'est trouvé depuis le milieu du XIXe siècle de transformer facilement et économiquement cette fonte en acier. (Le fait est qu'il existe maint haut fourneau moderne qui peut fabriquer quotidiennement 700 tonnes de fonte !)

Cette découverte sensationnelle s'il en fut est due à un Anglais dont le nom doit être connu de tout le monde : Henry Bessemer, qui, de 1856 à 1863, fit les expériences les plus persévérantes pour mener à bien l'idée qu'il avait eue.

Auparavant la transformation de la fonte en acier était particulièrement pénible pour les ouvriers qui y travaillaient, et elle ne pouvait porter que sur des quantités très minimes de cette fonte. On pratiquait ce qu'on appelait le puddlage, c'est-à-dire qu'on faisait arriver sur la fonte des gaz chauds, et qu'on tournait et retournait la masse métallique qui devenait peu à peu pâteuse; ce brassage se faisait à bras d'homme, à l'aide d'une tige métallique passée par une ouverture donnant accès au four dans lequel on avait disposé la masse de fonte. On arrivait à brûler en somme une partie du carbone contenu dans la fonte et, par suite, en diminuant cette proportion de carbone, suivant ce que nous avons dit tout à l'heure, on produisait de l'acier ou du fer, d'après la proportion de carbone qui restait finalement dans le métal ferreux. Les puddleurs, les ouvriers se livrant à cette manœuvre de brassage, étaient exposés à des températures très élevées et devaient faire des efforts considérables.

Fig. 213. — Les ouvriers à la base d'un haut fourneau.

L'illustre Henry Bessemer combina, pour assurer le même résultat dans des conditions surprenantes d'économie et de rapidité, l'appareil auquel il donna le nom de convertisseur, parce qu'il était capable de convertir rapidement de la fonte en acier — ce métal étant plus intéressant à obtenir, parce qu'il est plus résistant sous le même volume, qu'il a des qualités précieuses d'élasticité, etc.

Son procédé, qui a révolutionné le monde, consiste à verser de la fonte en fusion quand elle vient de sortir toute brûlante du haut fourneau, dans un récipient métallique protégé intérieurement par un revêtement réfractaire ; puis on insuffle de l'air dans ce récipient et par suite dans la fonte. L'arrivée de l'oxygène qui est forcément contenu dans cet air, produit des phénomènes d'oxydation intenses ; et l'oxydation va porter tout naturellement d'abord sur le carbone de la fonte. C'est qu'en effet le carbone a une affection, les chimistes disent une affinité particulière pour l'oxygène. Il sortira du convertisseur une combinaison de carbone et d'oxygène, tandis qu'il restera dans le convertisseur du fer, qui peut être ainsi privé complètement de tout son carbone. Toutefois, comme on ne veut pas recueillir du fer pur ni même le plus ordinairement du fer marchand avec un peu de carbone, mais de l'acier dont la proportion en carbone est un peu plus élevée, on ajoute au liquide métallique exactement la proportion de carbone nécessaire pour donner finalement l'acier qu'on désire se procurer.

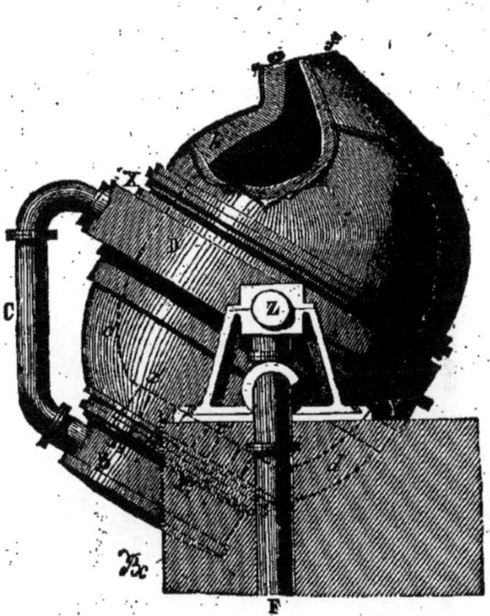

Fig. 214. — Convertisseur.

Cela semble un peu compliqué, en ce sens qu'on commence par enlever tout le carbone à la fonte, par la décarburer complètement, comme disent les spécialistes, pour ensuite en ajouter dans des proportions déterminées. Mais cela se fait avec une sûreté remarquable et aussi avec une rapidité surprenante. Si bien qu'en une demi-heure, on aura transformé en acier ces tonnes de fonte qu'on avait versées dans le convertisseur. Il ne restera plus qu'à couler le métal liquide, pour le transformer ensuite en pièces métalliques de formes diverses, au moyen de tout l'outilllage admirable qu'on trouve dans les usines métallurgiques.

Nous ne devons pas oublier de mentionner des hommes qui ont rendu à peu près autant de services à la métallurgie, et par conséquent au monde entier, en imaginant d'autres méthodes tout aussi remarquables pour fabriquer l'acier, et notamment avec des minerais qu'on avait considérés longtemps comme ne pouvant être utilisés à la fabrication de ces aciers.

Il faut citer notamment l'illustre Allemand Siemens et le Français Martin. Siemens en particulier a imaginé un dispositif qui permet de chauffer la fonte avec des gaz fabriqués dans des conditions toutes particulières. Dans le four ainsi chauffé, Martin imagina de placer aussi des vieux morceaux de fer en même temps que la fonte. Le mélange se fait, et comme le fer a peu de carbone, que la fonte en a beaucoup plus, si l'on a bien proportionné les quantités de matières, on arrive à ce que le mélange ait une proportion de carbone qui en fait précisément de l'acier.

Fig. 215. — Marteau-pilon.

Siemens a créé un procédé un peu différent en recourant à un mélange de fonte et d'une matière qui n'apporte pas de carbone et fait même plus que cela ; il a imaginé en effet d'introduire dans le four chauffé aux gaz spéciaux qu'il a inventés, du minerai de fer ; celui-ci, en sa qualité d'oxyde de fer, fournit de l'oxygène qui capte au contraire au moins une bonne partie du carbone contenu dans la fonte. Et finalement, comme cette addition de minerai de fer a apporté du fer, on se trouve en présence d'un métal ferreux contenant une proportion telle de carbone par rapport au métal fer..., que c'est tout bonnement de l'acier.

Naturellement nous ne mentionnerons pas les perfectionnements secondaires apportés à ces méthodes, car cela nous entraînerait beaucoup trop loin. Cependant on doit connaître l'invention admirable de deux Anglais, Thomas et Gilchrist, qui sont arrivés à utiliser les fontes phosphoreuses, en les traitant en présence de magnésie. Ce qui, d'autre part, est intéressant à noter, c'est que de jour en jour on voit l'électricité s'introduire dans le domaine de la métallurgie et particulièrement de la métallurgie de l'acier.

Quand nous avons parlé du four électrique, nous avons eu occasion de montrer comment il peut donner, et dans les meilleures conditions, des élévations de température considérables. Il était donc tout naturel de

Fig. 216. — Viaduc de Garabit.

songer à employer ce four, au lieu des gaz dont nous parlions ou du charbon ou du coke qu'on utilise en métallurgie, pour donner les élévations de température indispensables. On peut constituer pour les usages métallurgiques des fours électriques de types variés ; dans les uns, par exemple, un arc ou des arcs électriques jailliront comme dans ce four que nous avons vu donner la possibilité de fabriquer du diamant artificiel ; et le rayonnement de ces arcs élèvera la température du métal à traiter, de la fonte à convertir en acier, etc. On peut aussi faire passer le courant à travers la masse de métal, à travers la fonte qui arrive du haut fourneau : la résistance opposée au passage de ce courant produit ce qu'on appelle un effet calorifique, c'est-à-dire que l'élévation de température augmente comme on le désire, pour les opérations qu'il y a à exécuter et dont nous avons donné sommairement idée.

Dès maintenant des fours électriques divers sont en fonctionnement dans certaines usines métallurgiques qui deviennent de plus en plus nombreuses : four Héroult, four Keller et Leleux, four italien Stassano, four suédois Kjellin, four des établissements du Creusot, four Girod, etc. Ils servent couramment à affiner les aciers, à fabriquer des aciers fins même avec des matières premières qui ne soient pas de très bonne qualité, et aussi ces aciers qu'on appelle spéciaux et qui, mélangés de certaines substances secondaires, chrome, silicium, tungstène, présentent des qualités toutes particulières. Mais on se met aussi à employer le four électrique sous la forme d'un véritable haut fourneau électrique. C'est donc dire qu'il sert à extraire l'acier du minerai de fer, le courant fournissant toute la chaleur nécessaire à l'opération. Et ce haut fourneau électrique n'exige qu'une toute petite quantité de carbone, de coke, qui a pour but seulement de réduire le minerai, autrement dit de désoxyder le fer. Cela économise considérablement sur ce charbon qui se trouve dans les entrailles de la terre en quantité forcément limitée et que nous épuisons assez rapidement ; en même temps que l'emploi du courant permet de mettre à contribution ces chutes d'eau qui se renouvellent constamment au fur et à mesure que le soleil pompe l'eau des mers, pour la laisser ensuite se déverser en pluies qui reformeront des chutes d'eau, puis des fleuves.

Même en ne donnant que des indications rapides sur les inventions qui ont permis les progrès admirables de la métallurgie nouvelle, nous ne devons pas oublier de dire que les usines métallurgiques possèdent les outils les plus puissants et les plus perfectionnés pour travailler les masses d'acier qui sortent des fours divers dont nous avons parlé, pour les transformer en poutrelles, en tubes, en obus, en canons, en machines. Et à côté du laminoir dont le principe remonte bien loin dans la nuit des temps, il est indispensable de rappeler le marteau à vapeur, le marteau-pilon, qui joue le rôle du marteau, mais avec des proportions et une puissance formidables. C'est vers 1840 que, simultanément presque, deux inventeurs, l'un Français, Bourdon, et l'autre Anglais, Nasmyth, ont imaginé de disposer en bas de la tige verticale d'un piston à vapeur une masse métallique qu'on pouvait abaisser violemment, pour la relever ensuite et l'abaisser de nouveau, sur le métal rouge et malléable placé sur une sorte d'énorme enclume en dessous du marteau à vapeur. Du reste, depuis lors, en imitation de la presse hydraulique, on a combiné des presses à forger qui sont aussi à commande hydraulique et qui pétrissent le métal au lieu de le heurter, mais en le façonnant comme cela est nécessaire avec une rapidité et une sûreté extraordinaires.

XX

L'ART DE L'ÉCLAIRAGE

Histoire de l'éclairage public et privé. — ÉCLAIRAGE PAR LES CORPS GRAS SOLIDES. — La chandelle. — La bougie stéarique. — Procédé pour la préparation de l'acide stéarique et des bougies. — La saponification calcaire et la saponification sulfurique. — ÉCLAIRAGE PAR LES CORPS GRAS LIQUIDES. — L'éclairage à l'huile. — Argand, inventeur des verres de lampe et des mèches circulaires en coton. — Le quinquet. — Découverte des lampes mécaniques. — La lampe Carcel. — ÉCLAIRAGE AU GAZ. — Philippe Lebon invente l'éclairage au gaz. — Murdoch et Windsor. — Préparation du gaz d'éclairage. — Les Becs. — Cause de l'éclat du gaz d'éclairage. — L'éclairage à incandescence par le gaz. — L'acétylène. — ÉCLAIRAGE PAR LES HYDROCARBURES LIQUIDES. — L'huile de schiste. — Le pétrole. — L'avenir.

Une branche de bois résineux, une torche, fut le premier moyen dont l'homme fit usage pour s'éclairer, et, chez les sauvages, il est seul employé. Au fur et à mesure des progrès de la civilisation, l'huile et la cire furent consacrées à l'éclairage ; les habitants de la haute Asie, les Égyptiens et les Hébreux en ont fait usage, dès la plus haute antiquité, dans des *lampes* munies d'une mèche de coton plongeant dans le liquide. L'huile s'élevait le long de la mèche par l'effet de la force connue sous le nom de *capillarité*. Mais la flamme de ces lampes était toujours rougeâtre et fumeuse, en raison de l'insuffisante quantité d'air qui alimentait la combustion de l'huile.

L'application à l'éclairage du suif, c'est-à-dire de la graisse qui s'accumule autour du tube intestinal chez le mouton et chez le bœuf, ne remonte pas à une date ancienne. Les chandelles de suif furent employées pour la première fois en Angleterre, au XIIe siècle. On n'en fit usage en France qu'en 1370, sous Charles V. A partir du XVe siècle, la chandelle devint d'un usage général en Europe, dans le palais des rois comme la chaumière du paysan.

L'éclairage par les corps gras liquides, au moyen des lampes à l'huile, n'avait pas fait le plus léger progrès, lorsque, en 1780, un physicien de Genève, Argand, inventa la cheminée de verre et les mèches circulaires tressées en coton. Grâce à cette disposition remarquable, la combustion de l'huile était parfaite, et donnait le plus vif éclat possible, en raison de l'afflux considérable d'air appelé autour de la flamme par la cheminée de verre. Cela porta tout d'un coup presque à sa perfection l'art de l'éclairage au moyen des lampes. Sous l'impulsion de Quinquet, la lampe à réservoir d'huile supérieur au bec fut le premier appareil d'éclairage qui reçut l'application des cheminées de verre et des mèches circulaires ; on l'appela *quinquet*.

L'éclairage au gaz fit ses débuts vers 1830. Cette nouvelle branche de l'industrie de l'éclairage ne devait pas tarder à prendre la première place. Quant à la bougie stéarique, inventée vers 1832, et successivement perfectionnée, elle a fini par remplacer entièrement, de nos jours, l'infecte chandelle. Enfin l'exploitation d'abondants gisements de liquides naturels composés de charbon et d'hydrogène, tels que l'huile de schiste, amena vers 1860 la création de l'éclairage par les hydrocarbures liquides, qui prit une extension immense à la suite d'un fait capital survenu en Amérique en 1863. Nous voulons parler de la découverte de sources presque intarissables de pétrole. Ce liquide fit une véritable révolution dans l'art de l'éclairage, par son bon marché et surtout par son extraordinaire puissance lumineuse.

Nous aurons terminé ce rapide historique si nous ajoutons le plus récent mode d'éclairage : l'éclairage électrique, auquel nous consacrons un chapitre spécial.

Étudions de plus près les différents moyens d'éclairage que nous venons de passer en revue.

ÉCLAIRAGE PAR LES CORPS GRAS SOLIDES.

Tout le monde sait que la chandelle est purement et simplement du *suif*, que l'on façonne en long cylindre et que l'on fait brûler au moyen d'une mèche de coton. On commence par faire fondre, dans de grandes cuves de bois et au moyen de la vapeur, le suif acheté dans les abattoirs et purifié par une première fusion, qui l'a séparé des membranes animales. Après avoir disposé des mèches de coton à l'intérieur de moules cylindriques en étain, on verse le suif fondu dans ces moules, à l'aide d'une cuiller ou d'un pot de fer-blanc. Deux fabricants de Paris, MM. Leroy et Durand, sont parvenus à rendre plus rapide le moulage des chandelles en donnant aux moules d'étain la disposition de la figure 218. Le suif fondu est placé dans une caisse, C, qui est mobile sur un petit rail, au moyen des galets S, S. Les moules D, D, sont disposés, par rangées de six, sur une table de chêne, P. La caisse porte, à sa partie inférieure, des trous qui correspondent exactement à l'ouverture des moules, et qui sont fermés par de petits bouchons de métal. Quand on veut faire couler le suif fondu dans les moules, on soulève tous les bouchons au moyen du levier N. Il suffit, en faisant rouler la caisse, d'amener les trous dont elle est percée au-dessus de l'ouverture de chaque moule, ce qui est facile au moyen d'un arrêt posé à l'extérieur. Tous les trous étant débouchés ensemble, les six moules sont remplis. Il ne reste qu'à former le bout effilé de la chandelle. Pour cela, on rogne avec un outil spécial le suif, à l'extrémité du cylindre, de manière à le terminer en pointe.

Après le moulage, les chandelles sont un peu jaunâtres, mais quelques semaines d'exposition à l'air et à la lumière leur donnent une blancheur parfaite. A noter qu'on emploie toujours la chandelle (quoique bien moins que jadis). Nous ne parlons pas de la bougie de cire, trop coûteuse, ni de la bougie de paraffine, si peu employée surtout en France.

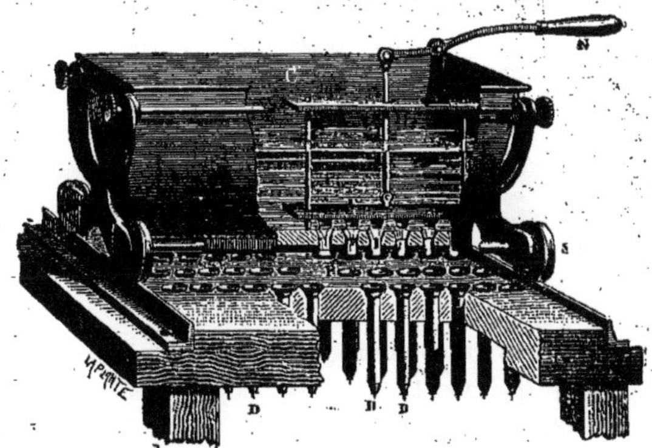

Fig. 217. — Moulage des chandelles.

Vers l'année 1832, on commença à faire usage de la *bougie stéarique*; fabriquée à bas prix, elle devint bientôt d'un usage général. Elle est formée essentiellement d'un corps gras qui porte le nom d'*acide stéarique*. Ce n'est autre chose que le suif débarrassé, par une opération chimique, d'un composé liquide qu'il renferme, l'acide oléique, auquel le suif employé en chandelle doit tous ses inconvénients, à savoir son extrême fusibilité, sa mollesse et sa mauvaise odeur. L'acide stéarique est une matière sèche, peu fusible, et qui fournit un éclairage commode, propre et, relativement, peu dispendieux. La mèche n'a pas besoin d'y être mouchée, car elle se mouche, pour ainsi dire, seule, grâce à un ingénieux artifice qui consiste à tisser les brins avec une forte torsion : cette torsion se détruit, la pointe de la mèche se recourbe vers l'extérieur, et là elle est entièrement détruite par la flamme.

La préparation de l'acide stéarique consiste à décomposer le suif par la chaux. On obtient ainsi un *savon de chaux*, c'est-à-dire un mélange d'oléate et de stéarate de chaux. Ce mélange est ensuite décomposé par l'acide sulfurique étendu d'eau, qui forme du sulfate de chaux, et met en liberté les acides stéarique et oléique.

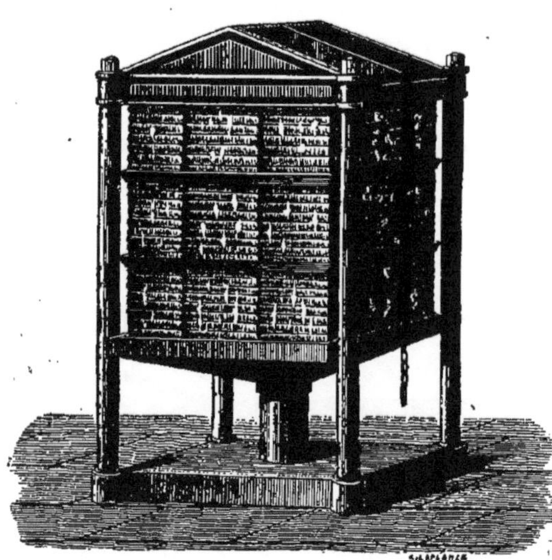

Fig. 218. — Presse hydraulique pour séparer, à froid, l'acide stéarique de l'acide oléique.

Pour se débarrasser de l'acide oléique liquide, on soumet le mélange, enveloppé dans une étoffe de laine, à une pression exercée d'abord à froid, au moyen d'une presse hydraulique, comme le représente la figure 218; puis à un second pressurage à chaud, sous la presse hydraulique également. Mais ici la presse est horizontale. L'eau à comprimer est contenue dans le grand cylindre C. La petite colonne d'eau qui sert à comprimer celle que contient la presse arrive par le canal E, et elle pousse, par sa pression, la tige T du piston contre des plaques de fer creuses, I, entre lesquelles on a placé les tourteaux de corps gras. Ces plaques sont chauffées à la température de + 35° par un courant de vapeur, qui arrive par un tube à un robinet, V, et suit les

Fig. 219. — Presse hydraulique pour séparer, à chaud, l'acide stéarique de l'acide oléique.

petits tubes *t*, *t*, aboutissant chacun à une plaque. Par cette pression, aidé de la chaleur, l'acide oléique s'écoule, et il ne reste qu'un tourteau d'acide stéarique. Fondu et coulé dans des moules, à l'intérieur desquels on a tendu d'avance une mèche de coton nattée et fortement tressée, le produit constitue la *bougie stéarique*. Les bougies sont exposées, quelques semaines, à l'action de l'air et de la lumière, qui les blanchit. On les lave, les rogne et les polit mécaniquement.

On emploie aussi la saponification par l'acide sulfurique, qui permet d'utiliser des corps gras de qualité inférieure et de bas prix. On porte les matières additionnées d'une petite quantité d'acide sulfurique, à + 90°. On soumet à distillation, et les acides stéarique et oléique sont recueillis à peu près purs, puis portés à la presse hydraulique.

C'est à un chimiste de Nancy, Braconnot, et aussi à l'immortel Chevreul, que l'on doit l'étude des corps gras qui a servi de fondement à cette industrie. La production de la bougie stéarique est due à de Milly.

ÉCLAIRAGE PAR LES CORPS GRAS LIQUIDES.

Le *quinquet*, qui fut le premier appareil d'éclairage auquel on appliqua les cheminées de verre et les mèches circulaires inventées par Argand, et qui porte le nom de son inventeur, Quinquet, pharmacien à Paris, n'est autre chose que le *vase de Mariotte*, ou *vase à niveau constant*. Quand le niveau de l'huile vient à baisser, par les progrès de la combustion, dans le réservoir A, et que la pression atmosphérique a ainsi diminué dans cet espace, un peu d'air s'introduit au-dessous de l'huile, en soulevant une petite soupape placée en bas du réservoir, et traverse l'huile de bas en haut. L'air ainsi introduit dans le réservoir y rétablit l'égalité de pression atmosphérique, et pour reprendre son niveau, une nouvelle quantité d'huile passe, par le tube C, dans le tuyau B. C'est ainsi que l'huile afflue toujours dans le tube B, c'est-à-dire au bec de la lampe. Le réservoir d'huile est à un niveau supérieur au bec. Cette disposition avait l'inconvénient de projeter une ombre, provenant du réservoir disposé latéralement.

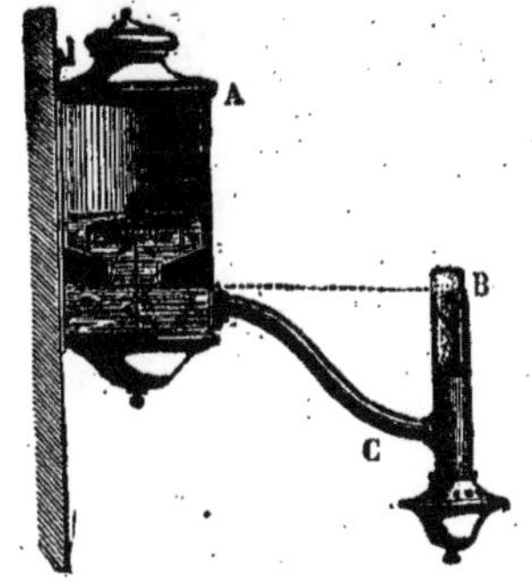

Fig. 220. — Le quinquet (coupe verticale)

Pour éviter toute projection d'ombre, éclairer circulairement, et alimenter d'huile d'une manière continue la mèche, l'horloger Carcel plaça le réservoir en bas de la lampe, et provoqua l'ascension constante de l'huile par un mécanisme d'horlogerie, faisant mouvoir une petite pompe foulante qui élevait l'huile dans un tube vertical. La lampe Carcel est la seule parfaite de toutes les lampes mécaniques. Elle est restée en usage jusqu'à nos jours.

La *lampe à modérateur* imaginée en 1836, par Franchot, mécanicien français, est plus économique, mais bien inférieure sous le rapport de la sûreté et de la durée du mécanisme. Le mouvement d'horlogerie est remplacé par un simple ressort à boudin, que l'on tend au moyen d'une clef. Un piston est attaché à la partie supérieure du ressort à boudin ; par la détente de ce ressort, le piston descend et exerce une pression sur l'huile, ce qui force celle-ci à s'élever dans l'intérieur d'un tube vertical aboutissant au bec. Dans le tube d'ascension BB, une tige métallique A (figure 222) suit les mouvements du piston, et, selon la hauteur qu'elle occupe, obstrue plus ou moins son vide. Au début, pendant les premiers temps de la détente du ressort, elle remplit presque toute la capacité intérieure du tube d'ascension de l'huile, BB (figure 222), et cela diminue la quantité d'huile portée à la mèche. Mais à mesure que le piston descend, la tige descend et laisse au passage de l'huile un espace qui devient progressivement plus grand.

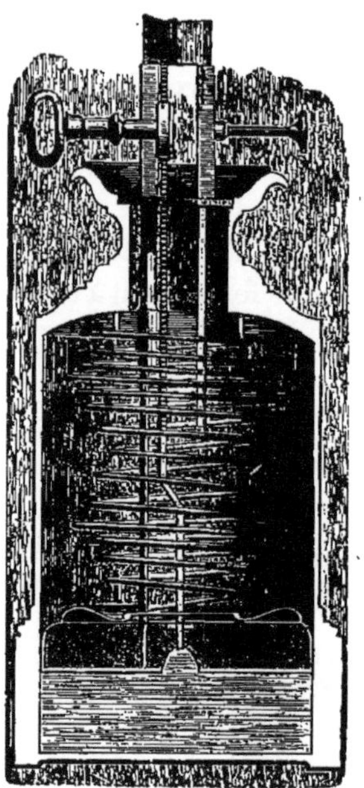

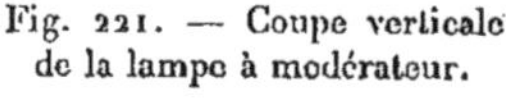

Fig. 221. — Coupe verticale de la lampe à modérateur.

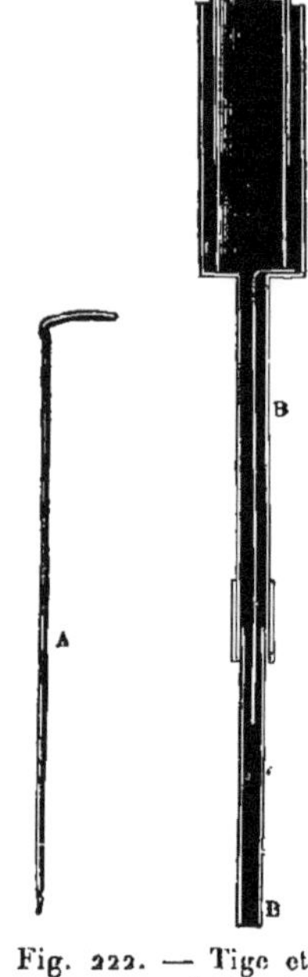

Fig. 222. — Tige et coupe verticale du canal contenant le modérateur.

ÉCLAIRAGE AU GAZ.

C'est vers l'année 1820 que se répandit et commença à se généraliser en France un système nouveau d'éclairage, qui devait bientôt produire une révolution complète dans les habitudes du public.

On savait, dès la fin du XVIIIe siecle, que la houille, quand on la soumet dans un vase fermé à l'action de la chaleur rouge, laisse dégager un gaz inflammable. Mais jusqu'à la fin du XVIIIe siècle on n'avait tiré aucun parti de cette observation. En 1786, un ingénieur français, Philippe Lebon, né en 1767, à Brachay (Haute-Marne), eut l'idée de faire servir à l'éclairage les gaz provenant de la distillation du bois, gaz inflammables et qui sont doués d'un certain pouvoir éclairant. En 1789, Philippe Lebon prit un brevet d'invention pour un appareil qu'il nommait *thermolampe, ou poêle qui chauffe et éclaire avec économie*. Pour obtenir le gaz, il plaçait dans une grande caisse métallique des bûches de bois, qu'il soumettait à une haute température. Le bois, en se décomposant, donnait naissance à des gaz inflammables, à des matières empyreumatiques, à du vinaigre et à de l'eau. La chaleur du fourneau servait à décomposer le bois, et le gaz produit par cette décomposition du bois était consacré à l'éclairage.

C'est au Havre que Lebon tenta d'établir ses premiers *thermolampes*. Mais le gaz qu'il préparait était peu éclairant et répandait une odeur désagréable, parce qu'il n'était pas épuré. Aussi ses expériences eurent-elles peu de retentissement. Lebon revint à Paris, et pour donner au public un spécimen de ce nouveau mode d'éclairage, ses jardins et son appartement de la rue Saint-Dominique furent éclairés avec du gaz, retiré non plus du bois, comme il l'avait fait au Havre, mais de la houille. Cependant le gaz était encore impur, fétide, et sa combustion donnait naissance à des produits nuisibles. Lebon fut contraint d'abandonner une entreprise qui l'avait ruiné.

En 1798, un ingénieur anglais, Murdoch, qui connaissait les résultats obtenus à Paris par Philippe Lebon, essaya d'éclairer, au moyen du gaz retiré de la houille, le bâtiment principal de la manufacture de James Watt, à Soho, près de Birmingham. Mais Murdoch n'avait aucun moyen de purifier le gaz, qui, souillé de produits goudronneux ou sulfureux, était tout à fait impropre à l'éclairage. Aussi la tentative de Murdoch n'eut-elle aucune suite sérieuse. En 1805 seulement, la manufacture entière de James Watt reçut ce mode d'éclairage quoique le gaz fût encore fort mal épuré.

En 1804, un industriel allemand, Windsor, forma en Angleterre une société pour l'application à l'éclairage public du gaz extrait de la houille. C'est à son insistance infatigable que nous devons le succès de l'éclairage au gaz. Windsor s'occupa d'introduire en France cette magnifique industrie. Mais il eut à soutenir de terribles luttes contre les intérêts que menaçait l'invention nouvelle. Il y succomba et se ruina. Grâce à la protection de Louis XVIII, l'éclairage au gaz fut repris à Paris, quelques années après, et l'entreprise ne tarda pas à être couronnée de succès. Paris commença à être éclairé au gaz en 1819.

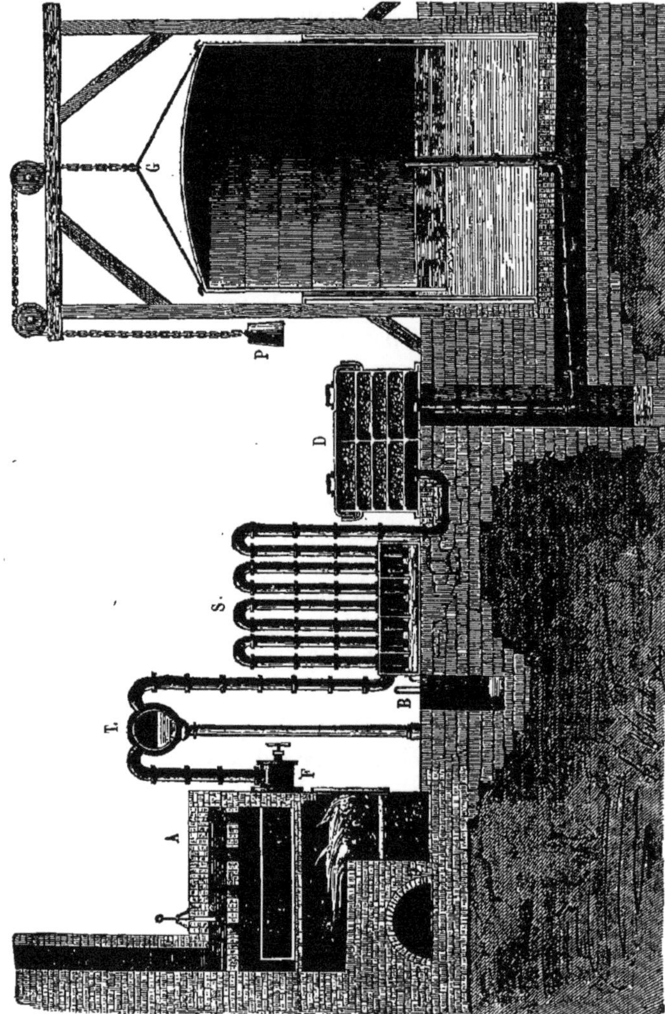

Fig. 223. — Préparation du gaz de l'éclairage (ensemble d'une installation sommaire).
(A, fourneau : F, cornue ; T, barillet ; S, jeu d'orgue ; D, dépurateur ; G, gazomètre ; P, contrepoids du gazomètre.)

En somme, la France a eu la gloire de concevoir ce que l'Angleterre a eu le mérite d'exécuter.

Quant à Philippe Lebon, mort d'une manière tragique, il disparut, mourut pauvre, presque inconnu.

Le gaz d'éclairage se compose essentiellement d'hydrogène bicarboné, gaz qui résulte de la combinaison du charbon avec l'hydrogène. Toutes les substances qui renferment une notable quantité de charbon et d'hydrogène fourniraient, si on les chauffait fortement, des gaz inflammables doués d'un certain pouvoir éclairant. Mais on se sert de préférence de la houille, parce qu'elle laisse comme résidu, après sa distillation, une grande quantité d'un charbon très pur, le *coke*, et aussi d'autres sous-produits dont la vente pour le chauffage couvre presque entièrement le prix d'achat de la houille.

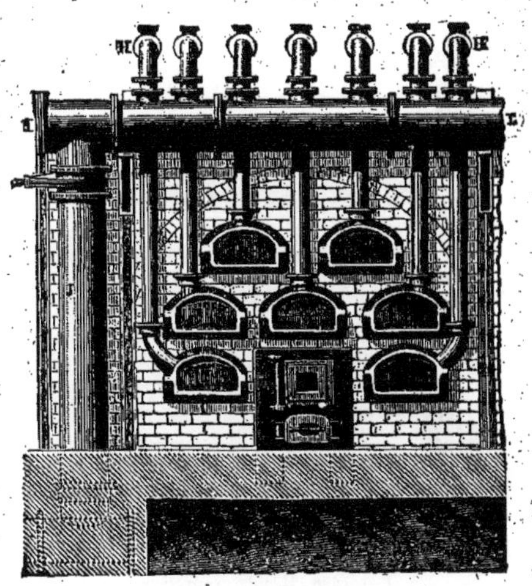

Fig. 224. — Four et cornues à gaz.

J, tube du conducteur du gaz ; II, barillet ; HH, tubes pour la sortie du gaz.

Pour extraire le gaz de la houille, on place cette matière dans des cylindres ou demi-cylindres nommés *cornues*, disposés dans un fourneau de briques, que l'on chauffe très fortement (fig. 224). On commence de placer maintenant les cornues verticalement. Par l'action de la chaleur, les éléments qui constituent la houille se séparent; il se forme du goudron, des huiles empyreumatiques, des sels ammoniacaux et divers gaz. Parmi ces gaz nous citerons : l'hydrogène pur, — l'ammoniaque, — l'hydrogène bicarboné, — l'hydrogène sulfuré, — enfin le gaz acide carbonique.

Quand il est souillé par ces divers produits, le gaz, peu éclairant, exercerait une action délétère sur nos organes, altèrerait la couleur des étoffes, attaquerait les métaux et les peintures à base de plomb. Il faut s'en débarrasser en ne conservant que l'hydrogène bicarboné.

Pour y parvenir, on le fait arriver sous une couche d'eau de quelques centimètres, contenue dans une boîte de fonte, nommée *barillet*. On voit ce dernier en coupe dans la figure 223 (T) et en élévation dans la figure 225 : c'est le large conduit, II, qui règne longitudinalement au-dessus du fourneau. Dans la figure 225, I représente une partie du barillet vu en coupe verticale, et H le tube qui amène dans le barillet le gaz sortant des cornues, F. Les sels ammoniacaux se dissolvent dans l'eau du barillet en même temps que le goudron s'y condense. Alors on doit refroidir le gaz. Pour cela on le fait passer, au sortir du *barillet*, dans une longue série de tuyaux, que l'on appelle *tuyaux d'orgue*. La partie intérieure de ces tubes est ouverte, et plonge dans une couche d'eau. Le gaz sort de l'un des tubes, traverse la couche d'eau et passe dans la série des tuyaux suivants. A la sortie, il est complètement froid. Pour le débarrasser du goudron et de l'ammoniaque qu'il renferme, on le fait ensuite passer dans plusieurs colonnes remplies de coke (fig. 223).

Pour compléter l'épuration, il reste à débarrasser le gaz de son acide carbonique et de son hydrogène sulfuré. On le dirige dans un nouvel appareil, appelé *dépurateur*, où il traverse des tamis chargés de chaux pulvérulente et humectée d'eau, ou encore de sesquioxyde de fer et de sulfate de chaux.

Fig. 225. — Coupe verticale d'un four à gaz et coupe du barillet. F, cornue ; H, tube conducteur du gaz ; I, barillet.

Purifié par les moyens que nous venons d'indiquer, le gaz est amené dans un réservoir qu'on nomme *gazomètre*, composé de deux parties : la cuve, destinée à recevoir l'eau, et la cloche, dans laquelle on emmagasine le gaz. Les cuves sont creusées dans le sol et revêtues d'un ciment que l'eau ne peut pénétrer. La cloche CC (fig. 226) est formée de plaques de très forte tôle, recouvertes d'une épaisse couche de goudron. Une chaîne, adaptée au sommet de la cloche, glisse sur deux poulies et porte, à son extrémité, des poids qui font équilibre au gazomètre. Cette dernière disposition permet à la cloche de monter et de descendre facilement dans la cuve. De cette manière, le gaz n'est pas soumis à une trop forte pression, qui aurait pu provoquer des fuites ou gêner la décomposition de la houille dans les cornues. Le tube qui amène le gaz est muni d'articulations qui lui permettent de plier selon la hauteur de la cloche. Ce mode de suspension du gazomètre, imaginé par Pauwels, est très commode, et n'a guère été modifié depuis lui.

A sa sortie du gazomètre, un large tuyau amène le gaz aux conduits de distribution. Ces conduits, placés sous le pavé des rues, sont en fonte. Les tubes des embranchements et ceux qui introduisent le gaz dans l'intérieur des maisons sont en plomb.

Reste à parler (sans vouloir rien dire des perfectionnements de détail apportés à la fabrication même du gaz d'éclairage) des appareils qui servent à le brûler, pour donner la lumière et répondre au but de l'éclairage.

On s'est servi d'abord uniquement de ce qu'on appelait le bec bougie, tige métallique présentant à sa partie supérieure un petit trou unique, par lequel sort le gaz amené par la canalisation à laquelle la tige est reliée de façon quelconque ; la combustion est fort incomplète, parce que

Fig. 226. — Gazomètre.

l'oxygène ne vient pas suffisamment se mélanger au gaz. Et, comme conséquence, tout à la fois l'air est fortement pollué par les produits qui s'échappent non brûlés, et la dépense est très élevée, puisqu'il faut brûler ou du moins faire sortir une grande quantité de gaz pour obtenir une puissance éclairante très faible. On a donc imaginé le bec papillon, où l'ouverture offerte à la sortie du gaz est une fente ; il y a une plus grande surface de contact avec l'air, et la combustion se fait mieux. Cela n'empêche point, du reste, le bec papillon d'être un mode barbare de combustion du gaz et d'éclairage, la lumière ainsi produite revenant fort cher.

La papillon était néanmoins pourtant adopté par la généralité des gens qui s'éclairaient au gaz jusqu'à l'époque toute moderne, jusqu'au moment où l'on a vu devenir pratique la fameuse incandescence par le gaz. Et pourtant des dispositifs bien plus rationnels, mais un peu compliqués, avaient été imaginés. Il faut citer notamment les becs à double courant d'air dits d'Argand, où le gaz arrivait dans une couronne annulaire percée en haut d'une multitude de petits trous, tandis que l'air arrivait à la flamme, à la combustion, et par l'extérieur de la couronne entourée d'un verre de lampe, et par le vide intérieur.

Devant les progrès incessants de l'éclairage électrique, les compagnies gazières avaient cherché à perfectionner l'éclairage au gaz, en augmentant la puissance des foyers lumineux. On mit d'abord en usage des becs dits *intensifs*, composés de la réunion de plusieurs jets de gaz ; ce système de bec brûle sept ou huit fois plus de gaz qu'un bec ordinaire. Il se compose d'une coupe de cristal taillé, autour de laquelle brûlent six jets de gaz. Par-dessus la flamme, est un chapeau métallique courbe et peint en blanc, qui fait l'office de réflecteur. Les becs sont placés à une hauteur de 3 m. 20, et donnent chacun l'intensité de 14 becs Carcel, n'éclairant cependant que 188 mètres de surface. On inventa ensuite les becs dits *réchauffeurs de gaz*. On y emploie la chaleur de la combustion du gaz lui-même pour chauffer l'air destiné à alimenter la combustion, et le pouvoir éclairant du gaz en est d'autant plus considérable. Il y a notamment les becs *réchauffeurs* Siemens, Delmas-Azema : un bec Siemens qui consomme 600 litres de gaz donne plus de lumière qu'un bec intensif qui brûle 1 400 litres. D'autre part, M. Bandsept a inventé le bec *multiplex*, dont le foyer, placé au centre d'une coupe en verre, envoie ses rayons, contrairement aux autres appareils, dans le champ horizontal à la partie supérieure à l'espace à éclairer. A citer aussi la lampe *Wenham*. On a essayé également de mélanger le gaz, dans le brûleur même, avec des vapeurs carburées. Les meilleurs résultats ont été donnés par la naphtaline, dans le bec de M. Roosevelt, inventeur du procédé *albo-carbon*.

Fig. 228. — Bec de gaz Bray à incandescence.

Mais la vraie transformation dans l'éclairage au gaz a été réalisée par cette incandescence dont nous prononcions le nom. Depuis longtemps on avait tenté de disposer dans la flamme une espèce de petite corbeille faite de fils minces de platine ou de filaments de magnésie portés au rouge, à l'incandescence, par la chaleur résultant de la combustion du gaz ; cette corbeille était très fragile, et ce procédé pas pratique. Cependant la conception était très juste. Toutes les flammes éclairantes le sont par ce fait même qu'elles tiennent en suspension des particules que la température

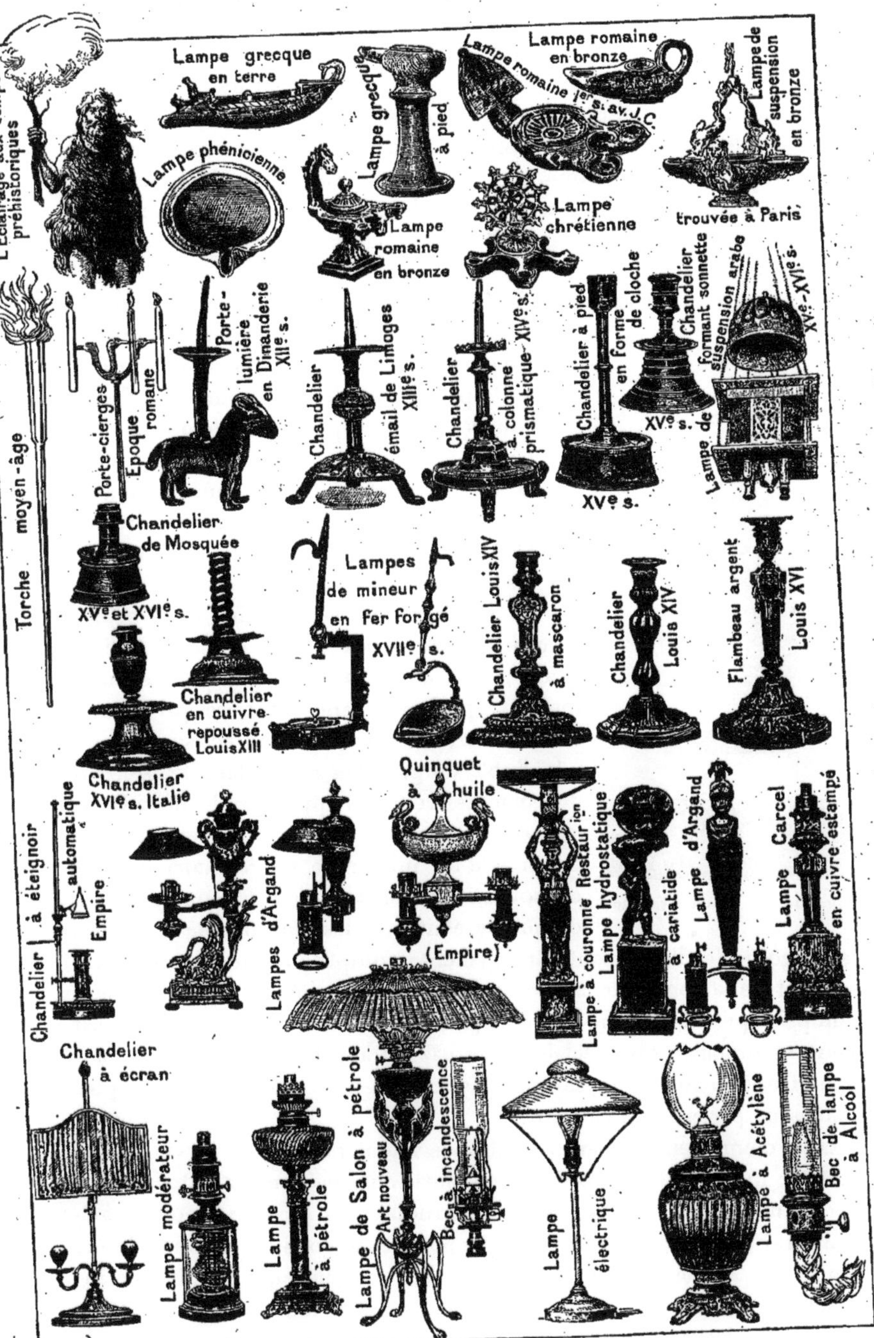

Fig. 228. — Les divers appareils d'éclairage depuis les temps primitifs.

peut porter à l'incandescence. Il n'en est pas autrement dans l'éclairage par le gaz tout seul : l'incandescence se réalise ici sur les parcelles de carbone qu'entraîne le gaz. Le tout était de trouver une matière qu'on pût disposer dans la flamme, et qui eût un grand pouvoir émissif, la faculté d'envoyer une grande quantité de rayons lumineux, sans que cependant l'assemblage des parcelles ainsi portées à l'incandescence fût par trop fragile.

C'est ce à quoi est arrivé M. le Dr Auer, qui a, le premier, obtenu de façon commerciale et presque parfaite l'incandescence par le gaz. Il est parvenu à tisser des sortes de petits capuchons à jour, des filets, qu'il imprègne de ce qu'on appelle des oxydes de terres rares, zirconium, terbium, etc., toutes matières qu'on trouve dans le sol, et auxquelles on n'avait guère jusqu'ici trouvé d'usages pratiques. Ce capuchon peut être placé sur le bec de gaz, une fois qu'il a subi des préparations diverses ; puis on le brûle, ce qui n'empêche pas le tissu de conserver sa forme ; et la combustion du gaz rend ensuite tout le capuchon incandescent, ce qui répand une lumière intense pour une consommation très faible de gaz. Du reste, dans le bec, on doit disposer ce qu'on appelle un brûleur Bunsen, ce qui permet d'arriver à une température de près d'un millier de degrés sans que la consommation soit aucunement comparable à ce qu'elle était avec les anciens becs. Un bec de ce genre (et ils se sont étrangement multipliés ces temps derniers, en dépit de la concurrence croissante de l'électricité), donne la lumière à un prix qui est presque huit fois plus faible que le bec papillon. Il est pourtant probable que l'éclairage au gaz est appelé à disparaître devant le perfectionnement des lampes électriques nouvelles et économiques dont nous parlerons plus loin.

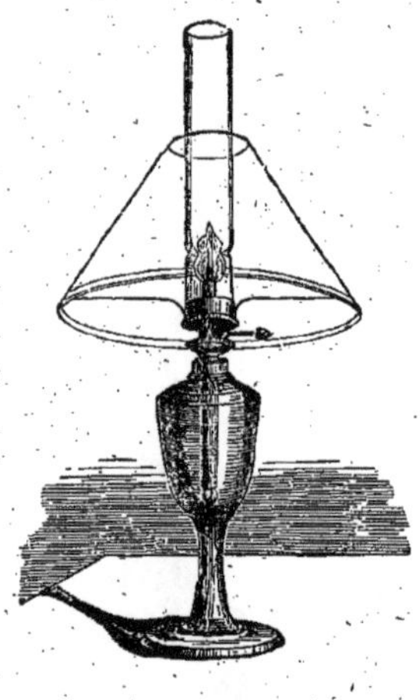

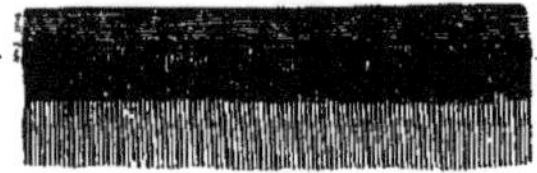

Fig. 229. — Lampe à schiste.

On a complètement perdu l'habitude maintenant de se servir du gaz portatif, qui était du gaz ordinaire apporté chez les consommateurs dans des cylindres métalliques ; les canalisations sous terre se trouvent aujourd'hui partout ; on ne l'utilise que pour les wagons de chemins de fer. Il n'est pas impossible que quelque jour, l'oxygène, qui se fabrique industriellement à si bon compte, ne vienne à son tour modifier les procédés d'éclairage. On avait par contre fondé à un certain moment de vastes espoirs sur l'acétylène, obtenu en jetant de l'eau sur ce carbure de calcium que nous avons vu fabriquer au moyen du four électrique. Il coûte bon marché, se prépare bien aisément, a un grand pouvoir éclairant, mais il encrasse rapidement les becs où on le brûle, et il n'est pas sans présenter des dangers dans sa préparation. Aussi n'en tire-t-on guère parti.

ÉCLAIRAGE PAR LES HYDROCARBURES LIQUIDES.

Nous avons dit qu'on peut employer comme agents d'éclairage, divers liquides que l'on trouve dans la nature, et qui sont formés de carbone et d'hydrogène. L'huile essentielle qui provient de la distillation du bitume naturel connu sous le nom de schiste ou d'asphalte, c'est-à-dire l'huile de schiste, — l'essence de térébenthine, que l'on obtient en distillant la résine qui découle des pins, — le pétrole, etc., sont dans ce cas. Mais ces différents liquides ont besoin, pour brûler sans fumée ni odeur, d'un courant d'air très actif, et on a dû imaginer pour eux des lampes d'une disposition particulière : on y fait affluer une grande quantité d'air au point où s'effectue la combustion.

Fig. 230. — Lampe à pétrole.

De tous les hydrocarbures liquides, l'huile de schiste est, après le pétrole, le composé naturel qui fournit l'éclairage le plus économique ; mais l'odeur qu'elle dégage en brûlant l'empêche d'entrer dans l'éclairage domestique.

Depuis l'année 1863, une véritable révolution économique a commencé pour l'éclairage privé, grâce à l'introduction en Europe du *pétrole d'Amérique*. Dans le sol de diverses contrées de l'Amérique du Nord, existent de véritables lacs souterrains d'un liquide très combustible. En Asie, sur les bords de la mer Noire et de la mer Caspienne, le pétrole forme également des lacs souterrains. Quand on a découvert un de ces gisements d'huile minérale, il suffit de percer dans la terre un trou de sonde pour en faire jaillir une colonne continue de ce liquide. On l'a rencontré dans une foule de pays.

On brûle le pétrole au moyen de lampes différant peu de la lampe à schiste. Du reste, on fait usage soit de l'huile de pétrole, peu inflammable, soit de l'essence, tirée du pétrole brut au commencement de sa distillation, essentiellement inflammable, répandant des vapeurs qui peuvent former avec l'air un mélange explosif redoutable ; aussi les lampes à essence réclament-elles des précautions particulières.

On a perfectionné les lampes à essence pour les rendre moins dangereuses ; d'autre part, on applique l'incandescence à l'éclairage au pétrole, en faisant arriver sur un *manchon* de terres rares des vapeurs d'essence, ou des vapeurs d'huile obtenues par réchauffage de cette huile. Il est certain que l'éclairage au pétrole subsistera encore bien longtemps, et pourtant il coûte bien plus cher que l'incandescence par le gaz. Mais les lampes à pétrole (comme les bougies, et en ne coûtant pas cher comme elles) ont cet avantage précieux de la mobilité.

Néanmoins, il est probable que l'avenir nous réserve la généralisation de l'éclairage électrique, grâce au courant produit et distribué par de vastes stations centrales et sans doute hydroélectriques.

XXI

L'ÉCLAIRAGE ÉLECTRIQUE

Les unités électriques. — L'arc électrique de Davy. — Lampe à arc voltaïque. — Régulateurs de Foucault et de Serrin. — Diverses sortes de lampes différentielles. — Bougies Jablochkoff. — Intensité des lampes à arc ; leur assemblage. — Les lampes à arc nouvelles. — Lampes à incandescence, leur origine. — Lampe Edison. — Lampes Swan, Maxim, Fox. — Assemblages des lampes à incandescence. — Sources diverses d'électricité : piles, accumulateurs, machines magnéto et dynamo-électriques. — Conducteurs d'électricité. — Appareils de marche et de sûreté. — Les lampes à filament métallique. — Généralisation de l'éclairage électrique.

Aujourd'hui que l'électricité joue un tel rôle dans la vie courante, il est bon de connaître les unités de mesure que l'on a adoptées pour elle, et qui reviennent à chaque instant quand on parle de ses applications.

Pour se faire une idée de la nature du courant électrique, on peut se figurer deux réservoirs d'eau, de hauteurs différentes, et communiquant entre eux par une conduite. Le liquide qui circule du réservoir le plus élevé à celui de moindre altitude, représente, pour nous, le courant électrique. Le courant d'eau, ou de fluide quelconque, est produit par une dénivellation ou une pression. Quand il s'agit d'électricité, cette pression prend le nom de tension ; elle est due à une différence de *potentiel,* ou différence de niveau électrique.

L'unité de tension s'appelle le *volt.* Cette tension, ou force électromotrice, peut donc être comparée à la différence de niveau de deux réservoirs d'eau. Le *volt* est égal à environ 0,94 de la tension donnée par un élément de la pile Daniell. La tension est indépendante de la grandeur de l'élément de pile, et varie suivant l'énergie de l'action chimique des réactifs de la pile. De même, avec une machine dynamo-électrique, la tension varie et croît avec la vitesse de la machine, et avec le degré d'aimantation des inducteurs.

Lorsque, entre les deux extrémités d'une conduite, on produit une différence de potentiel d'un *volt,* il en résulte, dans le conducteur, un courant électrique dont l'intensité est l'unité ; l'unité d'intensité du courant est l'*ampère*. L'*ampère* donne donc la vitesse d'écoulement du fluide électrique, ou le volume débité par seconde.

L'unité de travail électrique est le *volt-ampère*, nommé en fait *watt*.

Comme on le voit, on peut obtenir un même travail au moyen d'une grande tension et d'une faible intensité, ou bien au moyen d'une faible tention et d'une grande intensité. Il faut beaucoup de tension et peu d'intensité pour l'éclairage par les lampes à arc et pour le transport de la force ; il faut, au contraire, une faible tension et une forte intensité pour les dépôts par l'électrolyse. L'éclairage par incandescence et l'éclairage mixte par incandescence et par lampes à arc est un cas intermédiaire. Dans cette dernière application, la tension ordinairement varie de 60 à 110 *volts* et l'intensité est en rapport avec le nombre de lampes à alimenter.

Lorsqu'un courant d'eau circule dans une conduite, il y éprouve toujours une certaine difficulté : il a des frottements à vaincre. De même, quand le courant électrique parcourt un conducteur métallique, il éprouve, au passage, une résistance d'autant plus grande que le fil est plus long, plus fin et moins conducteur. La résistance se calcule facilement d'après la loi de *Ohm*, qui est la suivante : l'intensité électrique est égale au quotient de la tension par la résistance. L'unité de résistance, ou *ohm*, est la résistance d'une colonne de mercure de 1 millimètre carré de section, et 1 m. 06 de longueur.

Les unités électriques étant définies, nous allons passer en revue l'application de l'électricité à l'éclairage, et d'abord l'éclairage par l'arc électrique.

Le créateur de l'éclairage électrique est l'Anglais Humphry Davy, qui, en 1813, produisit un arc électrique d'un éclat merveilleux, par la décharge d'une pile puissante entre deux fils conducteurs terminés par des crayons de charbon de bois, et placés dans une enveloppe de verre où l'on faisait le vide.

Le courant électrique, en effet, quand il s'établit entre les deux extrémités disjointes d'un fil conducteur, fait briller entre ces deux extrémités un arc d'un grand éclat lumineux, lequel n'est d'ailleurs autre chose que l'étincelle électrique ayant pris un large développement.

Cet effet lumineux provient de la neutralisation des deux électricités contraires, dont la recomposition développe assez de chaleur pour qu'il en résulte une apparition de lumière.

L'élément essentiel de la lampe électrique *à arc* se compose de deux tiges de cuivre placées en regard, et qui communiquent avec une pile, ou avec une machine dynamo-électrique.

Seulement, comme la chaleur prodigieusement intense qui se développe, et la présence de l'air, auraient pour résultat inévitable d'oxyder promptement les tiges de cuivre qui terminent les conducteurs, on adapte à ces deux tiges deux baguettes d'un charbon conducteur de l'électricité et très peu combustible, connu sous le nom de *charbon des cornues à gaz*. La figure 233 représente théoriquement la lampe électrique *à arc*. A un support isolant, formé d'un tube de verre, *v*, sont attachées deux baguettes métalliques, *a*, *b*, qui constituent les pôles de la pile. Deux pointes de charbon, bon conducteur de l'électricité, terminent les conducteurs métalliques, *a*, *b*. Comme les charbons finissent par s'user, en brûlant à l'air, il faut les rapprocher l'un de l'autre à mesure que la combustion, usant leur pointe, aurait pour résultat d'augmenter leur écartement et, dès lors, de diminuer ou d'interrompre le courant électrique.

Fig. 231. — Arc photo-électrique.

Pour assurer ce rapprochement, on a pu utiliser le *régulateur électro-magnétique* de Léon Foucault. C'est le courant électrique lui-même, qui, aimantant deux petites lames de fer, et les faisant ainsi s'attirer mutuellement et converger l'une vers l'autre, rapproche les deux charbons, au fur et à mesure que leur écartement s'est produit par suite de leur combustion.

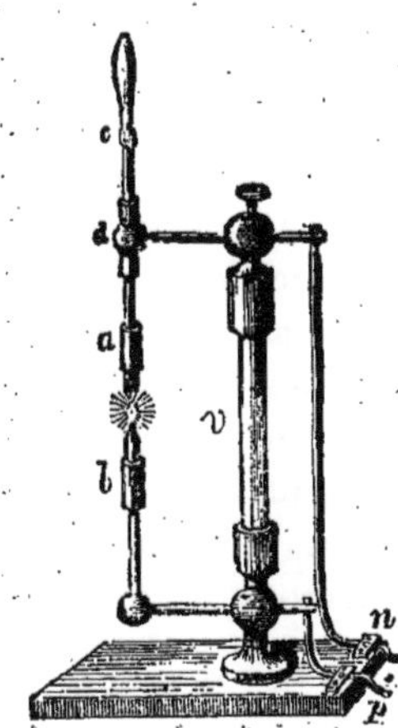

Fig. 232. — Lampe à arc voltaïque.

Ce *régulateur de Foucault* a été modifié par beaucoup de constructeurs ; nous citerons le *régulateur Serrin*. Il laisse les deux charbons en contact, quand le courant électrique ne circule pas. Lorsque le courant est fermé, il maintient les charbons à l'écart voulu en les rapprochant au fur et à mesure de leur combustion. Le seul poids du porte-charbon supérieur, ou positif, constitue le moteur. Ce porte-charbon est muni, à sa partie inférieure, d'une crémaillère, qui engrène avec une série de roues à ailettes. Quand le courant n'est pas établi, les engrenages tournent, jusqu'à ce qu'il y ait conctact entre les pointes des charbons. Ce contact ferme le courant électrique, et aussitôt un électro-aimant attire une armature de fer, qui porte un parallélogramme en cuivre. Ce dernier saisit une des roues à ailettes, l'embraye, et empêche la descente du charbon supérieur. D'autre part, le parallélogramme relié au charbon inférieur, par suite de son mouvement, fait descendre ce charbon, et amène ainsi un écart entre les deux pointes, ce qui détermine l'apparition de l'arc voltaïque. Quand les charbons se consument, la distance des pointes augmente ; mais l'électro-aimant, qui perd de sa force, laisse libre le parallélogramme, qui rapproche les charbons, et ainsi de suite.

Ce *régulateur* ne peut être placé qu'isolément dans le circuit, ne peut servir à alimenter qu'une seule série de lampes. Les *régulateurs* qui peuvent être placés en série, sur des conducteurs de faible section, par de multiples dérivations d'un même courant, sont aujourd'hui en grand nombre : régulateur Gramme et Cance, régulateur Siemens, etc. Dans le *régulateur* (ou *lampe différentielle*) *de Gramme*, un électro-aimant fait descendre le charbon supérieur. Mais cet électro-aimant est placé sur une dérivation du courant principal. Aussi, quand l'arc voltaïque s'allonge, la dérivation de l'électro-aimant augmente-t-elle : l'électro-aimant agit alors pour rapprocher les charbons. Ce qui agit sur les charbons, c'est la résistance de l'arc lumineux. Comme cette résistance n'influe pas sur le courant, les foyers étant indépendants les uns des autres, plusieurs foyers peuvent être placés sur un même courant. Le *régulateur Siemens* est fondé sur ce principe, qu'un cylindre de fer placé dans un solénoïde, ou aimant creux, monte ou descend dans l'intérieur de cet aimant suivant les variations d'intensité du courant.

En 1876, un ingénieur russe, M. Jablochkoff, parvint à remplacer les régulateurs par ce que l'on nomme la *bougie électrique*. Il place deux longues baguettes de charbon *ad, bc* parallèlement l'une à l'autre, et il les sépare par une matière isolante fusible, le plâtre, que l'on voit en *i*; l'extrémité des deux charbons est donc seule apparente. Ces deux extrémités sont exactement comme deux mèches de bougies qui seraient placées en regard l'une de l'autre. C'est entre ces deux extrémités libres que jaillit l'arc électrique. A mesure que les charbons brûlent, le plâtre fond, comme le corps gras d'une bougie ; il se volatilise, et laisse ainsi continuellement à nu la même longueur des deux charbons, réunis en bas par un charbon M.

Grâce à la bougie Jablochkoff, l'éclairage par l'électricité prit, depuis 1876, une grande extension. Elle donna le moyen de mettre ce mode d'éclairage en pratique, ce qui était impossible avec les premiers *régulateurs automatiques*, appareils coûteux et sujets à des dérangements. Ces perfectionnements permirent, en 1878, pendant l'Exposition universelle, d'éclairer à Paris différentes places publiques et avenues par la lumière électrique. Ce mode d'éclairage fut continué à Paris pendant les années suivantes. Plusieurs villes importantes des pays étrangers, telles que Londres, New-York, Madrid, Bruxelles, etc., adoptèrent, à la même époque, ce mode puissant d'illumination. Toutefois, la belle invention de M. Jablochkoff n'a pas eu le développement général auquel on s'attendait. Les régulateurs automatiques, défectueux au début, se sont singulièrement perfectionnés, et les régulateurs dits *différentiels* se sont multipliés. On reproche aux bougies Jablochkoff de coûter cher et de demander, à lumière égale, plus de force motrice, d'exiger, en outre, l'emploi des courant alternatifs.

Les lampes à arc peuvent être assemblées en série. En employant les lampes en série, on a l'avantage de pouvoir éclairer de plus grandes surfaces avec des conducteurs d'une section relativement faible. L'intensité du courant, en *ampères*, varie en général de 4 à 8 *ampères*, quand les lampes doivent être placées dans un endroit clos, et de 6 à 16 *ampères* quand on les expose en plein air. Dans le premier cas, leur distance doit être de 8 à 25 mètres, et dans le second, de 50 à 200 mètres. La hauteur du point lumineux en plein air peut alors varier de 5 à 20 mètres, suivant l'intensité. Pour l'éclairage des places, on obtient de bons résultats en employant une intensité de 10 *ampères* et une hauteur de lampe de 7 à 8 mètres au-dessus du sol; l'écartement des lampes placées dans ces conditions varie de 60 à 80 mètres. On comprend pourquoi l'éclairage par l'arc est réservé aux grands espaces et aux puissantes illuminations.

Fig. 233. Coupe d'une bougie Jablochkoff.

Éclairage par incandescence. — Si l'éclairage électrique était resté limité au seul arc voltaïque, il n'aurait pu répondre aux besoins généraux de l'éclairage. La puissante illumination que donne l'arc voltaïque est en effet hors de proportion avec les modestes besoins de l'éclairage des appartements. Il fallait donc pouvoir diviser en petits flambeaux l'arc étincelant produit par le courant électrique, afin de distribuer en des points multiples la lumière ainsi répartie.

Toutefois, un grand progrès s'est réalisé depuis quelque temps. On réussit notamment à combiner des lampes à arc d'une puissance unitaire beaucoup plus faible, correspondant à peu près à 4 ou 5 lampes à incandescence ordinaires. Sur les charbons des lampes, on parvient à déposer des sels mauvais conducteurs, et, comme conséquence, on donne à la lumière produite une couleur plus agréable, en même temps qu'on diminue l'usure des charbons et la nécessité où l'on est de remplacer ces charbons au bout d'un certain temps. Pour ce qui est du remplacement de ces charbons, on dote les appareils de magasins spéciaux, qui permettent à un charbon usé d'être remplacé automatiquement par un autre, tant que le magasin renferme des charbons de rechange. On fait aussi des lampes à arc en vase clos, c'est-à-dire que l'arc se forme dans une enveloppe étanche, à l'abri de l'air, tandis que normalement les charbons des lampes à arc sont à l'air libre et s'usent vite en brûlant. Ces lampes en vase clos et les différentes lampes nouvelles ont l'avantage de consommer bien moins de courant pour fournir une même quantité de lumière.

C'est cette découverte fondamentale que le génie de nos physiciens est parvenu à réaliser. Après de longs et difficiles essais, on est arrivé à produire, avec le courant et la *lampe à incandescence électrique*, de petites sources lumineuses.

Si l'on réunit, au moyen d'un fil métallique, les deux pôles d'une pile en activité, on ne remarque rien de particulier, on ne voit apparaître aucune manifestation extérieure dans le conducteur qui ferme le courant, quand ce conducteur est d'un certain diamètre. Mais si l'on prend un fil mince, l'électricité circulant dans ce fil, qui ne lui donne, en raison de ses faibles dimensions, qu'un passage insuffisant, échauffe le métal au point de le faire rougir. Le métal devient alors assez lumineux pour éclairer dans l'obscurité. Il y a *incandescence* du fil, c'est-à-dire production de lumière. C'est cette *incandescence* d'un corps conducteur parcouru par un courant électrique suffisamment énergique, que les physiciens sont parvenus à appliquer à l'éclairage.

Le premier physicien qui ait réussi à appliquer l'incandescence d'un fil conducteur à l'éclairage électrique est un Français, M. de Changy, qui, en 1859, fabriqua des lampes à incandescence, composées d'un fil de platine parcouru par le courant d'une pile voltaïque. Mais le platine entrait en fusion, par l'excès de chaleur, et le courant s'arrêtait. M. de Changy remplaça le fil de platine par une baguette de charbon de cornue. Et comme le charbon brûlerait à l'air, l'inventeur eut l'idée, à l'imitation de Davy, d'enfermer la petite baguette de charbon dans une clochette de verre, où il faisait le vide au moyen de la machine pneumatique. Logée dans le vide, la baguette de charbon ne se consumait pas, et la lampe durait fort longtemps.

M. de Changy n'avait pu rendre réellement pratique sa *lampe à incandescence, à conducteur de platine ou de charbon*. C'est à l'Américain Thomas Edison que l'on doit d'avoir construit une *lampe électrique à incandescence* tout à fait irréprochable. Elle parut à l'Exposition d'électricité de Paris, en 1881.

La *lampe Edison* consiste en une ampoule en verre, contenant un mince filament de charbon, et dans laquelle on a fait le vide. Le charbon qui sert à cet usage est obtenu par la calcination, en vase clos, de différentes substances végétales, telles que le carton, le bois, l'écorce ou le papier, surtout de bambou. Cette lampe se réduit au mince fil de charbon *cc'*, replié en forme de fer à cheval, et attaché à deux pinces de platine, *p, p'*, lesquelles sont en communication avec les pôles d'un courant. Quand on établit la communication, le charbon s'échauffe, rougit à blanc et répand de la lumière. Rapidement, l'on est arrivé à combiner toute une série de modèles différents de lampe Edison, avec des filaments plus ou moins longs et compliqués. Malgré leur apparente fragilité, les ampoules de verre sont d'une longue durée. Les lampes ainsi constituées peuvent servir à éclairer jusqu'à douze cents heures. D'ailleurs, si elles se brisent, on les remplace sans grande dépense, car elles se fabriquent maintenant à très bon compte. Il en existe actuellement une très grande variété, et parmi les inventeurs qui ont suivi la voie tracée par Edison, nous pourrions citer MM. Swan, à Newcastle, Maxim, à New-York, et Lane Fox, à Londres. Toute la différence entre ces lampes et celle d'Edison réside dans la forme donnée au charbon conducteur, ou dans le mode d'attache du charbon aux deux pôles de la pile. La lampe Swan, par exemple, se compose, comme la lampe Edison, d'une ampoule de verre dans laquelle on a fait le vide, et qui renferme un mince filament de charbon contourné en boucle, et fixé à des pinces de platine. La clochette repose sur des ressorts, qu'on abaisse à la main pour la placer sur son support.

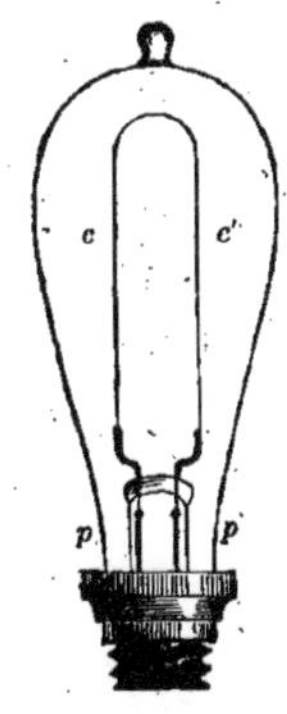

Fig. 234. — Lampe à incandescence électrique d'Édison.

« La disposition des lampes à incandescence en elle-même n'était pas nouvelle, dit Th. du Moncel dans son ouvrage sur l'*Éclairage électrique*; mais pour qu'elles pussent réussir, il fallait arriver à construire solidement le filament de charbon qui constitue la partie essentielle de la lampe ; et rien que ce filament, à la fois dur et flexible, constitue une invention de premier ordre, qu'on pouvait considérer comme inattendue, car il était difficile de supposer qu'on pourrait obtenir de la part d'un charbon végétal une aussi grande solidité. » Et le fait est que la résistance de ce filament est vraiment incroyable ; il résiste très bien aux secousses subies dans les tramways, les wagons de chemins de fer, etc.

Les lampes à incandescence dont on se sert habituellement fonctionnent avec une tension de 100 *volts*, et ont une intensité lumineuse qui varie de 8 à 16 bougies. En dépassant cette tension on augmente évidemment l'éclat, mais on nuit d'une façon considérable à la durée des lampes, qui, normalement, varie entre 1 000 et 1 200 heures. Naturellement, un seul et même courant alimente un certain nombre de lampes placées sur le même circuit.

Le mode d'assemblage le plus usuel pour les lampes à incandescence consiste à réunir toutes les lampes à deux conducteurs communs. A l'aide d'appareils spéciaux, on peut, selon les besoins, mettre en série ou hors série les lampes une à une ; il en est de même pour les groupes de lampes.

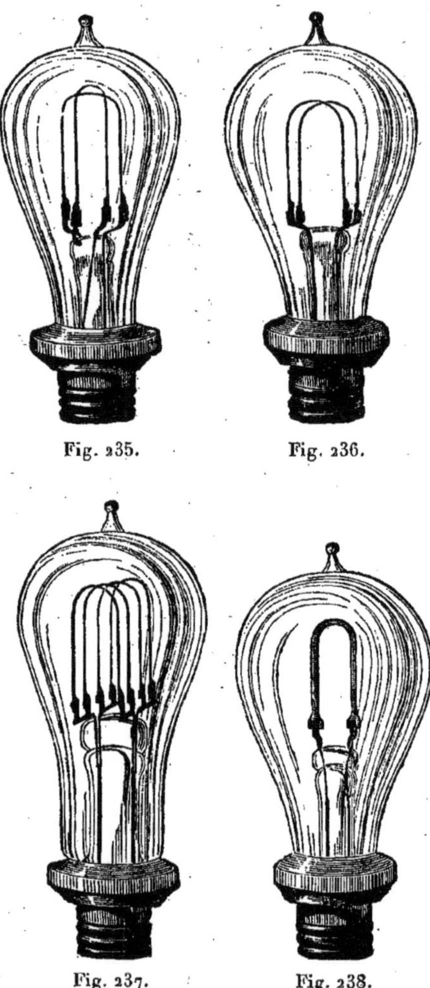

Fig. 235. Fig. 236.

Fig. 237. Fig. 238.

Différentes formes du filament de charbon de la lampe Edison.

On ne place sur un même circuit que des lampes de même tension. Si, dans un même circuit, des lampes à faible et à haute tension doivent brûler en même temps, il faut assembler les premières en série, de telle sorte que la somme de leurs tensions soit égale à la plus forte tension de l'une quelconque des lampes en circuit. Supposons, par exemple, qu'on veuille placer dans le même circuit des lampes de 50 *volts* et de 100 *volts* ; les premières devront être mises en série deux par deux seulement.

Quand il s'agit de produire l'éclairage de très loin, on se sert de machines à haute tension, et l'on monte alors les lampes à incandescence en série, ou en séries parallèles. Dans ce mode de montage, en général, on ne peut pas mettre des lampes hors circuit.

Le système qui consiste à monter des lampes à incandescence en série avec des lampes à arc est également défectueux, car les variations du courant dans les lampes à arc donnent aux lampes à incandescence un éclairage irrégulier.

Le courant électrique qui doit fournir aux lampes à arc ou à incandescence leur lumière, peut être engendré par trois sources :

1° Par la pile voltaïque ;

2° Par les accumulateurs ;

3° Par les machines magnéto et dynamo-électriques.

Les piles voltaïques, qui seules servaient, au début, à ce genre d'éclairage, ne sont pas applicables à un éclairage important. Le faible courant qu'elles produisent ne saurait être utilisé que pour des éclairages de courte durée ; elles ne conviennent que pour l'emploi domestique.

Les accumulateurs servent comme source de réserve, en cas d'avarie pendant la durée du service de l'éclairage. Le nombre des éléments d'accumulateurs à mettre en série varie suivant la tension des lampes à alimenter.

Les machines magnéto-électriques, dont les inducteurs sont des aimants permanents en acier, et qui peuvent produire soit des courants continus, soit des courants alternatifs, sont peu employées. Les machines dynamo-électriques, qui ont comme inducteurs des électro-aimants, et peuvent également fournir du courant continu ou du courant alternatif, sont d'un usage plus répandu.

Les machines dynamos à courant continu, auxquelles on recourt le plus souvent pour produire l'éclairage par incandescence ou par arc, peuvent être disposées en série ou en dérivation. La première disposition est surtout employée pour l'éclairage par lampes à arc, la deuxième pour alimenter des lampes à incandescence seules ou combinées avec des lampes à arc.

La production d'électricité dans les machines dynamos étant due à la transformation du mouvement en électricité, il est évident que la force mécanique qui donne le mouvement peut être fournie par un moteur quelconque, pourvu que la vitesse de l'arbre moteur soit suffisante. Suivant le cas, on aura donc recours à la machine à vapeur, au moteur à gaz, à l'air comprimé ou au vent, ainsi qu'aux chutes d'eau, avec turbines ou roues hydrauliques. Ce que nous avons dit des usines hydrauliques a montré que tôt ou tard tout l'éclairage électrique sera assuré par les chutes d'eau.

Quelle que soit la machine utilisée pour engendrer l'électricité, le courant devant servir à l'éclairage doit être amené, de la source, au bec éclairant. On nomme *conducteurs* les fils métalliques, nus ou isolés, simples ou composés, qui servent à cet objet. On appelle *canalisation*, ou *réseau électrique*, l'ensemble des conducteurs principaux et secondaires qui composent un service d'éclairage.

Les *conducteurs* se font presque uniquement en cuivre, ce métal ayant une conductibilité six fois plus forte que celle de fer.

Quand il y a lieu de protéger les conducteurs, l'enveloppe isolante est composée de coton, de soie ou de caoutchouc. En réunissant plusieurs fils recouverts et en les tordant ensemble, on obtient des *câbles conducteurs*. Au dehors et dans les villes, ces câbles sont placés dans des rigoles souterraines. Les diverses branches de conducteurs sont réunies au moyen de boîtes de jonction.

Pour assurer le bon fonctionnement d'un conducteur, on se sert d'appareils dits de *marche* et de *sûreté*. Ce sont des appareils qui ont pour but d'établir ou d'interrompre le passage du courant, de le diriger sur tel ou tel circuit, de régler les résistances, et de prévenir l'échauffement des conducteurs.

Les appareils de marche se manœuvrent à la main ; ce sont les *interrupteurs*, les *commutateurs* et les *résistances*. Les instruments de sûreté sont les *coupe-circuits* et les *paratonnerres*.

Les *interrupteurs*, placés sur l'un des fils du circuit, établissent ou interrompent le passage du courant électrique et servent ainsi à allumer ou à éteindre une ou plusieurs lampes. Les *commutateurs* servent à changer la direction du courant, à le faire passer, à volonté, sur l'un des fils avec lesquels il peut communiquer.

Les *résistances*, que l'on peut faire varier, réduisent l'intensité du courant aux proportions voulues pour le nombre de lampes qu'il s'agit d'entretenir ; ce sont des fils métalliques tournés en hélice et reliés par leurs extrémités, de manière à former un circuit continu.

Le *coupe-circuit* est destiné à produire la rupture du courant, quand l'échauffement du conducteur va jusqu'à sa fusion. Composé d'un fil de plomb, il fond si le courant dépasse une intensité maxima.

L'éclairage électrique par lampes à incandescence est en train de subir des modifications profondes, tout comme en matière d'éclairage par lampes à arc, et naturellement toujours dans le but de diminuer la consommation du courant pour une quantité donnée de lumière.

C'est ainsi qu'on a inventé les lampes à vapeur de mercure, auxquelles M. Cooper Hewitt a attaché son nom ; une sorte d'arc électrique ou d'incandescence se produit au milieu de vapeurs de mercure. Originairement, ces lampes donnaient une lumière bleuâtre assez peu agréable. On les a modifiées assez heureusement depuis. Elles se présentent sous la forme d'un long tube de verre d'un aspect bien particulier ; elles sont à lumière presque froide. On a aussi imaginé les lampes Nernst, dans lesquelles on fait passer le courant à travers un petit filament fait de terre réfractaire, et qu'on échauffe d'abord pour que le courant puisse ensuite y passer pour le rendre incandescent.

Mais ce qui est particulièrement curieux et intéressant, c'est le mouvement de retour qui se fait en faveur des lampes à incandescence à filament métallique : autrefois on avait abandonné le métal pour ces filaments — le platine notamment — parce qu'il se vaporisait trop facilement sous l'action du courant. Aussi ne sont-ce pas des métaux ordinaires qu'on utilise maintenant : c'est du tantale, du tungstène, et les lampes ainsi constituées se vendent sous des noms divers, lampes au tantale, lampes osram, etc. Ces lampes ont montré d'abord certains défauts particuliers, les unes devaient absolument être suspendues verticalement, d'autres ne pouvaient s'accommoder du courant alternatif ; leurs filaments étaient généralement fragiles. De jour en jour les défauts de ces lampes à incandescence nouvelles ont diminué, et leurs qualités ont subsisté. Leur rendement est deux à trois fois supérieur à celui des lampes à filament de carbone, c'est-à-dire qu'elles fournissent deux ou trois fois plus de lumière pour une même quantité de courant. Une de ces lampes pourra brûler, par exemple, un millier d'heures sans que sa puissance lumineuse baisse de plus d'un vingtième, tandis que, pour une lampe ordinaire, la réduction de cette puissance atteindra un cinquième. Souvent enfin ces lampes perfectionnées durent deux et trois fois plus que la meilleure lampe à filament de carbone.

Les applications de la lumière électrique, par arc ou par incandescence, sont innombrables aujourd'hui : éclairage des chantiers de nuit, des ateliers et des manufactures, des gares de chemins de fer, des navires, des phares, des fanaux, des locomotives, des travaux sous-marins, etc., s'il s'agit de la lampe à arc ; éclairage des appartements, s'il s'agit de la lampe par incandescence des wagons de chemins de fer, des tramways, des mines mêmes, etc.

L'électricité est donc entrée dans le domaine général de l'éclairage. Elle satisfait à toutes les conditions de la pratique, depuis le puissant foyer qui éclaire les places, les rues et les grands théâtres, jusqu'aux modestes luminaires propres aux appartements.

Les ateliers, les usines, les vaisseaux, les grands établissements qui ont des moteurs à vapeur pour l'exécution de leurs travaux mécaniques, peuvent, à peu de frais, fabriquer eux-mêmes l'électricité qui est nécessaire pour leur éclairage. Mais c'est là un cas exceptionnel. Pour éclairer d'une façon pratique et commode les maisons, les places et les édifices, il fallait, ainsi qu'on le fait pour l'éclairage au gaz, pouvoir fabriquer l'électricité dans des usines, et la distribuer aux particuliers, grâce à une canalisation souterraine. C'est ce que comprit M. Edison dès le début de l'éclairage électrique. Il voulut envoyer à domicile le courant électrique, et le faire payer aux particuliers et aux établissements publics.

au moyen de compteurs analogues aux compteurs à gaz. Dès 1882, M. Edison créa à New-York une vaste usine centrale. A la suite, plusieurs usines centrales d'électricité furent construites en Europe. A Paris, en 1888, des concessions ont été accordées par la ville à six compagnies d'éclairage électrique, et notre capitale a été divisée en six secteurs d'électricité, qui distribuaient chacun le courant dans le périmètre de leur quartier. En 1893, plusieurs secteurs nouveaux ont été inaugurés. Depuis lors, l'éclairage électrique a fait partout la concurrence la plus redoutable au gaz, que seule l'incandescence a pu défendre, et il est certainement appelé à détrôner complètement le gaz. D'autant que le courant est à même de fournir élévation de température comme lumière. Il faut songer que, dès maintenant, l'électricité est distribuée même à des habitants de petites villes, de villages, là du moins où, grâce aux chutes d'eau, on peut la produire plus économiquement qu'en brûlant du charbon sous des chaudières alimentant des moteurs à vapeur.

On tire bien quelque parti des accumulateurs électriques pour l'éclairage à domicile, et aussi pour l'éclairage des wagons. Dans ce dernier cas, les batteries d'accumulateurs sont contenues dans des caisses que l'on place, chaque soir, sous les banquettes de la voiture, à laquelle elles fournissent un éclairage suffisant pour remplacer les anciennes veilleuses à huile. Mais c'est une combinaison coûteuse, qui sera détrônée au fur et à mesure que se multiplieront les stations centrales électriques, et que se généralisera d'autre part la traction électrique des voies ferrées.

XXII

LA BOUSSOLE

La pierre d'aimant chez les Grecs et les Romains. — L'aiguille aimantée. — Histoire de la boussole. — Explication des phénomènes que présente l'aiguille aimantée. — La boussole terrestre. — La boussole marine. — Déclinaison et inclinaison de l'aiguille aimantée. — Perturbation des boussoles marines sur les navires à coque de fer.

On donne le nom d'*aimant naturel* à un oxyde de fer qui a la propriété d'attirer à soi le fer et quelques autres métaux, tels que le nickel et le cobalt. Les Grecs et les Romains ont connu de très bonne heure l'*aimant* ; mais ils se contentaient de l'admirer, sans en tirer le moindre parti. Ils savaient que l'aimant attire le fer, mais ils ont toujours ignoré sa vertu principale, c'est-à-dire sa propriété de se diriger vers le nord, quand il est taillé sous forme d'aiguille et suspendu de manière à se mouvoir sans obstacles. La boussole qui sert à diriger les navigateurs à travers les mers, n'est autre chose, en effet, que l'aiguille aimantée qui, en équilibre sur un pivot, se dirige constamment vers le pôle boréal de la Terre. Les premiers navigateurs n'osaient trop s'écarter des côtes, et s'ils gagnaient la grande mer, ils n'avaient pour guides que les étoiles, la connaissance de la situation qu'occupent dans le ciel certaines constellations. Les Phéniciens firent cette observation fondamentale qu'il est une étoile à peu près immobile en toute saison, qui donne la direction du nord : l'étoile polaire. Les Phéniciens se gardèrent bien de communiquer leur secret aux marins étrangers. Cependant leur pratique finit par se répandre parmi toutes les nations d'Europe.

Mais, pour faire usage de l'étoile polaire, il faut que le ciel ne soit pas couvert de nuages. C'est pour cela que depuis les Phéniciens jusqu'au moyen âge, la navigation dans la Méditerranée resta complètement stationnaire. Vers le milieu du XIIe siècle, un changement subit se produit ; les marins génois, vénitiens, majorquais, ont dès lors le moyen de s'orienter avec certitude, sans faire usage de l'étoile polaire. Comment fut réalisée cette révolution dans l'art nautique ? Par l'emploi, à bord des navires, de la *boussole*

Les marins de la Méditerranée eurent connaissance de la boussole par les Arabes, avec lesquels ils s'étaient trouvés en contact pendant les croisades. Les Arabes tenaient la boussole des Indiens, et ces derniers eux-mêmes l'avaient reçue des Chinois. Il est positif, en effet, que les Chinois sont le premier peuple qui ait connu la *boussole*, et il est probable, en définitive, que c'est chez ce peuple qu'elle a été inventée. C'est toutefois pour se diriger sur la terre que les Chinois firent d'abord usage de la boussole. Ils appelaient *chars indicateurs du sud* des chars portant une statuette qui tournait sur un pivot, et dont le bras, étendu et composé d'une aiguille aimantée, indiquait toujours le nord. Ils l'appliquèrent également à la navigation. Ils faisaient flotter une aiguille aimantée sur de l'eau contenue dans un vase. Quand la boussole fut connue des navigateurs de l'Europe, l'aiguille aimantée était enfermée dans un vase de verre rempli d'eau, et on la faisait flotter au moyen d'un fétu de paille posé sur l'eau (fig. 239). C'était la *calamite*.

Fig. 239. — Aiguille aimantée flottante.

Mais les frottements du liquide devaient presque entièrement paralyser le mouvement de l'aiguille.

On ne sait qui la plaça sur un pivot d'acier pointu, s'élevant du centre d'une boîte. Les Italiens ont revendiqué le mérite de cette idée en faveur d'un pilote, Flavio Gioia, natif du royaume de Naples. Ce qui est certain, c'est que les Italiens ont donné à ce précieux instrument le nom de *bussola*.

Le phénomène que nous présente l'aiguille aimantée, c'est-à-dire sa propriété constante de se diriger vers le nord, et de revenir toujours vers ce même point quand on l'écarte de cette direction, s'explique facilement si l'on considère, avec les physiciens, le globe terrestre lui-même comme un immense aimant naturel. La Terre présente en effet tous les phénomènes particuliers aux aimants naturels et artificiels.

Si l'on roule dans de la limaille de fer un aimant naturel, de forme oblongue, ou simplement un barreau aimanté, on remarque que la limaille de fer attirée par l'action magnétique n'est pas également distribuée sur toute la longueur de l'aimant ou du barreau aimanté. Elle se fixe principalement aux deux extrémités du barreau, et sa quantité décroît rapidement à mesure qu'on s'éloigne de ces extrémités : à la partie moyenne du barreau, l'attraction est nulle, aucune parcelle de limaille de fer ne s'y attache. On nomme *pôles* les extrémités, *a* et *b*, de l'aimant, et *ligne neutre* la partie moyenne, *nt*, du

Fig. 240. — Barreau aimanté.

barreau, où la force magnétique est presque nulle. Les deux pôles d'un aimant, ou d'un barreau aimanté, paraissent exercer une action identique quand on les présente à de la limaille de fer ; mais cette identité n'est qu'apparente. Les physiciens admettent, dans un aimant, l'existence de deux forces, agissant chacune par répulsion sur elle-même et par attraction sur l'autre, et dont les résultantes d'action seraient situées aux extrémités, ou pôles, de l'aimant.

En effet, si l'on suspend à un fil une petite aiguille aimantée, *ab*, et que, tenant à la main une autre aiguille aimantée A, on approche successivement l'extrémité de cette aiguille A des deux pôles *a* et *b* de l'aiguille suspendue, on voit que l'aiguille aimantée A attire l'extrémité, ou pôle *b*, de l'aiguille suspendue, et repousse au contraire l'extrémité ou pôle *a*.

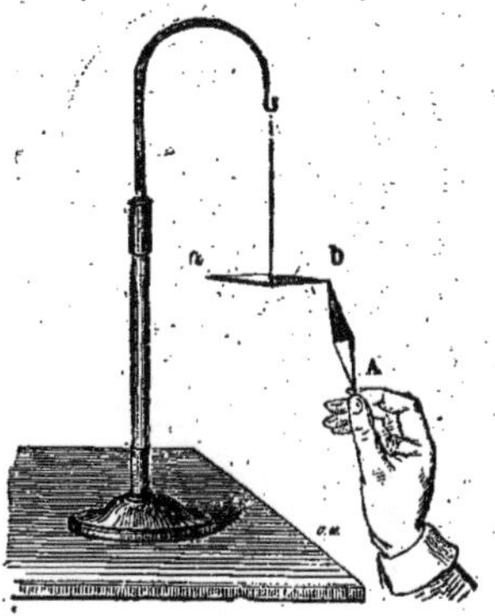

Fig. 241. — Aiguille aimantée suspendue à un fil.

Tous les aimants jouissent de cette propriété ; et l'on a posé, en physique, la loi suivante : *Les pôles magnétiques de même nom se repoussent, et les pôles de nom contraire s'attirent.*

La Terre peut être considérée comme un aimant de dimensions colossales. Et si une aiguille aimantée, librement suspendue et mobile sur un pivot, se dirige constamment vers le nord, cela tient à ce que le globe attire l'un des pôles de cette aiguille vers son propre pôle de nom contraire. Comme on l'observe sur les autres aimants, l'attraction magnétique du globe est plus puissante à ses deux extrémités, ou à ses deux *pôles*, et presque nulle à son centre de figure, c'est-à-dire à son *équateur*.

En fait, et comme Christophe Colomb s'en aperçut le premier, l'aiguille de la boussole dévie sensiblement du vrai nord. D'autres observateurs remarquèrent que non seulement la déviation de l'aiguille variait en passant d'un lieu à un autre, mais encore qu'elle variait, au bout d'un certain temps, dans le même lieu. Dès lors, on distingua la direction variable de l'aiguille, de la direction absolue du méridien astronomique, et par analogie on donna à la première le nom de *méridien magnétique*. L'angle que font entre eux ces deux méridiens se nomme la *déclinaison*. Selon que la pointe nord de l'aiguille se tient à l'est ou à l'ouest de la méridienne, on dit que la déclinaison est *orientale* ou *occidentale*. Les marins appellent *variation du compas* la déclinaison de l'aiguille aimantée. Elle est occidentale en Europe, orientale en Amérique et dans le nord de l'Asie. Dans un même lieu elle présente de nombreuses variations, régulières ou irrégulières, des *perturbations*. Les aurores boréales, les éruptions volcaniques, les chutes de foudre, troublent accidentellement la déclinaison de l'aiguille aimantée. Quant aux variations régulières, elles sont séculaires, annuelles ou diurnes.

Jusqu'en 1575, on avait toujours supposé que l'aiguille aimantée devait être parfaitement horizontale. Quand on la voyait s'abaisser plus d'un côté que d'un autre, on attribuait cette déclinaison à une détermination erronée du centre de gravité de l'aiguille A cette époque, Robert Normand reconnut qu'il y avait dans l'inclinaison de l'aiguille une influence autre que celle de la pesanteur. En effet, qu'on suspende une aiguille aimantée gg' de manière qu'elle se meuve librement autour de son centre de gravité, dans le plan vertical du méridien, et qu'elle soit empêchée par un châssis de se mouvoir dans le sens horizontal, on la verra s'incliner sur l'horizon. Cette inclinaison est d'autant plus grande qu'on s'avance davantage vers l'un ou l'autre pôle de la Terre; de sorte que dans la zone équatoriale, il y a une série de points où l'aiguille se tient parfaitement horizontale, tandis que dans les régions polaires il existe un point où l'aiguille est, au contraire, presque verticale. On donne le nom d'*inclinaison* à ces diverses positions de l'aiguille par rapport à l'horizon. Les points situés vers le pôle où l'aiguille est presque verticale se nomment *pôles magnétiques*. La ligne de la région équatoriale où l'aiguille demeure, au contraire, horizontale, se nomme l'*équateur magnétique*.

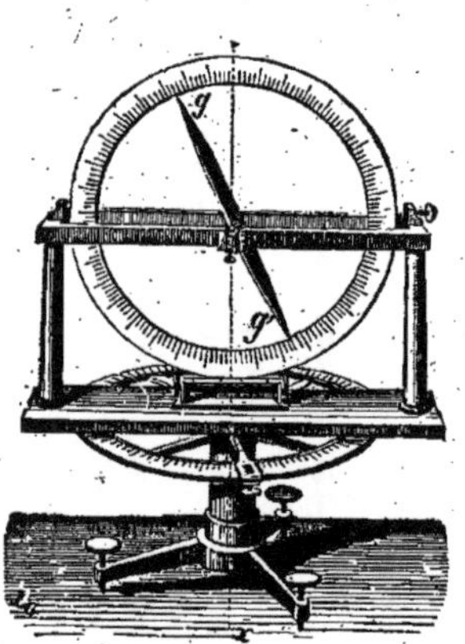

Fig. 242. — Appareil pour mesurer l'inclinaison de l'aiguille aimantée.

Donnons la description d'une boussole. Voici (fig. 243), d'une part, l'aiguille aimantée A; d'autre part, le pivot B, muni d'une chape d'agate C, sur laquelle repose l'aiguille aimantée, libre de se mouvoir dans le plan horizontal.

La *boussole terrestre*, ou *boussole portative* (fig. 244), est la disposition la plus simple de cet instrument. C'est une boîte plate, au centre de laquelle s'élève un pivot supportant une chape d'agate ou de cuivre, sur laquelle repose l'aiguille. Autour de la boîte, on a tracé une *rose des vents* et une division en degrés. Le point de départ de cette division est l'extrémité du diamètre du cercle. On appelle *ligne de foi* ce diamètre NS, qui n'est autre chose que le méridien astronomique, c'est-à-dire la direction absolue du nord de la Terre. L'angle que forme l'aiguille de la boussole avec la *ligne de foi* donne la direction du Nord, dans le lieu de l'observation. Le géologue l'emploie pour reconnaître la direction des chaînes de montagnes, des collines et des vallées ; le mineur pour fixer la direction d'un filon. Les voyageurs qui parcourent un pays inconnu la consultent pour reconnaître la direction de la route qu'ils suivent ; les arpenteurs, pour relever le plan d'une localité, ou pour orienter une construction. Toutefois, la boussole des arpenteurs a une forme particulière (fig. 245). Elle est enchâssée dans une boîte carrée, posée sur un trépied E par l'intermédiaire d'une genouillère. On la rend horizontale au moyen de deux *niveaux à bulles d'air n, n'*. Une lunette LL', fixée sur l'un des côtés de la boîte, en même temps qu'elle sert à viser les objets dont on veut relever le gisement exact, représente la *ligne de foi*.

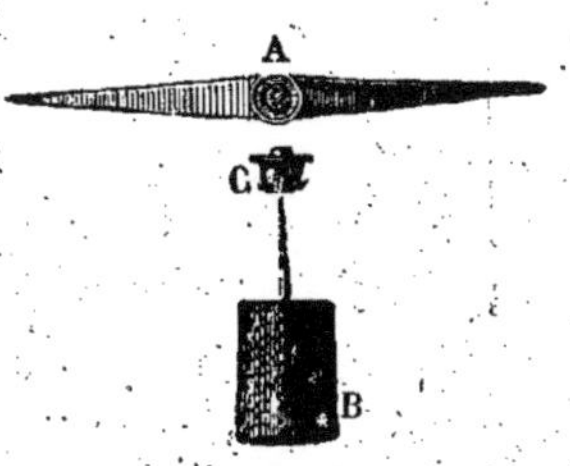

Fig. 243. — L'aiguille et la chape de la boussole.

La *boussole marine*, que l'on appelle *compas*, se compose d'une aiguille qu'on place dans une boîte circulaire en bois ou en cuivre. Le fer est rigoureusement banni de sa construction, car ce métal attirerait l'aiguille aimantée et changerait sa direction. Un carton circulaire est placé au-dessous de l'aiguille : son centre correspond à la fois au milieu de la longueur de l'aiguille et à la verticale du pivot. Ce disque de carton accompagne l'aiguille dans tous ses mouvements et en modère les oscillations. La figure 246 représente en coupe une boussole : *cd* est la boîte dans l'intérieur de laquelle l'aiguille aimantée *b* est suspendue ; *f, f* sont des ouvertures transversales pour ouvrir ou fermer la boîte. On appelle *rose*, ou *rose des vents*, un cercle disposé au-dessous de l'aiguille de la boussole, et dont le centre est disposé sur la ligne verticale du pivot. La circonférence de ce cercle porte trente-deux divisions égales, qu'on nomme *rumbs*, ou *aires des vents*, désignant les points cardinaux et une série de subdivisions intermédiaires.

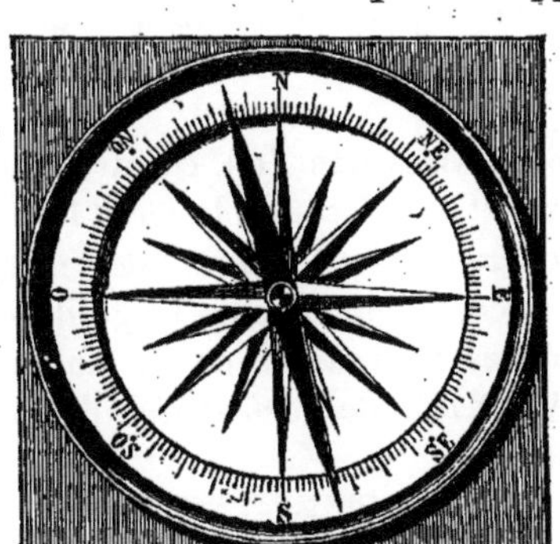

Fig. 244. — Boussole terrestre.

L'aiguille aimantée de la boussole marine est disposée de manière à pouvoir se prêter à tous les mouvements du navire, sans perdre son horizontalité, grâce à un système particulier de suspension.

Deux axes de rotation (fig. 247) sont perpendiculaires l'un à l'autre. L'un reste constamment horizontal; l'autre tourne autour de lui. C'est la *suspension à la Cardan*. — L'*habitacle* est la boîte renfermant la boussole.

Fig. 245. — Boussole d'arpenteur.

La boussole sert à diriger la proue du navire, ou le *cap*, vers le lieu où le navire doit se rendre. A l'intérieur de la boîte on a tracé un trait vertical, placé de manière que le rayon qui y aboutit soit exactement parallèle à l'axe du vaisseau. En examinant la situation de l'aiguille sur le cadran de la boussole par rapport à la boîte, on sait donc dans quelle direction la proue du navire s'avance. Quand le capitaine ordonne au timonier de gouverner selon tel ou tel *rumb* de vent, le timonier maintient le gouvernail de manière que le cap réponde toujours au rumb qui lui est prescrit.

Sur les navires que l'on construit actuellement, et dans lesquels le fer et l'acier sont prodigués, les masses de métal agissent nécessairement sur l'aiguille de la boussole, la font dévier et faussent les indications de la marche. Cela en attirant l'aiguille (action indépendante de l'*orientation* du navire) ; puis par l'aimantation des masses métalliques que provoque la situation du navire ou son orientation, influences qui varient nécessairement selon le lieu occupé pendant le voyage ; enfin par le développement d'une aimantation de ces mêmes masses, à la suite des chocs et des changements de température. Il faut nécessairement annuler ces influences, pour éviter les perturbations de la boussole. On y parvient au moyen de différentes méthodes.

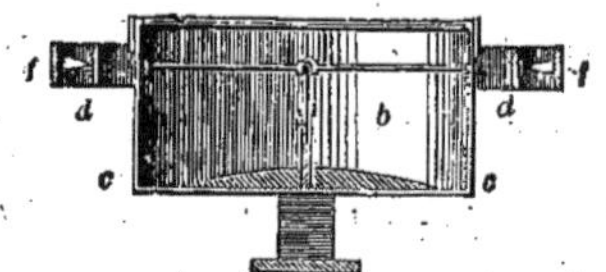

Fig. 246. — Coupe verticale d'une boussole marine.

L'astronome Airy, mort en 1892, arriva à ce résultat en employant comme *compensateurs*, deux gros aimants, qu'il plaçait l'un en avant l'autre à droite ou à gauche, et une masse de fer (boulet ou obus) destinée à subir les mêmes modifications magnétiques qu'éprouvent les masses de fer des navires. Les gros aimants détruisent, c'est-à-dire *compensent* l'action des pièces aimantées du bord. Cette méthode donne de bons résultats, mais à la condition qu'on vérifie souvent ses effets, car l'aimantation varie à mesure que la masse se déplace. Un physicien français, M. Bisson, a perfectionné la méthode.

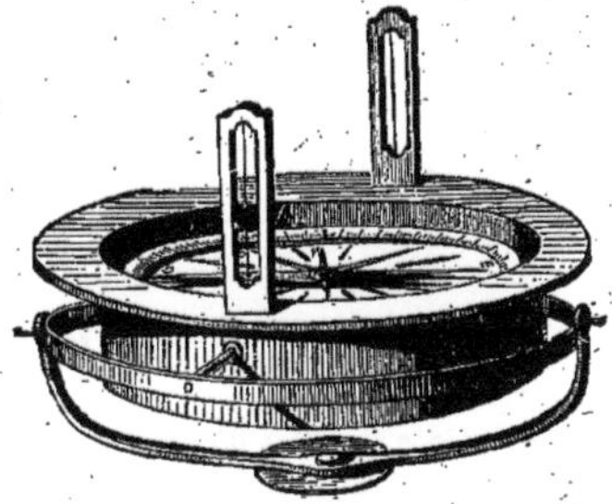

Fig. 247. — Boussole avec sa suspension.

La boussole est, pour le navigateur, l'instrument le plus précieux ; elle rend aussi beaucoup de services à terre. Dans le percement des tunnels du mont Cenis, du Saint-Gothard, du Simplon, la boussole était le seul moyen de diriger en ligne droite l'axe de la galerie, que l'on perçait en même temps par ses deux bouts opposés.

XXIII

LA LUNETTE D'APPROCHE ET LE TÉLESCOPE

L'invention des lunettes d'approche. — Fracastor et J.-B. Porta. — La lunette d'approche découverte en Hollande, en 1606, par Jean Lippershey. — Première lunette vue à Paris. — Galilée construit à Venise, en 1609, la lunette astronomique, d'après le bruit public de l'existence de cette lunette. — Théorie des lunettes d'approche. — Lentilles. — Effet grossissant de la lentille biconvexe. — La lunette astronomique. — La lunette terrestre, ou longue-vue. — La lorgnette de spectacle. — Histoire et théorie du télescope. — Télescopes de Newton et Grégory. — Appareils d'Herschell, de Lord Rosse, de Foucault.

L'invention des lunettes d'approche est toute moderne.

On lit dans un ouvrage de Fracastor, publié à Venise en 1538 : « Si « on regarde à travers deux verres oculaires placés l'un sur l'autre, on « voit toutes choses plus grandes et plus proches ». On lit encore dans la *Magie naturelle,* ouvrage publié en 1589 par le physicien napolitain J.-B. Porta, qu'en réunissant une lentille convexe et une lentille concave, on peut voir les objets agrandis et distincts. Cependant, aucun de ces deux physiciens n'a construit d'appareil d'optique réalisant la lunette d'approche.

Le 2 octobre 1606, Jean Lippershey, opticien de Middelbourg, en Hollande, demandait aux États-Généraux de son pays un privilège de trente ans pour la construction d'un instrument servant à faire voir les objets très éloignés. L'instrument fut perfectionné plus tard. Le 17 octobre 1608, un savant hollandais, Jacques Metius, fabriquait de son côté un instrument qui, selon lui, était tout aussi bon.

La nouvelle de l'invention d'une lunette qui grossissait considérablement les objets et permettait d'apercevoir les astres avec de grandes dimensions, ne tarda pas à se répandre. Elle arriva à Galilée. Aussitôt il entreprit de construire une lunette astronomique, et dans une seule journée de travail il réussit à se fabriquer cet instrument.

Il choisit deux verres, les fixa aux deux extrémités d'un tuyau d'orgue, et le lendemain il fut en état de montrer à ses amis les merveilles de la nouvelle invention. Il aperçut les satellites de Jupiter, et soumit à une inspection attentive la surface de la Lune, étudia les étoiles.

Son instrument, comme ceux de Hollande, était formé d'une lentille convexe et d'une seconde lentille concave, cette dernière étant à l'extrémité du tube la plus voisine de l'œil. Il fut désigné sous le nom de *lunette de Galilée.*

L'Europe entière retentit bientôt des découvertes de Galilée. A cette époque, la plupart des astronomes construisaient eux-mêmes leur télescope. C'est seulement plus tard que des spécialistes se consacrèrent à cette fabrication.

On réunit sous le nom de *lunettes d'approche* : 1° la lunette astronomique, ou *lunette de Galilée* ; 2° la lunette terrestre ; 3° la lorgnette de spectacle.

Toute la théorie des lunettes d'approche repose sur le phénomène de *réfraction de la lumière,* qu'il faut comprendre.

Un faisceau lumineux peut être considéré comme formé de la réunion de plusieurs lignes lumineuses, parallèles entre elles. On donne le nom de *rayons lumineux* à ces lignes lumineuses parallèles.

Dans une substance diaphane d'une constitution uniforme, dans une couche d'air, par exemple, ou dans une couche d'eau, la lumière se meut en ligne droite. Mais quand un rayon de lumière passe obliquement d'un milieu quelconque, mettons de l'air dans un autre milieu qui n'a pas la même densité, comme l'eau ou le verre, ce rayon ne poursuit pas sa route en ligne droite ; il se brise, c'est-à-dire qu'il prend dans le second milieu une direction qui ne forme pas son prolongement rectiligne : il se *réfracte,* selon l'expression des physiciens. Les lentilles de verre ou de cristal utilisent cette réfraction dans les instruments dont nous voulons parler. La *lentille* est une masse de cristal travaillée de manière à être limitée par deux surfaces sphériques. Une lentille bombée sur ses deux faces est dite *biconcave.*

Quand on place dans la direction des rayons solaires une lentille biconvexe, les rayons qui rencontrent la surface de cette lentille et qui la traversent se réfractent deux fois : en entrant dans le verre et en en sortant. Tous s'inclinent donc l'un vers l'autre, et, de l'autre côté de la lentille, ils se réunissent ou, comme on dit, ils convergent tous, de manière à se rassembler sur un point, qu'on nomme *foyer principal de la lentille.* C'est ce que montre

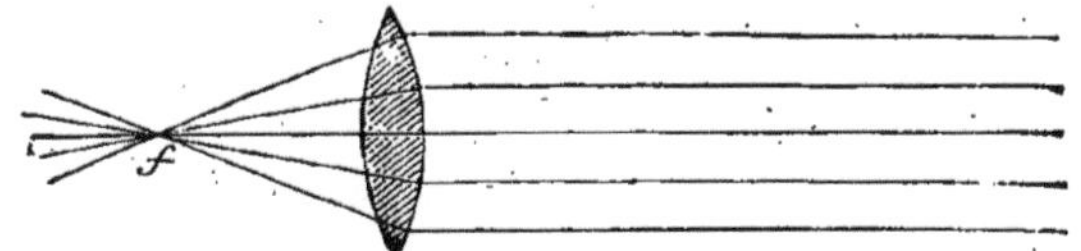

Fig. 248. — Effet de la lentille biconvexe sur les rayons lumineux.

sommairement et simplement la figure ci-contre, dans laquelle le foyer des rayons lumineux réfractés *l*, *l* est au point *f*. Si donc on place un objet lumineux ou éclairé AB (fig. 249) au delà du foyer d'une lentille biconvexe, les rayons émanés de A convergeront en *a*, et les rayons émanés de B en *b*, *a* et *b* étant les foyers de tous les rayons lumineux des points A et B. L'image produite par la réunion des foyers correspondants à chacun des points de l'objet, pourra être reçue sur un écran blanc, ou bien encore être vue par l'œil placé sur la direction des rayons qui se propagent en divergeant, après s'être croisés à leur foyer. C'est cette figure visible au foyer de la lentille que l'on appelle l'*image réelle*. Plaçons maintenant un objet lumineux ou éclairé, NZ, entre le foyer de la lentille biconvexe et cette même lentille. Les rayons de lumière qui en émanent se réfracteront en traversant la lentille. Il ne se formera pas au fond de l'œil de l'observateur une image *réelle* de cet objet ; seulement l'œil placé de l'autre côté de la lentille verra, sur le prolongement des rayons lumineux et du côté de l'objet, une image agrandie, N'Z', de l'objet NZ. Cette image, que l'on peut recevoir sur un écran, est dite *virtuelle*.

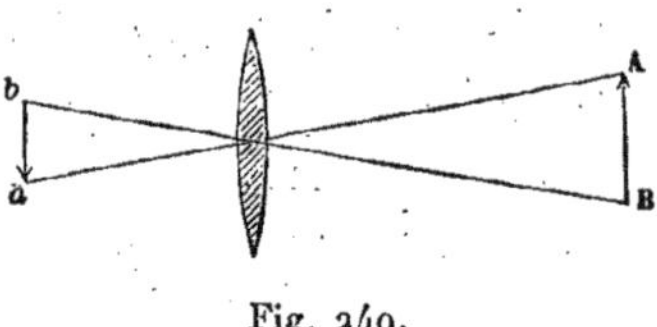

Fig. 249.

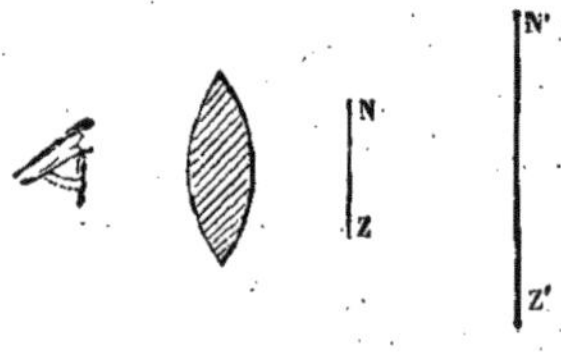

Fig. 250.

Une lentille biconvexe que l'on place au-devant de l'œil constitue la *loupe*, ou microscope simple ; nous en reparlerons. Nous pouvons comprendre maintenant comment la lunette des astronomes fait apercevoir

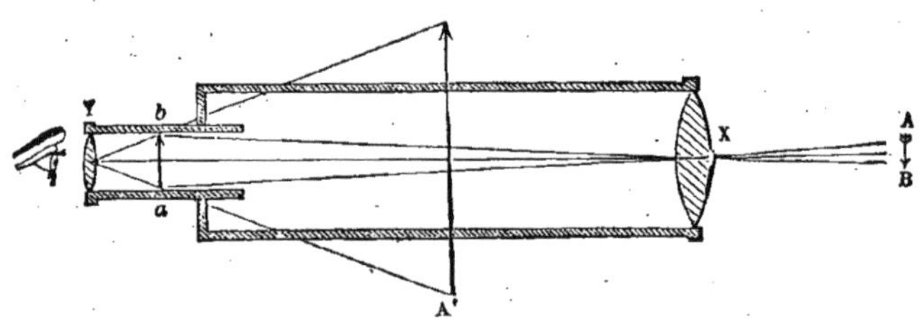

Fig. 251. — Théorie géométrique de la lunette astronomique.

distinctement les grands corps célestes, malgré l'immense étendue qui les sépare de nous. Elle se compose de deux lentilles biconvexes enchâssées aux deux extrémités d'un tube métallique, tube formé de deux parties rentrant l'une dans l'autre, afin que l'observateur puisse faire varier à volonté la distance qui sépare les deux lentilles. Les dimensions des deux lentilles ne sont pas les mêmes. Celle qui est placée près de l'œil de l'observateur, l'*oculaire,* est plus petite que celle qui est tournée du côté de l'objet à observer, ou *objectif.*

Une seule lentille biconvexe grossit un objet. Deux lentilles semblables dirigées vers le même objet le grossissent davantage. L'une sert à former l'image ; la seconde, à l'amplifier. La figure ci-contre fait comprendre

Fig. 252. — Lunette astronomique.

ce fonctionnement. Plaçons sur le trajet de la lumière une lunette astronomique, composée d'un objectif biconvexe X, très grand, et d'un oculaire, également biconvexe, très petit, Y. La lentille biconvexe de l'oculaire vient produire, au foyer de cette lentille, une image *ab* de l'objet lointain AB, et cette image est renversée. Ensuite l'oculaire Y amplifie cette image sans la retourner, et la montre avec des dimensions très grossies. L'objet se voit donc renversé.

L'oculaire est enchâssé dans un tube plus étroit que celui de l'objectif, qui est fixé à l'autre extrémité. Le petit tube glisse, à frottement doux, dans le grand tube, de manière à pouvoir s'approcher ou s'écarter de l'image *ab* qu'il s'agit d'amplifier. On peut retirer l'oculaire du tube et le remplacer par un autre à convexité plus grande ou plus petite, ce qui a pour effet d'augmenter ou de réduire le grossissement. Une *lunette astro-*

nomique grossit les objets de 1 000 à 3 000 fois, selon la dimension de l'oculaire.

En fait, la *lunette astronomique* est montée sur un échafaudage qui peut se déplacer grâce aux roues sur lesquelles il repose. Une vis tournante, mue à la main, permet d'élever et d'abaisser à volonté le tube de la lunette, pour explorer le ciel.

On remarquera que la grande lunette est accompagnée d'une autre, de dimensions beaucoup plus petites, appelée le *chercheur*. Embrassant un espace du ciel plus étendu, le *chercheur* permet de trouver plus promptement l'endroit du ciel où existe l'astre que l'on désire examiner avec la grande lunette. Quand on a découvert, avec le *chercheur*, l'astre à examiner, on braque sur ce point la grande lunette.

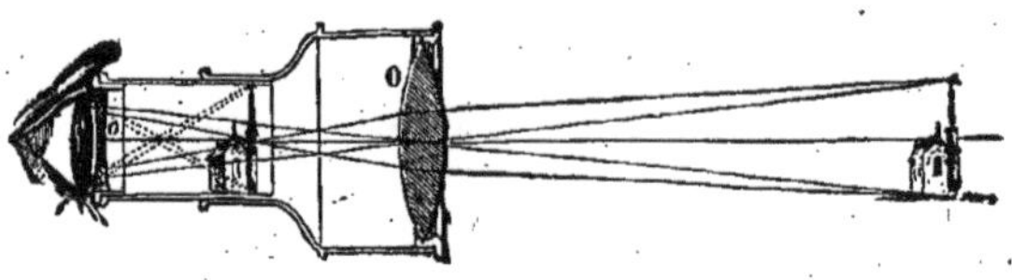

Fig. 253. — Théorie géométrique de la lunette terrestre.

La *lunette terrestre*, ou *longue-vue*, ne diffère de la lunette astronomique que parce que les images sont redressées, grâce à l'emploi d'un oculaire biconcave. La figure 254 y fait voir la marche des rayons lumineux. L'objectif O est biconvexe et l'oculaire *o* biconcave. L'image de l'objet se forme au foyer de la lentille biconvexe O, dans un lieu qui était représenté, sur la figure 248, par le point d'intersection des rayons obliques au-devant de l'oculaire *o*, mais cette image est renversée ; on la regarde à travers un oculaire biconcave *o*, lequel la redresse, mais ne l'amplifie que fort peu. C'est là l'instrument que Galilée construisit. Keppler en fit la *lunette astronomique*, en employant un oculaire biconvexe.

Fig. 254. — Lorgnette de spectacle.

La lorgnette de spectable n'est autre chose que la *lunette terrestre* réduite à de petites proportions et rendue portative ; elle ne grossit que trois ou quatre fois. Elle se présente le plus souvent sous la forme des *jumelles* (fig. 224) se composant de deux lunettes juxtaposées, pouvant se placer simultanément devant les deux yeux.

Le *télescope* sert lui aussi à l'observation des astres ; mais le grossissement y est dû à un tout autre effet physique : il a lieu par réflexion des objets opérée sur des miroirs métalliques courbes. La première idée d'un instrument de ce genre fut émise, au milieu du XVIIe siècle, par le P. Zeucchi, qui construisit un télescope à miroir réflecteur donnant les mêmes résultats que les lunettes d'approche découvertes sept années auparavant. Le *télescope à miroir réflecteur* fut décrit, sinon construit, en 1663, par un physicien anglais, Gregory ; il est désigné quelquefois, à tort, sous le nom de *télescope de Newton*.

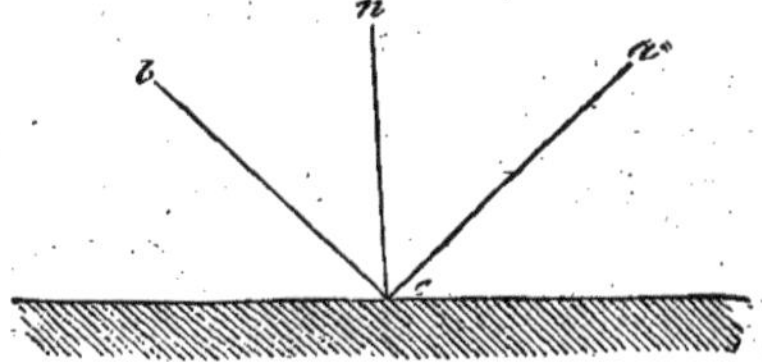

Fig. 255. — Réflexion des rayons lumineux sur une surface plane.

Quand un faisceau de rayons de lumière tombe verticalement sur une surface plane, opaque et polie, sur une lame de fer-blanc, par exemple, ces rayons reviennent sur eux-mêmes, sans changer de direction. Mais s'ils tombent obliquement, ils se réfléchissent, c'est-à-dire sont repoussés dans un sens opposé à celui de leur première direction, tout en faisant le même angle avec la surface plane. C'est ce que montre la figure géométrique ci-jointe, dans laquelle *ac* représente le rayon lumineux incident, et *bc* le rayon réfléchi sur la surface plane, au point *c*.

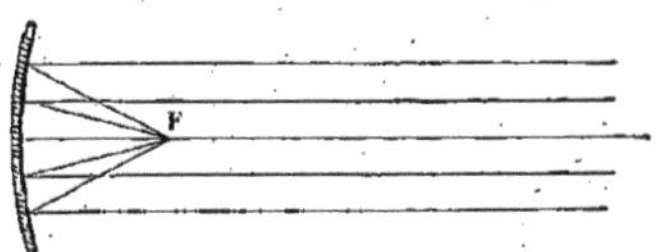

Fig. 256. — Réflexion des rayons lumineux sur une surface courbe.

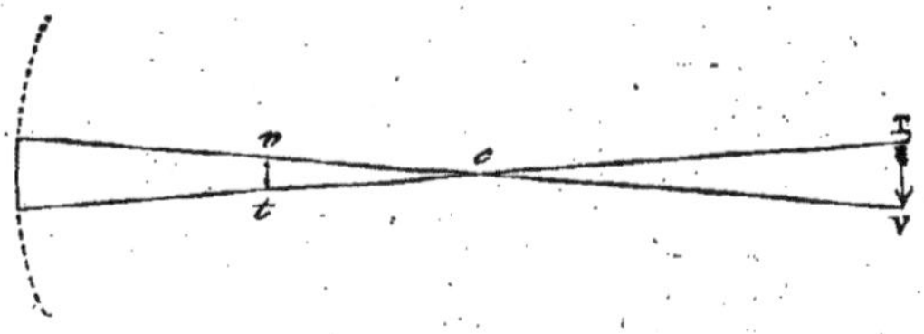

Fig. 257. — Aperçu géométrique de la formation d'une image au foyer d'un miroir courbe.

Si des rayons parallèles tombent perpendiculairement sur un miroir courbe, ils se dévient de la même façon que s'ils tombaient obliquement sur un miroir plan. Or, un miroir sphérique et concave présente partout une surface courbe ; et s'il est frappé par des rayons parallèles, ceux-ci se réfléchissent à sa surface, convergent les uns vers les autres, et finissent par se réunir en un même point de l'axe du miroir. Ce point, c'est le foyer F (fig. 256). Si un objet, VT, est placé en avant d'un miroir concave (fig. 257), les rayons partis de V viendront

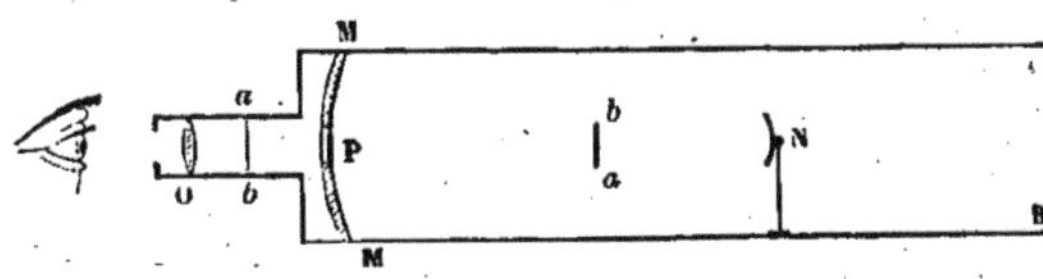

Fig. 258. — Théorie géométrique du télescope à miroir.

tous, après leur réflexion, passer sensiblement par le point *v*, qui sera le foyer de tous les points lumineux émanés de V. Il en sera de même pour le point T, et on aura ainsi une image renversée en *vt*. Ce miroir concave pourra donc remplacer l'objectif des lunettes, c'est-à-dire former, à son foyer, une image de l'objet éloigné.

Il faut maintenant amplifier cette image avec un oculaire, mais de façon que l'observateur placé devant cet oculaire ne s'interpose pas entre l'objet et le miroir. Gregory a paré à cette difficulté. Son télescope se compose d'un long tuyau de cuivre, AB. A l'un des bouts de ce tuyau est posé un miroir concave MM, percé, à son centre, d'une ouverture circulaire P. En N est un second miroir concave, qui est un peu plus large seulement que l'ouverture centrale P du premier miroir. Les rayons émis par un astre se réfléchissent sur le grand miroir MM, et forment une première image en *ab*. Celle-ci se trouve entre le centre et le foyer du petit miroir N, en sorte que les rayons lumineux, après s'être réfléchis sur ce petit miroir, vont former en *a'b'* une image amplifiée et renversée de *ab*, et, par conséquent, droite par rapport à l'axe. On amplifie encore cette image en la regardant à travers l'oculaire O, qui est une lentille biconvexe.

Fig. 259. — Télescope de Gregory.

L'astronome William Herschel, qui vivait à la fin du XVIIIe siècle, a beaucoup contribué, par les gigantesques dimensions des télescopes qu'il construisit, à répandre la connaissance de cet instrument dans le vulgaire. Le grand télescope d'Herschel consistait en un miroir métallique placé au fond d'un large tube de bois légèrement incliné, de manière à projeter l'image, très amplifiée et très lumineuse, de l'astre, au bord de l'orifice du tube, où il l'examinait à l'aide d'une lentille biconvexe ou *loupe,* c'est-à-dire en supprimant le second miroir employé par Gregory. Le plus grand télescope dont Herschel se soit servi, formé d'un miroir de 1 m. 47 de diamètre, avec un tuyau de 12 mètres de long, donnait un grossissement de 6 000 fois.

Fig. 260. — Le grand télescope à miroir de lord Rosse.

De nos jours, lord Rosse, en Angleterre, a construit un télescope encore plus puissant et plus énorme que celui d'Herschel. Le miroir du télescope de lord Rosse (fig. 261) pèse 3809 kilogrammes, et le tube 6 604 kilogrammes ; le miroir métallique a 1 m. 83 de diamètre, et environ 15 mètres de distance focale.

Un perfectionnement apporté par Léon Foucault à la construction des miroirs réfléchissants a donné une nouvelle faveur au télescope. Il a employé des miroirs en verre, non en argent, que l'on recouvre ensuite d'une couche d'argent métallique ; ces miroirs présentent une forme parabolique, au lieu de la forme sphérique. Il paraît que la puissance de réflexion est ainsi notablement accrue. Pour le reste de la disposition, elle est semblable à celle de l'instrument de Gregory. Le miroir réflecteur est placé au fond d'un tube, et on regarde l'image au moyen d'une lentille disposée sur le côté de l'instrument.

Ces appareils sont portés sur un bâti de bois, qui est pourvu d'un *héliostat,* c'est-à-dire d'un mouvement d'horlogerie fonctionnant de telle manière que la masse de l'instrument se meuve avec la même vitesse et dans le même sens que l'astre qu'il s'agit d'observer.

Il existe un télescope de Foucault de dimensions considérables à l'Observatoire de Paris. Nous pouvons d'ailleurs citer quelques grandes lunettes et grands télescopes dont sont pourvus les observatoires français et étrangers. On doit admirer notamment la grande lunette astronomique de l'Observatoire du mont Hamilton, en Amérique, qui a 92 centimètres de diamètre ; puis celle de l'Observatoire d'astronomie physique de Meudon, qui a 83 centimètres de diamètre et 17 mètres de longueur focale, et qui est disposée sous une coupole tournante de 20 mètres de diamètre. Elle est accompagnée d'un objectif astronomique de 60 centimètres, placé dans le même montant, de manière à constituer un objet unique. La lunette de l'Observatoire Bischoffsheim, à Nice, a 76 centimètres, la même dimension que celle de l'Observatoire de Pulkova. La lunette de l'Observatoire de Paris n'a que 60 centimètres ; elle vient après celle de Vienne, qui a 68 centimètres, et celle de Washington (66 centimètres). Enfin les deux observatoires privés de M. Mack Cormick, à Chicago, ont une lunette de 66 centimètres, et la lunette de M. Nawal, à Galeshead, près de Newcastle, en a 63,5. Parmi les plus grands télescopes à miroir, citons celui de lord Rosse, dont le miroir a un diamètre de 183 centimètres, et celui de M. Cownmon, qui en a un de 122. C'est la même grandeur que celui de Melbourne et celui de l'Observatoire de Paris (120 centimètres). Ce dernier sert aux opérations de la carte photographique du ciel.

XXIV

LE MICROSCOPE

Le microscope simple. — Le microscope composé. — Historique. — Théorie du microscope composé. — Applications du microscope. — L'ultramicroscopie. — Le microscope solaire et son emploi. Le microscope photo-électrique. La lanterne magique et les appareils à projections.

On appelle *microscope* l'instrument qui sert à amplifier considérablement les objets trop petits pour être aperçus à la vue simple. Il importe de distinguer le *microscope simple* et le *microscope composé.*

Le microscope simple, vulgairement désigné sous le nom de *loupe,* n'est autre chose qu'une lentille biconvexe. Placée très près de l'œil de l'observateur, elle grossit l'objet que l'on considère.

On reconnut de très bonne heure le phénomène de grossissement que produisent les corps translucides limités par des surfaces sphériques. Les ampoules de verre, les globes pleins d'eau étaient en usage chez les anciens, pour grossir l'écriture et pour graver les camées. Au XIVe siècle, on employa des loupes, ou verres taillés en forme sphérique, pour les travaux de certaines professions : horlogerie, gravure, etc.

Fig. 261. — Observation à la loupe.

La loupe sert aujourd'hui aux naturalistes pour observer, avec un faible grossissement, différentes parties du corps des animaux ou des plantes. Les minéralogistes, les physiciens, les chimistes, l'emploient pour reconnaître la forme des cristaux trop petits pour être discernés à la vue simple. Ce microscope simple, quelles que soient sa puissance de réfraction et sa courbure, ne peut amplifier les objets au delà de cinquante fois leur diamètre.

Le microscope composé est formé de la réunion de deux lentilles de dimensions inégales : la plus petite est l'objectif, la plus grande l'oculaire.

Le premier microscope composé fut construit, en 1590, par le Hollandais Zacharie Zansz, ou Jansen. D'autres en font honneur à Cornelius Drebbel (1572), savant hollandais. Cet instrument fut perfectionné par Galilée, en Italie, et par Robert Hooke, en Angleterre. Mais pour obtenir des grossissements considérables, il fallait employer des lentilles très puissantes réfractant fortement la lumière.

Fig. 262. — Loupe montée ou microscope simple.

Toutefois, en même temps que la lumière se réfracte, elle se décompose en plusieurs espèces de rayons différemment colorés. (Dans la lumière blanche, ou lumière ordinaire, il y a sept couleurs : violet, indigo, bleu, vert, jaune, orangé et rouge.) Donc, plus les microscopes étaient puissants, formés de plus fortes lentilles, plus les images produites à travers le verre de ces lentilles étaient colorées et confuses.

En 1757, un opticien de Londres, Dollond, réussit à construire des lentilles *achromatiques*, c'est-à-dire sans couleur. Cela en juxtaposant deux lentilles, l'une biconvexe, en crown-glass, l'autre concave-convexe, en flint-glass. Mais ce n'est qu'en 1824, que ces lentilles furent utilisées dans le microscope, par Selligues. Dès lors, le pouvoir amplificateur du microscope alla rapidement en augmentant et atteignit un grossissement de 1 200 diamètres.

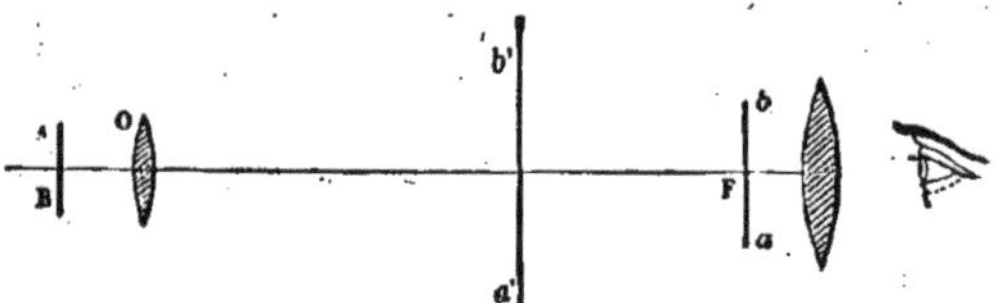

Fig. 263. — Théorie géométrique du microscope composé.

Le *microscope composé* renferme un oculaire et un objectif formés chacun d'une lentille biconvexe, comme la lunette astronomique. Dans le microscope, l'objet AB qu'il s'agit de grossir, étant très près de l'objectif O, une image *amplifiée* va se former, par l'effet grossissant de la lentille biconvexe O, de l'autre côté de l'objectif, en *ab*. Ensuite, l'oculaire P, jouant, comme dans la lunette astronomique, le rôle de loupe, on obtient, en avant de la première image, *ab*, une nouvelle image, *a'b'*, considérablement amplifiée.

Un microscope composé est donc un instrument où l'on regarde à travers une loupe, non pas un objet, mais l'image de cet objet, déjà amplifiée par une lentille biconvexe.

Dans la figure 264, qui représente le modèle aujourd'hui le plus en usage du microscope composé, on voit en I l'oculaire, et en C l'objectif. B est le porte-objet; A est une vis avec laquelle on fait mouvoir un miroir, D, qui éclaire, par la réflexion de la lumière que l'on fait tomber à sa surface, l'objet qu'on doit observer par transparence. E est le

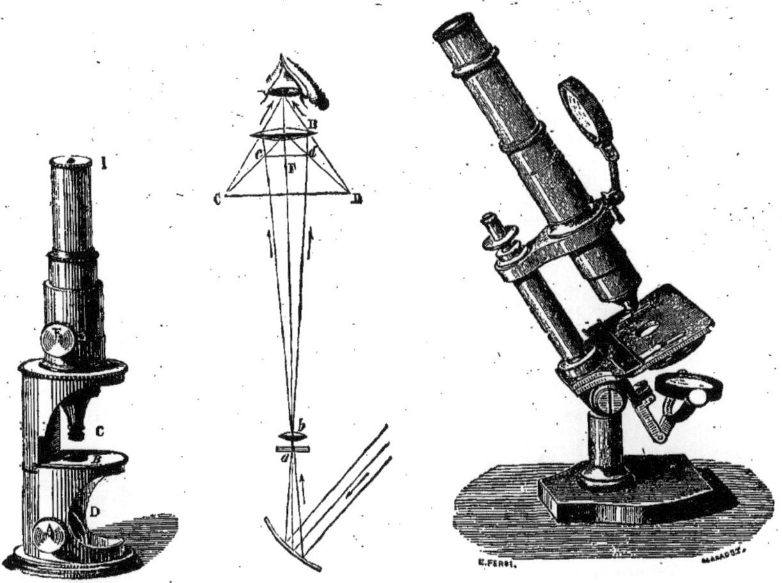

Fig. 264. — Microscope composé.

Fig. 265. — Théorie du microscope composé.

Fig. 266. — Microscope d'étude.

bouton d'une crémaillère manœuvrée par l'observateur, et qui sert à mettre l'image au foyer de son œil. En 265 est une coupe de l'intérieur du microscope. L'objet à observer est placé en *a*, sur le *porte-objet*. Un miroir réflecteur envoie une grande quantité de lumière à travers l'objet à observer *a*. La lentille de l'objectif *b* agrandit considérablement l'objet placé en *a*, et porte l'image agrandie en *cd* ; cette image est renversée. C'est alors que l'oculaire B, formé d'une lentille biconvexe, agrandit cette image, sans la redresser, et donne, en CD, l'image considérablement agrandie.

C'est donc l'objectif qui détermine le degré du grossissement, et les observateurs ont quatre ou cinq objectifs de différentes courbures, pour faire varier le grossissement. Un microscope ordinaire grossit 500 fois en diamètre, mais on peut porter le grossissement jusqu'à 1 000 et même 1 800 diamètres. Or, grossir un objet 1 000 fois en diamètre, c'est amplifier sa surface 3 260 000 fois. Aussi les objets amplifiés dans cette proportion perdent-ils beaucoup de leur clarté et de la netteté de leurs contours, de sorte qu'on n'observe guère qu'à un grossissement de 500 diamètres.

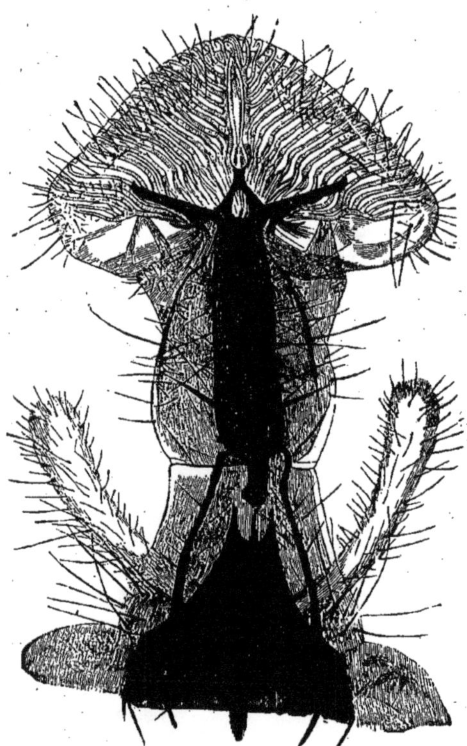

Fig. 267. — Trompe de mouche vue au microscope.

Dans les sciences, les applications du microscope sont innombrables. Les chimistes l'emploient pour étudier les cristaux, les minéraux, les liquides. Entre les mains du médecin, il sert à faire reconnaître les diverses maladies par l'observation des bacilles et des germes. Il est la base de la microbiologie, de la bactériologie. Il sert à mesurer les corps les plus ténus. Il est précieux dans les constructions mécaniques. Il est nécessaire pour révéler les falsifications diverses, notamment des matières alimentaires. Le microscope est le meilleur guide pour reconnaître le mélange des différentes fibres dans un tissu.

Fig. 268. — Patte de mouche vue au microscope.

Rien n'est du reste curieux comme d'examiner au microscope les différentes parties du corps des animaux : par exemple, le dard ou *trompe* d'une mouche (fig. 267), ou encore sa patte (fig. 268).

Le microscope, ou plus exactement l'emploi du microscope, a reçu à une époque toute récente une amélioration précieuse et considérable, du fait de ce qu'on appelle l'*ultramicroscopie,* c'est-à-dire la possibilité de distinguer avec le microscope bien plus loin qu'on ne percevait jusqu'ici ; de pouvoir observer et voir distinctement des particules infinitésimales que le microscope permettait de présenter à nos yeux avec un grossissement largement suffisant, mais qui perdaient toute netteté pour notre vision, par conséquent toute réelle visibilité.

Avant la réalisation de cette ultramicroscopie, ou hypermicroscopie, comme on la nomme souvent aussi, on avait bien des microscopes, des combinaisons de lentilles donnant des grossissements de 5 000 à 6 000 ; mais les points observés et grossis en conséquence empiétaient les uns sur les autres, parce que, dans le microscope ordinaire, la lumière pénètre en dessous des objets à observer, ce qui ne les rend guère lumineux. On a eu l'idée de faire venir la lumière latéralement. Alors les petites particules deviennent extrêmement lumineuses. C'est comme ces poussières pourtant si ténues qui flottent dans l'air d'une chambre, et que notre œil aperçoit parfaitement quand un rayon de soleil les frappe obliquement et les éclaire violemment, alors que cependant elles ne sont grossies par aucun appareil. Là est tout le secret de l'ultramicroscopie : avec l'éclairage horizontal intense qu'ont réalisé Siedentopf et Zsigmondy, Cotton et Mouton, un ultramicroscope permet de voir un objet dont le diamètre n'est guère que de $\frac{1}{150\,000}$ de millimètre. On grossit facilement 10 000 fois, ce qui donnerait à une puce la hauteur d'une maison de 6 étages.

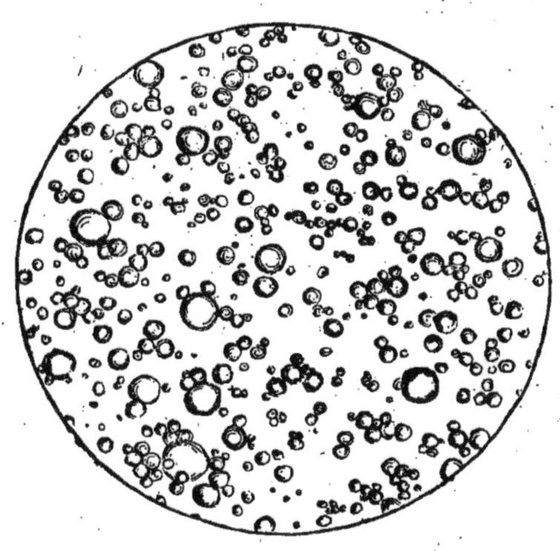

Fig. 269. — Lait vu au microscope.

On a voulu produire devant tout un auditoire le grossissement d'un objet par le microscope. Ainsi a pris naissance le *microscope solaire*, ou *microscope à projection*, qui n'est qu'une lanterne magique dans laquelle le soleil remplace la lampe, comme source de lumière.

Pour recevoir les rayons solaires et les envoyer sur l'objet à éclairer, on perce dans le volet AB (fig. 270) d'une chambre, que l'on tient fermée, un trou destiné à correspondre à la lentille de verre placée dans le tube du microscope. A l'extérieur, on installe un miroir plan, CD, sur lequel les rayons solaires tombent et, par réflexion, pénètrent dans l'intérieur de la pièce obscure, au moyen d'un tube E enchâssé dans cette ouverture. Dans ce tube E est une lentille convexe, qui concentre la lumière du soleil sur l'objet à éclairer, lequel est placé au foyer F de ces rayons, et par conséquent inondé de lumière. Par delà est, en G, une lentille biconvexe qui amplifie considérablement l'image de l'objet, toutefois en la renversant. Si on place à quelques mètres de distance, sur le trajet des rayons lumineux qui produisent cette image amplifiée, un écran obscur, on reçoit l'image sur l'écran et on la rend visible à tout un auditoire.

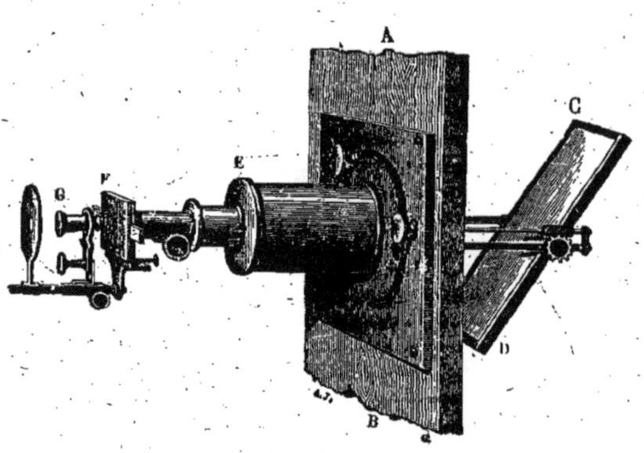

Fig. 270. — Microscope solaire.

La lanterne magique elle aussi peut fonctionner à l'aide d'un faisceau de rayons de soleil reçu dans une chambre entièrement obscure, au moyen d'une mince ouverture circulaire percée dans le volet d'une fenêtre. Ce faisceau éclaire très vivement un objet étalé sur une lame de verre et placé sur le passage des rayons solaires. Une lentille de verre, fixée dans le petit tube qui fait suite à l'objet, amplifie considérablement ce dernier, qui, ainsi agrandi, vient se projeter et se peindre sur un écran noir. Les dimensions de cette image augmentent à mesure que l'on recule l'écran, ou, ce qui revient au même, que l'on fait avancer ou reculer la lentille de la lanterne magique. Mais on peut aussi prendre comme source lumineuse, d'ailleurs bien moins puissante, une lampe à pétrole, même à huile. La lumière de la lampe R se réfléchit sur un miroir métallique de forme concave, *pq* ; se concentrant sur la lentille C, elle éclaire

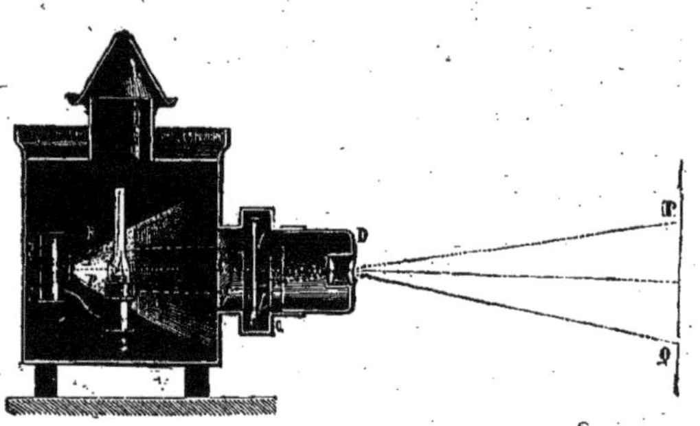

Fig. 271. — Coupe verticale de la lanterne magique.

vivement l'objet placé sur une lame de verre *ll*. Une lentille convexe, D, amplifie l'image, et l'on reçoit sur un écran, PQ, cette image amplifiée. Le tube CD peut se mouvoir à l'intérieur de la lanterne, avancer et reculer selon la grandeur que l'on veut donner à l'image sur l'écran fixe.

On peut remplacer, dans la lanterne magique et le microscope solaire, la lumière du soleil par la lumière du gaz oxhydrique, ou par la lumière électrique.

Fig. 272 — Microscope photo-électrique.

On appelle *microscope photo-électrique* la lanterne magique éclairée par la lumière électrique (fig. 272). Le courant peut être produit par une pile voltaïque, des accumulateurs, ou une distribution d'électricité comme on en trouve partout maintenant. Ce courant forme un arc entre deux pointes de charbon, et produit une lumière éblouissante. Ces appareils sont d'usage constant pour toutes les projections d'images, dans les cours publics, dans les conférences scientifiques, pour montrer à un nombreux auditoire le spectacle de beaux phénomènes naturels. On trouve dans le commerce de très riches collections d'objets destinés à être amplifiés et projetés : monuments, édifices, sites renommés, tableaux célèbres, portraits des hommes du jour, instruments de physique, échantillons de plantes de diverses familles ou détails d'organes végétaux particuliers, coupes d'anatomie humaine ou animale. Ces collections embrassent à la fois, comme on le voit, la nature, la science et les beaux-arts ; c'est au moyen de la photographie que les images sont fixées sur des lames de verre, avec des dimensions extrêmement réduites. Pour en effectuer la *projection*, il suffit de faire passer ces lames transparentes entre la source lumineuse et l'appareil optique, et l'on donne aux spectateurs, aux amateurs, aux élèves, ce curieux et instructif spectacle. C'est là une des plus jolies et des plus utiles inventions de notre temps.

Aussi bien, les lanternes à projections, comme on appelle maintenant ces appareils, emploient couramment aussi comme source de lumière la lumière oxhydrique ou de Drummond : elle est obtenue au moyen d'un bâton de borax qu'on rend incandescent et éclatant en lançant sur lui le dard d'un chalumeau où l'on fait brûler de l'hydrogène, dont la combustion est étrangement facilitée par un jet d'oxygène. On se sert aussi de manchons à incandescence qui sont rendus lumineux par combustion soit du gaz d'éclairage, soit de vapeurs d'alcool ou de pétrole. Nous renvoyons à ce propos à ce que nous avons dit de l'éclairage par incandescence.

XXV

LES PUITS ARTÉSIENS

Historique. — Considérations générales sur les puits artésiens. — Théorie géologique. — Le puits de Grenelle et de Passy. — Les puits artésiens en pays arides.

On appelle *puits artésiens* des trous de sonde verticaux pratiqués dans le sol, et au moyen desquels les eaux situées à une certaine profondeur remontent jusqu'à la surface de la terre, et jaillissent quelquefois à de grandes hauteurs.

Depuis un temps immémorial, le forage des sources jaillissantes est pratiqué par les Chinois, qui emploient comme instrument de forage un cylindre cannelé en fonte, suspendu à une corde que l'on attache à un arbre incliné; celui-ci est assujetti au sol par une de ses extrémités, et a son autre extrémité libre. Des hommes font aller et venir cette sorte de *mouton* au fond du puits, comme un pilon dans un mortier, en faisant ployer sous leur poids l'arbre incliné auquel il est suspendu, puis en le laissant se redresser par son élasticité. La percussion du fond du sol ainsi provoquée donne l'approfondissement du puits avec une certaine promptitude. En Europe, dès le commencement des temps modernes, l'usage des puits forés se répandit dans le nord de l'Italie. Les anciens puits forés de l'Artois (d'où vient ce nom d'*artésiens*) témoignent que l'usage de la sonde était connu en France bien avant le XVIIe siècle. Ce fut en 1126 que le premier puits artésien fut creusé dans le couvent des Chartreux, à Lilliers, dans le département actuel du Pas-de-Calais. Cette fontaine n'a pas cessé de donner de l'eau jusqu'à nos jours.

Depuis le premier quart du XIXe siècle, les nombre des puits artésiens s'est considérablement accru dans la plupart des pays de l'Europe, grâce particulièrement, en France, à Héricart de Thury et Degousée. En 1844, le succès du forage entrepris par Mulot, à Grenelle, excita un vif intérêt en France.

La géologie donne l'explication théorique du jaillissement des eaux artésiennes. Les eaux que la sonde fait jaillir, des profondeurs, à la surface du sol, circulent généralement dans une couche de terrain perméable, comprise entre deux couches imperméables. La couche perméable est sablonneuse ou formée de calcaire désagrégé, ou même composée de roches compactes, mais présentant des fissures profondes. Les couches imperméables sont de l'argile, du granit, de la marne, de la craie, ou toute autre roche compacte sans fissure.

La couche perméable *abecd* absorbera continuellement les eaux pluviales par tout son pourtour extérieur *ad*, et se remplira dès lors, entre les deux couches imperméables, jusqu'à une certaine hauteur, au niveau *bc*, par exemple. Si l'on vient alors à percer tous les dépôts qui recouvrent la couche aquifère, quand la sonde aura atteint cette couche, l'eau jaillira par le trou de sonde et s'élèvera, en vertu de la tendance qu'ont les liquides à se mettre en équilibre ou au même niveau, dans les vases communicants. Ils sont représentés ici par la ligne des couches aquifères, *abecd*. Le forage qui atteint le bas de cette couche, *e*, crée une nouvelle branche, *et*, au vase communicant, branche par laquelle l'eau s'élève, pour atteindre le niveau de deux autres branches *ea*, *ed*.

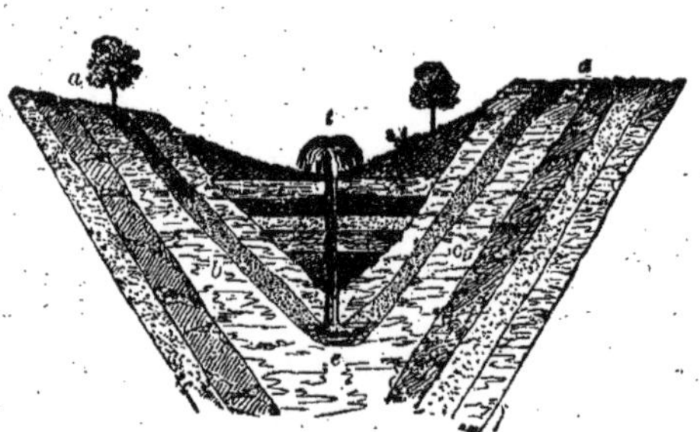

Fig. 273. — Théorie des sources artésiennes.

Bien entendu, le cas du bassin bien clos et demi-circulaire, comme celui que nous venons de figurer, se rencontre rarement dans la nature ; et une partie de la nappe d'eau souterraine s'échappe par des fissures latérales. Si bien que l'eau ne peut pas s'élever exactement à la hauteur de son point de départ. D'autre part, le frottement que l'eau éprouve, avant d'arriver au trou de sonde, diminue également la hauteur de la colonne jaillissante.

L'un des puits artésiens les plus profonds qui aient été pratiqués de nos jours est celui dit *de Grenelle*, autrefois aux portes, aujourd'hui à l'intérieur de Paris. Les eaux qui alimentent cette belle source d'eau jaillissante coulent d'une couche qui, partant de Langres, suit à peu près la direction de Bar-sur-Seine, Lusigny, Troyes, Nogent-sur-Seine, Provins. C'est à Langres qu'affleure une épaisse couche de sable vert, essentiellement perméable, qui descend sous Paris et renferme une puissante nappe d'eau. Le plateau de Langres est parfaitement placé pour recueillir les eaux devant jaillir à une distance plus ou moins grande, car il est à 473 mètres au-dessus du niveau de la mer, Paris étant à 60 mètres.

Ce forage du puits de Grenelle s'est fait très péniblement avec des outils ordinaires de sondeurs, mus par un manège de chevaux.

On obtint un succès final complet, bien que le puits eût commencé par lancer une énorme quantité de graviers, provenant de la dégradation de ses parois.

Toutes les prédictions faites au sujet de la profondeur à laquelle il faudrait aller chercher l'eau, du volume qu'on en trouverait, etc., furent confirmées. Dès ce jour, on possédait la vraie méthode pour connaître les régions où il y avait utilité à creuser des puits artésiens.

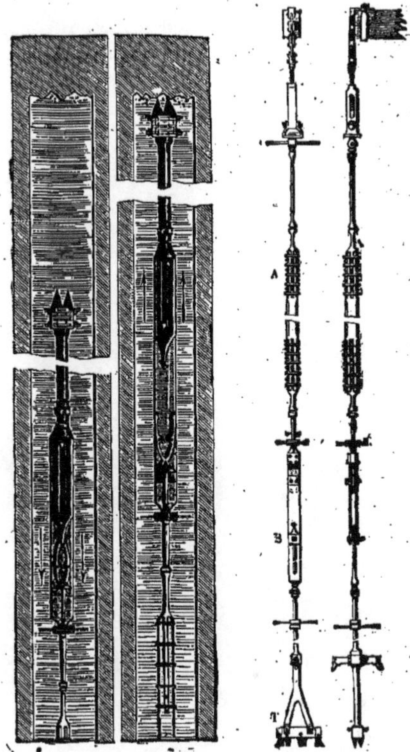

Fig. 274. — Trépan employé pour le forage du puits de Passy.

C'est comme conséquence, que le puits qui existe à Passy, près du bois de Boulogne, fut commencé en 1855, par Kind, ingénieur saxon, avec des appareils différents. On utilisa un trépan suspendu, par des tiges qu'on allongeait graduellement, à l'une des extrémités d'un balancier, à l'autre extrémité duquel était attachée une tige s'adaptant au piston d'une machine à vapeur. A un certain moment, et grâce à un déclic, D (fig. 274), que l'on détachait, le trépan T se séparait de la tige, et par la chute de cet énorme poids, la terre était profondément creusée. Alors la tige AB descendait au fond du puits et resaisissait le trépan. Le tout était remonté à l'aide d'un câble plat enroulé sur un treuil, mis en mouvement par la machine à vapeur. Les détritus étaient retirés du puits au fur et à mesure que l'outil entamait la terre. On forait pendant six heures, ensuite on procédait au curage pendant le même temps. On employait pour le curage un seau cylindrique en tôle, qu'on descendait au fond du puits, après en avoir retiré le trépan. Le fond du seau était formé de deux clapets s'ouvrant de dehors en dedans. Par le choc du seau contre le fond du puits, les matières boueuses ou pierreuses pénétraient dans son intérieur en ouvrant les clapets, qui se refermaient ensuite sous le poids de ces mêmes matières.

Fig. 275. — Système de forage employé pour un puits artésien. (Coupe du puits et vue du mécanisme moteur.)

Le débit du puits de Passy s'est beaucoup réduit avec le temps ; on a, d'autre part, abandonné le puits de Grenelle, qui donnait de l'eau pure sans doute, mais trop chaude, la Ville de Paris se procurant l'eau nécessaire à ses habitants par des captations de sources faites dans des régions lointaines.

Un puits à grande profondeur a été pratiqué dans la raffinerie de M. Say. Tout récemment, on en a foré d'autres dans la banlieue ouest de Paris, et notamment à Maisons Laffitte, où l'on a trouvé de l'eau excellente à 576 mètres. Un puits artésien a été foré également aux abattoirs de la Chapelle-Saint-Denis, à Paris. Son exécution a pris un temps considérable.

Les Américains, qui ont foré bon nombre de ces puits dans les régions arides de la Confédération, ont inventé un procédé de sondage à la corde qui va très vite.

C'est naturellement dans les pays où manquent les eaux courantes que les puits artésiens rendent les plus grands services : c'est le cas pour les parties méridionales de nos possessions d'Afrique. Dans la région qui avoisine le Sahara, grâce aux irrigations créées à l'aide des eaux artésiennes, des espaces infertiles ont pu être exploités agricolement. C'est en 1856, par l'initiative du général Desvaux, et à la suite de recherches faites sur le terrain par Charles Laurent, que commença l'ère des forages artésiens dans le Sahara. Aussi bien, les oasis sont toujours produites soit par l'existence d'une source naturelle, soit par le creusement d'un puits

Fig. 276. — Puits artésien algérien.

opéré par les mains des Arabes, ou plutôt d'une corporation dite des *R'tas*, ou *puisatiers*. Mais les oasis étaient extrêmement rares dans le Sahara, et les ingénieurs français parvinrent, en quelques années, à réaliser ce que les Arabes n'auraient jamais accompli.

Dans les oasis fertiles ainsi créées, on s'est livré sur une grande échelle à la culture du palmier dattier.

Il en a été un peu de même en Tunisie, et aussi en Australie, où une surface énorme de terrain ne reçoit pour ainsi dire pas de pluie du tout. On y a foré successivement une multitude de puits artésiens qui descendent à 500, même parfois à 800 mètres, et débitent quotidiennement des centaines de mille de mètres cubes d'eau. La fertilité a succédé à la sécheresse et à l'aridité la plus désolée, grâce à cette admirable invention qu'est le puits artésien.

XXVI

LES GAZ LIQUÉFIÉS

Solides, liquides et vapeurs ou gaz. — Efforts successifs pour ramener les gaz à l'état liquide. — Van Marum, Thilorier et l'acide carbonique. — Les gaz prétendus permanents. — Pictet et Cailletet ; la liquéfaction de tous les gaz. — L'air liquide.

Une des découvertes les plus curieuses de l'époque toute contemporaine est la liquéfaction, la transformation en un liquide de ces gaz qui, d'ordinaire, se présentent à nous sous un aspect si différent : tel l'air que nous respirons, au milieu duquel nous baignons. Et nous allons voir qu'il ne s'agit pas d'une invention intéressante seulement au point de vue de la science pure ; elle a des conséquences et des applications pratiques tout à fait remarquables.

Depuis bien longtemps, depuis qu'on sait produire du feu, nous connaissons l'eau sous l'aspect d'un liquide ou sous l'aspect de vapeur, ce qui est à peu près comme un gaz : la différence est une question de température. A la température ordinaire, l'eau est à l'état liquide ; si on élève sa température et qu'on la porte à l'ébullition, elle va se transformer peu à peu en vapeur ; si, au contraire, on abaisse considérablement sa température, elle va se mettre à l'état solide de glace. Il en est ainsi un peu de tout ; un métal est solide parce que, pour lui, la température de la vie ordinaire est très basse, mais il devient liquide quand on le soumet à l'action d'un feu plus ou moins intense, suivant sa nature. En sens inverse, on pouvait prévoir logiquement que ces gaz que nous voyons autour de nous, cet air dont nous venons de parler, étaient à l'état de fluide gazeux et invisible, comme disait Lavoisier, l'illustre chimiste, parce que la chaleur normale qui règne à la surface de la terre est suffisante pour les transformer de l'état liquide à l'état gazeux ; un abaissement de température devait donc les ramener à cet état liquide. Et il était vraisemblable aussi qu'un abaissement encore plus marqué de température les ferait se solidifier.

Seulement il ne suffisait pas d'apercevoir le principe général et de pressentir la liquéfaction des gaz ; il fallait arriver à réaliser cette liquéfaction. La chose a nécessité les efforts de bien des savants et la combinaison d'appareils ingénieux permettant de condenser pour ainsi dire les gaz ou vapeurs.

Il y a déjà plus d'un siècle, on avait réussi à ramener à l'état liquide un gaz, le gaz ammoniaque, par simple compression : c'était le chimiste Van Marum qui était parvenu à ce résultat. Il faut dire que le passage du gaz ammoniaque de l'état gazeux à l'état liquide est très facile, et c'est pour cela qu'il avait suffi de la compression, sans qu'on eût besoin du refroidissement ; il y a même cela de particulier que la compression d'un gaz produit une élévation de température. On voit donc que le gaz ammoniaque était de bonne composition. Nous devons dire que la liquéfaction de ce gaz sous pression est utilisée dans certaines de ces machines frigorifiques que l'on emploie à produire de la glace ou de l'air froid ; on laisse l'ammoniaque se vaporiser, se transformer en vapeur, sous l'influence de la chaleur ambiante ; et cette vaporisation donne du froid, puisque cela emprunte de la chaleur à tout ce qui entoure l'appareil. On comprimera ensuite cette vapeur, ce gaz ammoniaque, dans un compresseur spécial, ce qui le ramènera à l'état liquide et permettra de renouveler la première opération. Du reste, dans les installations frigorifiques, le compresseur est baigné dans de l'eau qu'on renouvelle continuellement, ce qui refroidit le gaz et facilite par suite sa liquéfaction, ou plus exactement sa reliquéfaction.

Peu à peu, on a étendu les méthodes de liquéfaction des gaz, et en mettant à contribution tout à la fois la pression et l'abaissement de température. Il y a déjà longtemps que Thilorier est parvenu à transformer en liquide l'acide carbonique, que tout le monde connaît, puisque c'est le gaz qui rend mousseux le vin de Champagne, qui forme les bulles dans une série d'eaux minérales, en leur donnant une saveur piquante. Aujourd'hui on achète couramment le gaz carbonique, transformé en un liquide tenant proportionnellement fort peu de place, et qui peut ensuite, quand on en a besoin, rendre une quantité formidable de ce gaz ; ce gaz liquide, comme du reste bien d'autres, se transforme et se vend dans des tubes d'acier d'une résistance à toute épreuve. C'est qu'en effet, sous l'influence de la chaleur ambiante qui traverse les parois de ces tubes, le liquide a continuellement tendance à se transformer en gaz, mais en essayant d'occuper un volume énorme. Et si le récipient n'était pas suffisamment solide, il éclaterait sous la pression des vapeurs en formation. On trouve de même dans le commerce, en tubes et à l'état liquide, du gaz sulfureux, du chlorure de méthyle, et d'autres substances qui ont des applications multiples, médicales, industrielles, etc.

Pendant bien longtemps pourtant, certains gaz, comme l'oxygène, l'hydrogène, l'azote, l'oxyde de carbone, etc. avaient résisté à tous les efforts faits, si bien qu'on les avait appelés gaz permanents, sous prétexte qu'il devait être impossible de les liquéfier. La vérité était qu'ils demandaient une méthode toute spéciale assurant cette liquéfaction à laquelle ils semblaient si réfractaires.

On avait exercé des pressions énormes sur ces gaz, des milliers même d'atmosphères, alors que des gaz en grand nombre cédaient devant quelques dizaines d'atmosphères, accompagnées d'un refroidissement qui n'était pas particulièrement énorme. En 1828, Colladon avait comprimé l'air que nous respirons à 400 atmosphères, en abaissant sa température à — 30°, et il n'avait rien obtenu; Berthelot avait été aussi malheureux en poussant la compression à 780 atmosphères et la température à — 110°. Ces basses températures s'obtiennent assez aisément par évaporation de liquides facilement vaporisables; nous venons de voir justement que toute transformation d'un liquide en gaz ou vapeur est accompagnée d'un refroidisssement considérable, parce que la chaleur est employée à assurer cette vaporisation. On avait comprimé les gaz dits permanents à près de 3000 atmosphères, et cela ne les liquéfiait point! C'était à se décourager.

Fig. 277. — Une théière contenant de l'air liquide sur un bloc de glace.

Mais en 1869, on découvrit la cause de ces insuccès. Chaque gaz a une température *critique* de liquéfaction, comme on dit; ce terme savant signifie simplement que, tant que le gaz se trouvera à une température supérieure à cette température particulière, les compressions les plus puissantes seront sans effet sur lui. Au contraire, en dessous de la température critique, il suffira d'une compression relativement modeste, et la presion devra être d'autant moindre que la température sera plus basse. Tout le secret de la réussite consistait donc à amener le gaz à cette température critique; toutefois, il paraissait difficile d'y parvenir, car, pour beaucoup de gaz, cet abaissement de température indispensable est considérable : par exemple — 118° pour l'oxygène, — 146 pour l'azote (que l'on rencontre dans l'air en même temps que de l'oxygène), — 242 pour l'hydrogène.

Ce furent deux grands savants, Pictet et Cailletet, qui obtinrent presque simultanément le moyen d'atteindre ces basses températures ; et cela grâce à l'évaporation partielle, ce qu'on appelle la détente, du gaz même, d'abord partiellement comprimé, sur lequel on fait porter l'expérience et l'essai de liquéfaction.

Fig. 278. — L'air liquide. — L'appareil de Linde.

On est parvenu maintenant, suivant ces principes, à liquéfier tous les gaz connus, y compris cet hélium qui a résisté si longtemps, et n'a cédé finalement qu'à une température énorme de — 270° ! Là encore, on obtient cet abaissement de température en comprimant d'abord considérablement le gaz, pour le laisser ensuite se détendre brusquement, ce qui amène un refroidissement comme il en faut un. Sans doute la pression est alors relativement faible, puisqu'on a dû la diminuer, et de beaucoup, pour causer la détente ; mais le froid agit, et nous avons dit que, quand le gaz atteint sa température critique, il ne lui faut plus qu'une compression assez faible pour devenir liquide.

C'est dans ces conditions que l'on obtient et vend maintenant couramment de l'oxygène liquide. On peut se procurer sous un volume très réduit une quantité considérable de cet oxygène qui rend tant de services en médecine et aussi en industrie. C'est par des procédés analogues que l'on est arrivé à transformer en un liquide curieux l'air que nous respirons, et qui est fait principalement d'oxygène et d'azote. A cette fabrication pratique de l'air liquide, se rattachent les noms de savants comme M. d'Arsonval, M. Dewar, M. Linde, M. Claude, etc.

Cet air liquide et même solide (car on peut amener sa congélation) est tellement curieux, il peut présenter des applications si extraordinaires, qu'il est indispensable de donner quelques indications particulières à son sujet.

Si nous considérons une machine Linde servant à produire de l'air liquide, nous y voyons une pompe qui comprime cet air, et un serpentin où il se détend, pour assurer les opérations principales que nous venons d'indiquer à propos de la liquéfaction des gaz en général. Par compression, puis détente, un moteur faisant fonctionner la pompe, on arrive à produire un abaissement de température continu, et quand on atteint — 191°, on voit alors couler de la machine un liquide qui est tout simplement de l'air liquide. Cet air coule dans un réservoir; mais il faut bien s'imaginer et l'on doit pressentir qu'il est fort malaisé de le conserver en cet état. S'il est soumis à la chaleur ambiante, même par la journée la plus froide, il va trouver que c'est une température torride : c'est-à-dire qu'il aura immédiatement tendance à reprendre sa forme gazeuse, à s'évaporer sans qu'on puisse le retenir. Il serait dangereux d'ailleurs de vouloir le maintenir en prison malgré tout, car il produit brusquement, sous l'influence de cette chaleur qui lui paraît si élevée, une masse de vapeur ou de gaz ; et on se trouve alors en présence d'un effet qui rappelle tout à fait celui que nous avons expliqué pour les explosifs et poudres. C'est d'ailleurs pour cela que, à notre époque, on met parfois l'air liquide à contribution comme explosif. A l'état gazeux, l'air redevenu ce que nous le voyons d'ordinaire, occupe un volume 800 fois plus considérable que quand il est à l'état liquide.

Avec cette terrible susceptibilité à la chaleur environnante, ce mot de chaleur étant tout relatif pour une substance qui affectionne tant les froids les plus intenses, il était particulièrement malaisé de conserver l'air liquide sans qu'il s'évaporât; et pourtant dans un récipient non fermé, afin d'éviter des effets explosifs. Pour arriver au résultat, M. D'Arsonval et M. Dewar, un savant français et un savant anglais, ont imaginé des vases spéciaux. Ils sont à double paroi, et le vide est fait entre ces deux parois; de la sorte, le réchauffement du liquide ne se produit que très lentement, parce que la température extérieure ne se transmet que fort difficilement à travers ce vide. D'ailleurs le vase est ouvert, comme nous l'avons dit; mais cette ouverture est de faibles dimensions. Cela n'empêche pas toutefois l'air liquide de s'évaporer constamment, quoique lentement, par la couche superficielle de ce liquide bizarre qu'il est impossible de maintenir en bouteille fermée! En 12 heures, 12 litres d'air liquide auront disparu à peu près complètement par cette évaporation lente.

Ce liquide étrange, qui se montre d'une belle limpidité, avec une légère teinte bleuâtre, a des propriétés curieuses qui résultent de la température extrêmement basse à laquelle il se trouve, de la facilité avec laquelle il s'évapore, et du froid intense que cause cette évaporation.

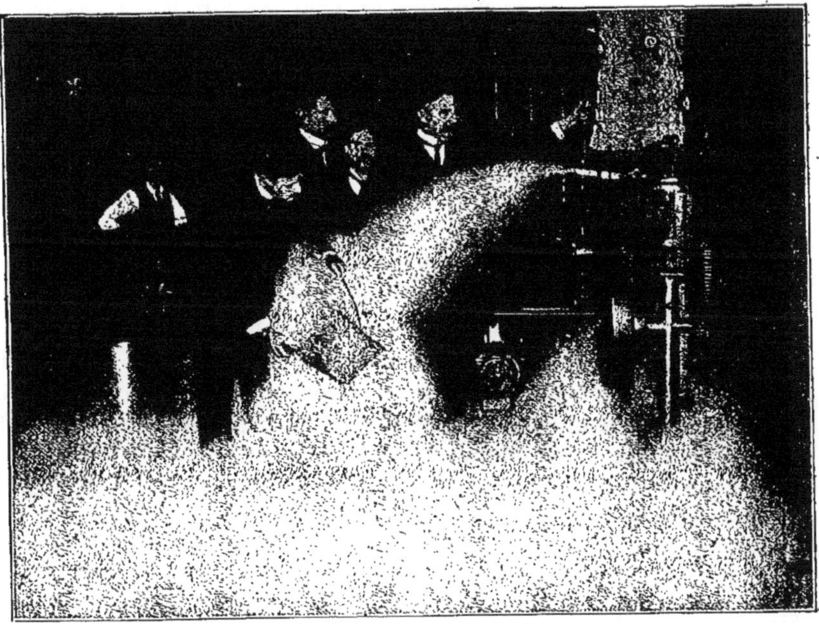

Fig. 279. — — Un jet d'air liquide.

Nous avons dit qu'il a réellement des propriétés explosives, et lors du creusement du tunnel du Simplon, dont nous avons parlé plus haut, on s'est servi de temps à autre de cartouches d'air liquide qu'on logeait dans les trous de mines. On peut se rendre compte de cette puissance explosive de l'air liquide, en en versant seulement quelques gouttes dans un tube en cuivre pourtant résistant ; bien entendu, il faut fermer le récipient, si l'on veut que les vapeurs formées subitement par la vaporisation de ce liquide jouent leur rôle. Et le fait est que, si l'on enfonce des tampons de bois aux deux extrémités du tube, on verra ces tampons lancés brusquement à grande distance, comme par l'explosion d'une certaine quantité de poudre. On peut même faire éclater un tube d'acier ouvert par les deux bouts, ce qui est bien curieux, grâce à la violence de l'explosion produite, à sa brusquerie, qui agit sur les parois du tube sans que les vapeurs aient le temps de s'échapper par les deux bouts. Il suffit d'y loger du coton imbibé d'essence de térébenthine et d'air liquide ; on enflamme, l'oxygène de l'air liquide joue son rôle chimique avec une puissance rare, grâce à l'abondance qui s'en trouve dans cette préparation, et le tube est déchiré. On peut aussi composer un explosif à l'air liquide, en en imbibant du charbon de bois ; bien entendu, le mélange ne peut pas être fait à l'avance, il faut le préparer sur place même, en faisant couler l'air liquide dans un trou de mine bourré au charbon, par exemple, car autrement ce singulier liquide s'évaporerait à l'air libre, sans aucun effet, sinon de libérer de l'air dans l'atmosphère environnante.

Nous pourrions signaler bien d'autres phénomènes auxquels donne lieu l'air liquide, et qui s'expliquent parfaitement pour peu qu'on y réfléchisse. Si on fait tremper dans de l'eau un flacon contenant de l'air liquide, cette eau va être tellement chaude pour cet air liquide, qu'il se mettra à bouillir ; des vapeurs abondantes en sortiront, et cette vaporisation va refroidir puissamment l'eau et la faire se congeler, en un très court instant. Ce qui sera bien plus étonnant, ce sera de voir cette même ébullition se produire encore, si on appuie sur de la glace un récipient, par exemple une bouillotte en métal, contenant de l'air liquide. La glace est froide pour nous, mais pour l'air liquide elle est très chaude, étant donnée sa température propre. Et l'on placerait la bouillotte renfermant cet air liquide sur un petit fourneau à pétrole ou à gaz allumé, que nous verrions la paroi extérieure de cette bouillotte se couvrir d'un dépôt de givre, tout comme dans le premier cas. Ce givre est tout uniment l'humidité atmosphérique, la vapeur d'eau toujours contenue dans l'atmosphère, qui se condense et gèle sur les parois de la bouillotte, à une température extraordinairement basse, comme conséquence de l'évaporation intense et rapide qui se fait de cet air liquide sous l'influence de la chaleur à lui fournie par le fourneau.

Nous pourrions signaler bien d'autres particularités ou applications de cet étrange liquide. Nous le verrions, par exemple, congeler instantanément de l'alcool ; il suffirait de quelques goutes d'air liquide à la surface de mercure pour le transformer en un bloc solide présentant la dureté du fer.

C'est une transformation complète que la liquéfaction des gaz a apportée dans la physique, la chimie, l'industrie, la médecine. Et il y a là une des plus belles inventions du vingtième siècle.

TABLE DES MATIÈRES

CHARTRES. — IMPRIMERIE DURAND, RUE FULBERT.

www.ingramcontent.com/pod-product-compliance
Ingram Content Group UK Ltd.
Pitfield, Milton Keynes, MK11 3LW, UK
UKHW012010240726
13965UKWH00001B/289